EL BOSÓN DE HIGGS NO TE VA A HACER LA CAMA

JAVIER SANTAOLALLA

EL BOSÓN DE HIGGS NO TE VA A HACER LA CAMA

La física como nunca te la han contado

OCEANO

EL BOSÓN DE HIGGS NO TE VA A HACER LA CAMA
La física como nunca te la han contado

Publicado mediante acuerdo con VicLit Agencia Literaria

Diseño de portada: Paz Martínez de Juan

Guillermo Barroso 17-5, Col. Industrial Las Armas
Tlalnepantla de Baz, 54080, Estado de México
info@oceano.com.mx

Primera edición en Océano: 2022

ISBN: 978-607-557-524-7

Impreso en Argentina / Printed in Argentina

A mi familia, lo mejor de este mundo
A Aurora y Darío

ÍNDICE

AGRADECIMIENTOS

Son veinte locos de la ciencia, los diecinueve miembros de Big Van que han sido mis compañeros y maestros durante estos tres años que llevo de actividad en la divulgación, y Mick Storr, director del servicio de visitas del CERN, durante mis cuatro años de estancia allí. ¡Hay tanto de cada uno de ellos en las páginas de este libro!

En mayo de 2016 se cumplieron tres años desde mi primera presentación. En todas en las que he participado hubo siempre alguien que quería saber algo más de física. Yo veía ojos curiosos, mentes inquietas, sonrisas de felicidad al escuchar hablar de cosas como las que cuento en estas páginas. De ellos nace esta idea y muy en especial de Cira Hernández, una mente muy inquieta que siempre tuvo una pregunta para mí y es además la primera lectora de este libro.

Finalmente quiero agradecer a Pablo Alborán. Nunca me he considerado fan de su música, pero durante tres noches seguidas en 2015, mientras escribía los primeros capítulos, tocó en Las Ventas, muy cerca de mi casa. Posiblemente sea yo la única persona del mundo a la que su música le recuerda a los agujeros negros, a la antimateria y al universo. ¡Ah!, y a que no hay imposibles. Los comienzos suelen ser duros pero siempre llega la recompensa. Gracias, Pablo.

PRÓLOGO

¿QUIÉN TIRA EL BLOQUE?

Muchas veces la ciencia mata a la propia ciencia. Suicidio. Hablo de los planes de estudio, claro. Generalmente son un desastre. Yo mismo sufrí el sistema educativo en carne propia. Planes anticuados, profesores hastiados (casi siempre muy a su pesar) y un único objetivo: aprobar los exámenes. Se enseña una ciencia muerta, sin vida. Esto me hizo cometer uno de los más dulces errores de mi vida: elegir estudiar Ingeniería de Telecomunicaciones en lugar de Ciencias Físicas. Dulce por el desenlace, tan diferente y especial. A una edad más avanzada las maravillas de la física moderna llegaron a mí de una forma diferente. Con libros como *Breve historia del tiempo* de Stephen Hawking fue como por primera vez me adentré en la cosmología moderna, en la relatividad y la mecánica cuántica. Recuerdo que la física llegó a mí como una iluminación, una revelación. Así, mi formación en física ha sido tan diferente a los planes de estudios, viajando

desde la imaginación y la fantasía de los libros de divulgación a los libros de texto, a las ecuaciones (inevitables, por cierto, y muy gratificantes cuando las dominas) sin perder, en este duro proceso, la pasión y la magia. Primero descubrí la parte más atractiva de la física y luego la estudié. Fue algo similar a enamorarse, repentino e imparable. No se puede detener. Así fue mi amor por la física.

Y aunque los planes de estudios actuales han mejorado mucho, el aula sigue descuidando en muchos casos la magia de la ciencia. Gracias al trabajo de muchos profesionales en España la ciencia ya no es esa cosa tan oscura y aburrida, y muy buena parte de la física moderna está entrando progresivamente en el aula. Bueno, tanto... igual no han cambiado las cosas. Seguramente los estudiantes tengan que seguir haciendo cálculos vectoriales, mirar esa caja que cuelgan de un muelle, esa bola que oscila atada a un hilo, esas cargas que alguien trae desde el infinito y ponen de repente en un punto del espacio, esos dichosos bloques que se tiran por pendientes... Yo recuerdo preguntarme, cuando me ponían estos problemas en clase, cosas como: ¿dónde está el infinito?, ¿por qué alguien quiere traer una carga desde allí?, ¿para qué dejan esa caja colgando de un muelle?, ¿quién tira el bloque? Donkey Kong tira barriles, pero no bloques... ¿Por qué tiran ese bloque? Son cosas que normalmente no se explican en las clases.

Pues yo te lo cuento a ti: ese bloque que cae por la pendiente lo tira Galileo Galilei. ¿Te suena? Y no lo tira para evitar que salves a la princesa. Lo hace para desvelar la verdad sobre la naturaleza, romper con dos mil años de tradición errónea y revolucionar la forma en que entendemos la ciencia. Casi nada. Fue en 1604 cuando el científico italiano realizó uno de los experimentos más famosos de la historia de la ciencia. En aquel entonces se creía con convicción que el espacio recorrido en un movimiento de caída libre (un **"¡Aaaahh! ¡Pum!"**... O lo que es lo mismo, dejar caer algo, como una piedra) era lineal con el tiempo: si tarda un segundo en recorrer un metro, tardará dos segundos en recorrer dos metros. Éste era el razonamiento aristotélico (del griego Aristóteles) que se había impuesto desde la Antigüedad y que nunca desde entonces se había puesto en seria duda. Lo que Aristóteles decía era siempre verdad, sin necesidad de justificarlo. Vamos, era el Jorge Ramos DE LOS TIEMPOS ANTIGUOS. Para Aristóteles y sus discípulos bastaba con razonar para comprender el funcionamiento de la naturaleza. Hay que reconocer que resulta tentador: te sientas en el sofá, dices cualquier cosa y como nadie lo comprueba... Debido a esta forma de analizar las cosas el conocimiento se llenó de errores que perduraron durante siglos, sin que nadie se atreviera a rebatirlos. Pensaban que eso de experimentar era de *losers* y que ir en contra del pensamiento de Aristóteles era inapropiado. De esta manera también se dedujo, respecto al movimiento de caída libre, que el tiempo que tarda un objeto en caer a lo largo de una distancia depende de la masa del objeto.

Con Galileo todo esto iba a cambiar. El cambio fundamental no sólo estuvo en entender el movimiento de una forma diferente, ni siquiera en cuestionarse el conocimiento adquirido y retar por lo tanto al saber establecido. El verdadero cambio que introdujo y consolidó Galileo, un revolucionario, fue la experimentación. Porque en aquella época bastaba con que un sabio dijera algo en voz alta para que no se pusiera en duda. Un sabio clásico, claro, no cualquiera. En general se despreciaba el estudio del mundo material, la naturaleza. La razón era suprema y suficiente para entenderlo todo. Eso pensaban. Pero Galileo era diferente.

Hay cosas que merecen ser ciertas por lo bonitas que son. Es una pena que no se tengan referencias que demuestren su veracidad, pero yo prefiero creer que ocurrieron tal cual se cuentan. Como la manzana que le cayó en la cabeza a Newton o cuando Arquímedes gritó "¡Eureka!" y salió corriendo desnudo por la calle al descubrir su famoso principio. O como **cuando RICKY MARTIN se metió en un ARMARIO**... En fin, parece ser que algo así también ocurrió con el famoso experimento de Galileo Galilei y la Torre de Pisa. Esta torre es famosa por haber dejado Facebook plagada de fotos de gente que parece que la sostiene (por favor, dejen de hacer eso), pero también es protagonista de uno de los *highlights* (así queda más *cool*) de la historia de la ciencia. Según se cuenta, Galileo subió a lo alto de la torre ante la atenta mirada de numeroso público que acudió a presenciar una demostración que él mismo había anunciado. Su objetivo era acabar con una de las creencias más extendidas en la época sobre el movimiento. En su mano tenía dos objetos similares pero de diferente masa o peso. Levantó ambos en el aire y miró a su público. Yo la escena me la imagino como un concierto de Madonna, plagada de gente expectante. Ahora prepárense, porque están a punto de venirse abajo dos mil años de tradición. Va a empezar una nueva era. Según la creencia establecida debería llegar antes al suelo el objeto más pesado. ¿Tú qué crees? ¿Qué debería pasar? La intuición nos dice que sí, que llega antes el objeto más pesado. Claro, si dejo caer una pluma y una pelota llega al suelo antes la pelota. Pero esto es porque el aire afecta al movimiento de ambos de manera diferente debido a su forma: su resistencia aerodinámica es diferente. Entonces, ¿qué ocurriría en ausencia de aire? Galileo no pudo usar bombas de vacío,* pero fue lo bastante inteligente para usar bolas de similar

* Este experimento se ha realizado en vacío en varias ocasiones en los tiempos modernos. En concreto puedes ver en YouTube la realización del experimento en la superficie de la Luna. El comandante David Scott dejó caer una pluma y un martillo en uno de sus paseos por nuestro satélite.

forma. Y así ocurrió, o supuestamente ocurrió, nunca lo sabremos con certeza: ambos objetos cayeron aproximadamente a la vez. De esta forma tan sencilla y elegante desmontó una de las creencias más asentadas en su época.

Pero ¿y el otro mito, el de la velocidad relacionada linealmente con el tiempo? Para éste hubo de usar un poco más de astucia. Hay que ponerse en la piel de Galileo (antes de que la Iglesia lo condenara, lo persiguiera, arrestara y todo eso, para que no pases un mal rato). Es en torno al año 1600 y necesitas estudiar el movimiento de caída libre, pero tienes que hacerlo con mucha precisión porque estás interesado en observar las diferencias de tiempos. Tienes que ver si dada una distancia doble, el tiempo que tarda en recorrerla un objeto en caída libre es también doble... o no. Vamos a probarlo nosotros. Se puede, por ejemplo, poner una canica encima de una mesa y hacer una marca en la mitad de la pata de la mesa. Te pones tipo juez de línea de un partido de tenis y dejas caer la canica. Mides cuánto ha tardado en ir del principio a la mitad y luego de la mitad hasta el suelo. Si lo que se creía en la época de Galileo era cierto, la canica tardará lo mismo en recorrer las dos mitades. Sólo hay que medir esos dos tiempos para comprobarlo. ¡Ah! Pero eres Galileo, se me olvidaba (qué honor el mío hablarle a Galileo). Galileo no tenía un cronómetro. Ni había ninguna aplicación en el iPhone que le pudiera servir para eso. Se tenía que buscar la vida. No obstante, te voy a dejar hacer trampas. Usa tu iPhone o el iWatch. Vuélvete un Galileo *hipster* (puedes hacerlo en una mesa del Starbucks con tu muffin). Si lo haces te darás rápidamente cuenta de que ni siquiera con un cronómetro es fácil. La canica cae muy rápido y aunque estés más tenso que el juez de línea de la final de Wimbledon en un *matchball*, no resulta sencillo ver en qué momento la canica pasa por la marca de la pata de la mesa. Esta misma dificultad la tuvo también Galileo. Pero por suerte, era muy listo. Pensó que entre una canica en horizontal, que no cae, y una que se deja caer en vertical hay muchas formas de caer más lentas. ¡Sí! ¡Los planos inclinados! Con un plano suficientemente inclinado la canica caería, pero mucho más lentamente, tanto como queramos. Así podríamos medir sin problema el paso del tiempo, porque la caída libre es un caso límite de una caída con inclinación: ¡cuando la inclinación es máxima!

Galileo tomó un listón largo de unos siete metros con una canalización para que una bola se deslizara por ella. Lo pulió todo lo que pudo para minimizar el rozamiento. Este sistema se podía inclinar y variar su pendiente para hacer estudios en diferentes condiciones de caída. Galileo también disponía de una regla para medir distancias y de un reloj. Bueno, no era uno de pulsera, ni siquiera de los de bolsillo con cadena que gustan tanto. En esa época todavía no se había inventado el reloj moderno (**suerte para ellos**), por lo que tuvo que usar su ingenio para vencer este pequeño obstáculo. Tenía dos formas de hacerlo, a cuál más rocambolesca. La primera era usando un flujo continuo de agua. Esto se puede probar en casa con un grifo: si se le hacen marcas a una garrafa y se va llenando de agua con un flujo constante se puede usar como reloj: cuanto más tiempo pasa, más se llena la garrafa. El otro método era la música. Los amantes de la música saben que tanto los compases como los metrónomos se pueden usar como medida de tiempo. Los que no tienen conocimientos musicales pueden usar una canción cualquiera, por ejemplo "Bailando" de Enrique Iglesias (**ESTO SERÍA PARA LOS NO amantes de la música♫**). El caso es que se puede cantar mientras se hace el experimento: cuanto más lejos se llegue en la canción, más tiempo habrá pasado. Por suerte para Galileo, Enrique no existía en esa época, pero él era un excelente músico. Mejor que Enrique, seguro. De hecho su padre tocaba el laúd y él mismo tenía avanzados conocimientos musicales. Así que tocando el laúd mientras realizaba el experimento podría tener una noción de la medida del tiempo. Con la regla alcanzaba precisiones en la medida de la distancia del orden del milímetro. Con la música y el flujo de agua podía medir el tiempo con una precisión del orden de la $1/64$ parte de un segundo.

Realizó una y otra vez, de forma incansable, sus experimentos, hasta asegurarse de que los resultados eran suficientemente precisos. Los que han estudiado cinemática, en concreto el movimiento rectilíneo uniformemente acelerado, sabrán lo que ocurrió. La distancia recorrida no variaba de forma lineal con el tiempo, sino cuadrática. Sí, la canica se acelera, cada vez va más rápido y por lo tanto en un mismo tiempo cada vez recorre más espacio. Las conclusiones de Galileo hoy se estudian, creo, en el primero de bachillerato (ya me perdí en los planes de estudios). Lo importante es que al convertir un problema vertical en uno inclinado introdujo la descomposición vectorial en física, estudiando el movimiento como dos componentes independientes: vertical y horizontal. Además estableció la independencia del movimiento respecto a la masa y la dependencia del espacio recorrido dejó de ser lineal con el tiempo. Como sabrán los que lo han estudiado: $e = 1/2gt^2$, con una constante "g" en honor a Galileo, la aceleración de la gravedad.

Sin embargo, por encima de todo Galileo nos enseñó a dudar de cada cosa y a mirar la naturaleza como la verdadera fuente de sabiduría. La razón ya no servía por sí misma, era necesario buscar una respuesta preguntando al mundo natural, verdadero juez del conocimiento sobre la naturaleza y sus leyes. Hoy Galileo es honrado como uno de los más grandes científicos de la historia y como un mártir de la ciencia en su lucha por favorecer la razón y la experimentación contra el poder de la Iglesia. Entre sus logros recordamos sus innumerables inventos, el descubrimiento de las cuatro grandes lunas de Júpiter, la observación de una supernova, su defensa del sistema copernicano (la Tierra gira alrededor del Sol), las mejoras en el telescopio (ojo, no fue el inventor, como mucha gente cree), etcétera. También es considerado el padre de la astronomía moderna, de la física moderna y del método científico. Para mí es un gran modelo y referente por todo lo que hizo. En particular, por lo que a mí respecta, admiro que fuera un gran divulgador. Quizás el primer gran divulgador, con textos claros y explicaciones concisas. Su libro *Diálogo sobre los dos máximos sistemas del mundo* es uno de los más brillantes escritos de divulgación jamás publicados.

No obstante, volvamos al bloque que cae por ese plano inclinado. ¿Quién lo tira? Pues a mucha gente estas preguntas le parecerán absurdas, pero he aprendido que son esta clase de preguntas las que le dan sentido a la física. Es una ciencia viva, que está en todo, ¡no es latín o griego clásico! (**que me disculpen los filólogos pero es verdad**). La física está en todas partes, nos rodea, nos abraza y por supuesto nos incluye. La física es curiosidad, es preguntarse por las cosas más obvias, por las más absurdas, por las más inquietantes. Es preguntar.

Hacerse preguntas es algo común a todos los genios de la historia. Como Einstein, obsesionado en su juventud por saber qué pasaría si pudiera ir tan rápido como un rayo de luz. *¡Qué pregunta más absurda!*, dirían muchos. Pero es justo eso lo que hace grande a la física: el misterio y la curiosidad. Cada vez que hacemos en clase el experimento del bloque y la pendiente sin saberlo estamos respondiendo a una pregunta que ya se hizo Galileo hace medio milenio. Una pregunta revolucionaria cuya solución rompió con la tradición clásica y dio paso a la ciencia moderna. ¡Cómo se puede aprender este cálculo sin saber que hubo quien, con ello, retaba a Aristóteles y a la Iglesia católica jugándose la vida, enfrentándose a catedráticos y eminencias para edificar eso que ahora conocemos como ciencia moderna! Este simple juego nos permite recordar que detrás de todo perdura esa curiosidad traviesa, que es la que nos guía y nos descubre las maravillas de cada detalle y cada historia. Porque la física está en todos los lados, es impactante. Todos nosotros somos física. Entonces, ¿por qué deshumanizarla? ¿Por qué alejarla de lo que realmente es? Es justo recordar que detrás de ese experimento y tantos otros, detrás de ese bloque que cae lentamente, hay una historia de infinito ingenio, valor y talento creativo.

Éste es mi objetivo: quiero mostrar la realidad de la física, su lado más vivo. Quiero transmitirte la fascinación que he sentido en cada paso que di en el mundo científico. Todas esas emociones que me hicieron amar la ciencia tal y como es. Para ello te llevaré en un viaje por los rincones más sorprendentes y espectaculares de la física. Por el mundo cuántico y sus paradojas, por el mundo relativista y sus asombrosas consecuencias, por los hechos históricos más relevantes, los mejores y más brillantes experimentos, las teorías más impactantes y exóticas, las dimensiones ocultas, los agujeros negros, los viajes en el tiempo... Todo un mundo científico donde lo que domina es la constante de que la realidad supera, y por mucho, a la ficción. Haremos preguntas absurdas, otras obvias, pero todas partes de una historia universal. Esa parte que hace que se te corte la respiración, que enmudezcas y se humedezcan tus ojos. Quiero enseñarte la parte que te hace soñar y mirar al cielo, la que te pone la piel de gallina, te hace sentirte pequeño y a la vez grande, único y especial y parte de un todo. Porque la física es maravillosa. **PORQUE NO SOMOS SINO FÍSICA**.

Empecemos por el principio.

1

UN FRIKI-VIAJE DE DOS MIL QUINIENTOS AÑOS

Cuando me quedo mirando fijamente a los ojos de alguien, no sin su consiguiente mosqueo, me imagino de qué están formados esos ojos. Un iris, mosaico de millones de células, formadas por proteínas y pigmentos y ADN, finalmente compuesto por un montón de átomos... ¿Quién fue el primero en querer comprender de qué estamos hechos? ¿Quién se planteó por primera vez que no somos infinitamente divisibles? No le preguntes eso a alguien que estás mirando fijamente. Nunca termina bien.

HELENA GONZÁLEZ, bióloga y ser pensante (Big Van)

Viajes en el tiempo, agujeros de gusano, motores de antimateria, aceleración del universo, agujeros negros... **La física moderna suena a película** de **GEORGE LUCAS** en colaboración con Stanley Kubrick. Pero es ciencia, de la de verdad, basada en la observación y experimentación.

Antes de adentrarnos en este mundo y viajar al futuro inexplorado, ¿qué tal si revisamos de dónde venimos y hasta dónde hemos llegado? La ciencia nos cuenta una historia fascinante de descubrimientos y sueños cumplidos, de luchas y disputas, de pasión por entender la naturaleza y el mundo. Iremos desde las ideas de la antigua Grecia, los primeros experimentos y los primeros genios, hasta las grandes revoluciones, la teoría cuántica, la relatividad y la cosmología moderna... Más de dos mil quinientos años de transformaciones y revelaciones que han hecho que hoy seamos incapaces de ni siquiera predecir qué es lo que está por llegar. Porque lo más maravilloso de la ciencia es eso: que lo que está por venir no podemos ni siquiera imaginarlo. Lo contaré con calma más adelante, pero antes echemos la vista atrás. Intentemos ver el largo camino que hemos recorrido, qué es lo que conocemos y qué nos falta por conocer, cuáles han sido los retos, las dificultades y los grandes genios de la historia.

Como suele pasar, comenzaremos por los griegos. Que a ver, que no es que el resto de las civilizaciones no avanzaran o no fueran interesantes, qué va. Más bien al revés. De hecho tenemos grandes referentes de auténtico pensamiento moderno en otras culturas, como la china. Allí florecieron verdaderas semillas de ciencia moderna como Mo Tze (o Mozi), un defensor de las ideas del método científico muchos siglos antes de que se estableciera formalmente. Mo Tze cuestionaba la base del conocimiento, dando verdadero valor a la verificación de las hipótesis y buscando siempre aplicación a todo conocimiento. También el mundo árabe, durante la letanía que supuso la Edad Media y la oscuridad que trajeron los dogmas cristianos, se convirtió en el referente científico mundial y vivió una auténtica edad de oro. Esto ocurre porque el pensamiento científico es universal, y la búsqueda de la verdad también.

No obstante, centrémonos en la Grecia clásica, una cultura que nos es muy cercana. ¿Los objetivos? Comprender la naturaleza, la composición y estructura de todo el universo, desde lo más pequeño a lo más grande; entender de qué está formado todo y cuáles son los agentes que hacen que la materia cambie; desvelar las fuerzas del universo. Y siempre buscando la forma más sencilla, más bonita, más elegante, lo que es lo mismo que tratar de entender todo de la forma más fundamental posible.

Quién mejor para contarnos esta historia de búsqueda por la Grecia clásica que un héroe viajero, un trotamundos incansable, un auténtico explorador que recorre el mundo persiguiendo un sueño. Les hablo de mi ídolo y modelo personal Ash Ketchum. **SÍ, EL DE LOS POKÉMON**.*

La Grecia clásica, por Ash Ketchum

Ahí tenemos a Ash Ketchum que justo acaba de llegar a la Grecia clásica. Se encuentra en Mileto, comenzando su viaje para entender el mundo y de paso aplicar su arte Pokémon. Pero dejemos que hable él.

* Si no eres fan de Pokémon, no te asustes: no te vas a perder. Pero considera volverte fan.

—Hola, soy Ash Ketchum y estoy en Mileto, el lugar que vio nacer la ciencia. Es un sitio increíble y se puede respirar su historia. Estamos en el año 600 a. C. más o menos. Además de maestro Pokémon controlo lo que son los viajes espacio-temporales como un pro. Aunque Mileto es una ciudad griega, para que no te pierdas en el siglo XXI te diré que en realidad estoy en lo que ahora llamamos Turquía. En concreto en la costa oriental, la provincia de Jonia. Estamos a punto de presenciar algo increíble. ¿Verdad que sí, Pikachu?

—Pika, pika.

—Bueno, es la última vez que te doy la palabra, Pikachu. Total, para lo que vas a aportar... En fin, aquí estamos en medio de una plaza concurrida. ¿Ves aquel hombre de allí, junto a la fuente? Su nombre es Tales. Y como vive en Mileto, pues se le conoce como **Tales de Mileto**. Es una pena que no se haya conservado ningún texto suyo. Todo lo que se sabe de él son referencias de otros, en particular de Aristóteles. Hoy lo llamaríamos chismes, pero en vez de ser los de un vecino son de filósofos griegos. Es un momento muy especial, Pikachu: vamos a ver en acción al que es conocido como el primer filósofo de Occidente, el verdadero fundador del pensamiento clásico. Fue la primera persona que intentó conocer el mundo mediante explicaciones racionales. ¿Ves al resto de los hombres, todos a su alrededor? ¿Incluso los que están en sus casas y los de más allá? Pues todos ellos creen que cada cosa que ocurre en el mundo es causada por un dios. Y claro, como tienen tantas cosas que explicar... pues tienen infinidad de dioses. Es fácil: si hay una tormenta, es que **ZEUS está** ENOJADO; que el mar está picado, es ***NEPTUNO QUE HA TENIDO UN MAL DÍA***; problemas cazando, pues algo **LE HABREMOS HECHO A ARTEMISA**; vamos a la guerra, entonces habrá que hacer feliz a ARES... Es fácil y práctico... hasta que sugieren que te tienen que sacrificar a ti en honor a Deméter porque la cosecha este año ha sido un desastre. Ahí ya deja de tener gracia, Pikachu. Además esto no sólo hace que fluyan por todos los lados ríos de supersticiones que vuelven absurdo el día a día, ¡sino que frena el pensamiento y evita que podamos poner solución a los problemas! Piénsalo: si la culpa de una mala cosecha es un dios enfadado, ¿para qué vamos a intentar poner solución? ¿Para qué vamos a avanzar y buscar mejores formas de cultivar el campo? En su lugar nos dedicamos a hacer ofrendas. Y el siguiente en sacrificar va a ser... Bueno, hoy igual te salvas, pero mañana... En fin, vamos a seguir a Tales, que tiene algo muy interesante que mostrarnos.

Tales va a ser el primer hombre de Occidente en alejarse de los mitos y dar forma a teorías e ideas sobre el mundo basadas en la lógica. Ha salido de la urbe y parece que se dirige al monte. Mira cómo observa la naturaleza. Vamos a seguirlo hacia lo que parece un remonte. Se agacha para oler las flores y luego se levanta y respira hondo. Está pensando algo, Pikachu. Ahora desciende, se dirige hacia el riachuelo... Creo que planea algo. Sí, mira cómo se acerca a la orilla. Qué raro lo que hace, Pika. Pone la mano en el agua y deja que pase entre sus dedos. Se pone en pie y... Pikachu, ¿qué hace? No veo bien... ¡Ah! Saca algo de debajo de su toga. ¿Qué es? Es redondo... Yo eso lo he visto alguna vez... Es... Es... **¡Es una Pokeball!** Y mira, va a hacer salir a un Pokémon. Es... ¡Squirtle, el Pokémon de agua! ¡Tales es un maestro Pokémon!

Qué buen trabajo han hecho Pikachu y Ash. Han podido encontrar al primer maestro Pokémon del viaje: Tales. Y no es un maestro cualquiera, no. Tales es considerado uno de los siete sabios de Grecia y fundador de la filosofía en Occidente. Realizó avances en muchos campos, como las matemáticas y la astronomía. Uno de sus mayores logros fue predecir un eclipse de Sol. En cuanto a la composición del universo, pensaba que el agua era el origen de todo, el primer elemento. Tiene sentido, puesto que agua se puede encontrar en prácticamente todos los lados. Hoy sabemos que no es así, que el origen es otro, pero es un muy buen primer paso, especialmente teniendo en cuenta la dirección de su pensamiento hacia la simplificación. Luego fue más allá. Pensaba que la Tierra flotaba en agua, como una isla, y por eso tiembla, al no tener base fija. Pensamientos de su época... Pero volvamos a nuestro héroe y su búsqueda por la Grecia clásica.

—Por suerte, Pika, no hace falta viajar mucho para continuar con la historia. Aquí, en esta misma región, podemos ver la revolución que ha causado Tales. Empiezan a surgir explicaciones basadas en la lógica para todo tipo de fenómenos. En especial en Mileto. Aquí nació una escuela de pensamiento filosófico con personajes como el mismo Tales, Anaxímenes y Anaximandro. Pero busquemos más sabios griegos, indaguemos para ver si encontramos la verdad sobre la composición de la materia. ¡Allá vamos!

Ahí está Heráclito, sentado ante una hoguera, reflexionando. Y fíjate, a su lado tiene una Pokeball. ¡Es Charmander, el Pokémon de FUEGO! Vamos, Pikachu, sigamos. Mira, ahí está Jenófanes, otro gran filósofo presocrático. Está sentado en una gran roca, mirando al cielo... ¿y qué acaba de salir de dentro de la Tierra? ¿Lo reconoces, Pikachu? **Es Diglett, el Pokémon de tierra**. Estamos ante otros maestros Pokémon. Bueno, de momento volvamos a Mileto. Busco a otro de los grandes: Anaxímenes, un discípulo de Tales. Ahí está, corriendo por el prado. Le sigue un pájaro... ¡No! Es Pidgey, el Pokémon volador...

Parece que no le ha resultado muy difícil a Ash encontrar al resto de los maestros Pokémon. Heráclito fue otro sabio griego, de Éfeso. Todo lo que se sabe de él es por habladurías (referencias documentadas, que nadie se ofenda).

Para él, el origen de todo no era el agua, sino el fuego, que consideraba el elemento primordial. En cuanto a Jenófanes, nacido en Colofón (no te rías, la ciudad se llama así de verdad), pensaba que el principio origen de toda la materia era la tierra. Y para Anaxímenes de Mileto, el discípulo de Tales, ese papel le correspondía al aire. Cuatro maestros, cuatro ideas para un mismo principio: el primer elemento. ¿Cuál será el correcto? Ash ha encontrado a sus primeros maestros Pokémon, pero aún tiene mucho que aprender y mucho más camino que recorrer en la búsqueda de la verdad sobre el universo. Sigamos, a ver dónde nos lleva este viaje con Ash...

—Pika, vamos a hacer una parada en Sicilia, ¿te gusta? Estamos yendo a la ciudad de Agrigento. Aquí podremos refrescarnos y aprovechar para conocer al siguiente sabio, Empédocles. Hemos llegado ya al siglo v a. C. y estamos a punto de dar un nuevo gran paso en la comprensión del universo. Este hombre es uno de los más grandes filósofos de la historia. Realizó numerosos estudios en astronomía, física y biología. Pero centrémonos, Pikachu, sigamos de nuevo a este sabio...

Este largo viaje espacio-temporal me ha dejado un *jet-lag* que no veas, Pikachu. Y tú tienes los cachetes más rojos de lo normal. Esto de viajar siglos al pasado y al futuro le deja a uno que no distingue un lunes de un jueves. Y vaya pelos ... En fin, bajemos por esas rocas, ya casi lo tenemos. Mira el mar, Pikachu, cómo ruge, parece que hoy igual cae una tormenta. Por suerte parece que Empédocles no es tonto... ¿Ves? Se está dirigiendo a esa cueva de allí, para guarecerse. Ya casi lo tenemos. Escóndete ahí, Pika, no quiero que nos vea. Mira, parece que lleva algo escondido. Se sienta... Tiene un aire muy misterioso este señor. Va a sacar algo. ¿Adivinas qué puede ser? Seguramente una Pokeball, como los otros. Ahí está, en efecto. Lo has adivinado, es una Pokeball. ¡Es otro maestro Pokémon! Y tiene a... ¡Squirtle! Pero ahora está sacando otra y… *¡otra! ¡Tiene tres! No, Pikachu, son cuatro. ¡Tiene cuatro Pokeball! Squirtle, Pidgey, Charmander y Diglett.* No, no parece que sea un simple maestro Pokémon… ¡Parece que es algo más!

Ash lo ha vuelto a hacer. En su viaje por la historia de la ciencia ha encontrado un nuevo personaje. Y éste no es un maestro Pokémon cualquiera, no. Empédocles es el Profesor Oak, una auténtica eminencia. Empédocles fue un gran sabio. Fue capaz de aunar lo mejor de las teorías de los filósofos griegos para formar lo que sería la primera "tabla periódica de los elementos". Según Empédocles todo estaría hecho por la combinación de los cuatro elementos de los que hablamos antes: agua, tierra, fuego y aire. Sí, es una tabla muy pequeña. ¡Pero mejor! Así es más fácil aprenderla. Además, algo tiene la sencillez que atrae, y muy en especial a los griegos. La simplicidad es elegante, permite describir un universo hecho de elementos o piezas básicas, de pocos componentes. Juntando estos elementos en las proporciones adecuadas podemos tener cualquier cosa. Por ejemplo, con dos partes de tierra, dos de agua y cuatro de fuego tenemos el hueso, según pensaban los griegos. No es correcto, pero la aproximación es adecuada: es una forma de entender muchos más fenómenos de la naturaleza que por medio de los dioses. Las cosas ya no aparecen y desaparecen, como el agua al evaporarse o una hoja que se quema… Lo que ocurre es que sus componentes se reordenan. ¿Y cómo se crean o se rompen estas uniones? Por medio de las fuerzas. Según los griegos, con el amor y el odio, dos agentes contrarios que permiten que los elementos se combinen y separen para formar cosas.

Es una teoría preciosa, un primer gran paso para la comprensión del universo que además va en una dirección muy clara: la simplicidad. Hay cuatro elementos y dos fuerzas. Sólo había un problema: no tenemos más que juntar tierra, fuego, aire y agua en las proporciones dichas para darnos cuenta de que algo falla: no se obtiene hueso. Aun así los griegos, no sólo los sabios

^{1}Ti Tierra		
^{2}Ag Agua	^{3}Ai Aire	^{4}Fu Fuego

La antigua tabla periódica.

que hemos citado hasta ahora, dieron grandes pasos en la comprensión de la naturaleza. De hecho mencionan aspectos tan próximos a la física moderna que al leerlos se le ponen a uno los pelos de punta. Anaximandro propuso como sustancia primaria lo que él llamaba "apeirón". Sería un elemento neutro entre dos opuestos, algo situado en medio del frío y el calor, entre lo húmedo y lo seco, lo que creaba una perfecta simetría. Esta idea es muy cercana a la que tenemos hoy de vacío y que veremos más adelante: un medio activo pero neutro, de donde surgen extremos opuestos: la materia y la antimateria. Además propuso la existencia de múltiples universos, una idea que se adelanta muchos siglos a su época.

Por otro lado tenemos a Parménides, que ideó una especie de ley de conservación de la materia y la energía. Juntando todos estos elementos llegamos a la filosofía de Demócrito. En él tenemos los cuatro elementos de Empédocles. La materia, según Demócrito, estaría formada por la combinación de elementos pequeños e indivisibles de estas cuatro especies a los que llamó "átomos" (que significa "indivisibles"). Los átomos ni se crean ni se destruyen y juntándolos en cantidades variadas dan lugar a toda la diversidad que vemos. ¿No es maravilloso? Simple, elegante, bello... Sin embargo, en esa época era imposible observar los átomos. Son demasiado pequeños para poder verlos. Y además su filosofía no fue apoyada por la gente de su tiempo, por lo que cayó en el olvido. ¿Alguien encontrará en el futuro los misteriosos átomos? ¿Dará alguien con el bloque fundamental que lo compone todo? ¿Quién será el héroe que se enfrente a la verdad y descubra el velo de la composición última de la materia? ¿Y las fuerzas que relacionan la materia, cuáles serán? ¿Cómo hace la naturaleza para mantener todo unido? Los griegos abrieron el camino, pero hubo que seguir buscando para encontrar respuesta a estas preguntas.

Ash, en su rápido viaje por la Grecia clásica, nos ha mostrado la importancia de las ideas simples en la comprensión del universo. Con tan sólo cuatro elementos y dos fuerzas los filósofos griegos fueron capaces de explicar cualquier fenómeno observable. A esto le añadieron la idea de los átomos, materia minúscula e indivisible que se combinaba de formas distintas para dar lugar a toda la variedad que observamos en nuestro entorno. Sin embargo, los griegos cometieron fallas y además este impulso cultural desapareció demasiado pronto. Aunque el procedimiento era el correcto, sus teorías no lo eran y ni siquiera tuvieron tiempo de comprobarlo.

Los años pasaron y el pensamiento cambió en Occidente varias veces. Vamos a dirigirnos a un nuevo periodo, al del surgimiento de la ciencia moderna, la que conocemos, cuando se impone la experimentación como base del conocimiento. **Uno ya no se fía de lo que tal persona diga**, sino que todo se pone a prueba: se hacen experimentos. Es lo que llamamos "método científico". Es una nueva época en la que casi se va a empezar de cero, pero con otras reglas. Se busca la verdad sobre la composición del universo con el método científico.

Ahora la experimentación se ha hecho posible y con ella la química se alza como una rama fundamental de la ciencia. Comienzan a surgir elementos químicos, componentes de la materia de diferentes tipos. Vamos a viajar por la Europa del siglo XIX, que se encuentra en plena ebullición científica y está llevando a cabo una gran revolución intelectual. En este viaje nos va a acompañar otro héroe. Un viajero incansable, un individuo persistente y tenaz, un auténtico explorador, un curioso, un líder, una persona cuyas hazañas se cuentan allende los mares, un pequeño gran hombre. Bueno, **no es, hablando estrictamente, un hombre, sino un HOBBIT**. Pero es grande, eso sí. Les dejo con Frodo Bolsón, de Bolsón Cerrado.

En busca del átomo, por Frodo Bolsón

—Ya te decía yo, Sam, que las cosas sí pueden ir peor. Después de aquello de Mordor (¡qué viaje más mortífero!), **ahora nos encargan esto de visitar la Europa de los científicos frikis.** Pero ¿a quién le interesa esto de la ciencia? ¡Espera, que ya estamos en el aire! Bueno, pues aquí estamos Sam y yo, a punto de comenzar un viaje como los de mi tío Bilbo, con ogros y todo. En este caso los ogros son los inquisidores de la Iglesia, los que queman vivos a los científicos. Aunque parece que en esta época ya están más tranquilitos y creo que nos van a dejar en paz. El objetivo: ¡descifrar los secretos de la naturaleza! ¿No es apasionante? Recorreremos Europa desafiando el saber y sin lembas **élficas**. Perseguiremos la verdad allá donde se esconda hasta entender bien de qué está compuesto todo en el universo y en la Tierra Media. Viajaremos sin miedo al fracaso por los confines del mundo moderno, plagado de hombres ambiciosos y luchas de clases, sin más ayudas que nuestros cerebros de hobbit, mi querida Dardo, esta cota de malla que da un calor que no veas, sobre todo en verano, y este anillo, que no es el que forjaron los elfos. Ése me lo hicieron tirar al fuego. Este otro lo forjaron los chinos, lo compré en el TODO A UN EURO 1 y también nos hace invisibles. Y eso está genial, Sam. Por cierto, Sam, tú tienes que estar calladito. Ahí, detrás de mí. No tienes que hacer absolutamente nada. Cuanto menos hagas, mejor. Sonríes cuando yo hable y de vez en cuando aplaudes. ¿Vale? Pues vamos, amigo, que el viaje comienza ya.

Esto de viajar en el tiempo genera confusión. ME VA DEJADO LOS PELOS COMO LOS DE **TOM BOMBADIL**. Y tú hueles a orco, Sam. Pero en fin, estamos en 1804, en Inglaterra. Y como puedes ver estamos a punto de presenciar un gran descubrimiento para la humanidad. ¿Ves cómo brilla Dardo? No es porque haya orcos cerca: ahora brilla cuando un gran descubrimiento está próximo a ocurrir. Hablaremos bajito y nos pondremos el anillo para que no se note nuestra presencia.

John Dalton, hijo de su padre y su madre, heredero de... Espera, que esto de decir de dónde viene cada persona a lo medieval es un rollo. Mejor vamos a lo concreto: Dalton es un químico inglés excelente que ha hecho grandes aportaciones a la ciencia. Por ejemplo, el estudio de problemas cromáticos en la visión, lo que viene a ser el daltonismo. También la ley de los gases y... lo que está estudiando mientras te cuento esto, Sam: la teoría atómica. Porque lo que está haciendo en este laboratorio se remonta a hace unos dos mil años, cuando algunos griegos dijeron que la materia estaba formada por partículas indivisibles, los átomos. Dalton, este chico tan simpático de aquí, lo está intentando demostrar. ¡Casi nada! Haciendo experimentos con compuestos sencillos, como agua o dióxido de carbono, ha observado algo muy interesante. Se ha percatado de que los compuestos químicos están formados por combinaciones de diferentes elementos. Así, el oxígeno, el nitrógeno, el fósforo o el carbono se combinan entre sí para dar compuestos diferentes. Y todo a través de elementos diminutos que no se pueden romper. **¡Los átomos!** ¿Te acuerdas de lo que nos contó Ash de

Demócrito? ¡Los hemos encontrado, tenemos los átomos! ¡Lo está descubriendo él, Dalton, ahora mismo!

Todos los átomos de un mismo elemento son siempre iguales, Sam, mientras que los átomos de diferentes elementos son distintos. Pero juntándolos podemos formar cosas más grandes, los compuestos. Es lo mismo que con las notas musicales: hay unas pocas que suenan siempre igual, pero puedes juntarlas de una forma para que suene la *Quinta sinfonía* de Bethoveen y de otra para que te salga *Macarena*. Si juntas los elementos de una forma tienes un compuesto y si los juntas de otra tienes... ¡otro compuesto! Todo está formado de unas pocas piezas fundamentales, ladrillos básicos, componentes elementales con los que construimos todo tipo de materia: los átomos. Son como piezas de Lego que reunidas de forma adecuada forman un castillo, un barco o un molino. Gracias, Demócrito: tú has dado el pase de gol y Dalton la metió en la portería.

Ya lo tenemos, Sam, qué fácil ha sido. Ya hemos acabado el viaje. Esto de estudiar ciencia cada vez me gusta más. Ni hemos tenido que despertar árboles, ni viajar en águilas, ni vestirnos de orcos, ni luchar con arañas gigantes, ni ha habido balrogs ni nada. Anda, recoge tus trastos y vámonos a casa, que **tengo la tercera temporada de JUEGO DE TRONOS a medias**. Pero ¡espera! ¿Y ese humo que sale de ese matraz aforado? Cada vez sale más y más... ¡Cuidado, que explota!

—¿A dónde crees que vas, joven hobbit? —dice una voz grave saliendo de en medio de la masa de humo que ha dejado la explosión.

—Gandalf, tú por aquí. Pensé que en esta misión nos ibas a dejar tranquilos. No pensé que sabías que...

—¡Frodo Bolsón! ¡No me tomes por un hechicero de poca monta!

—Llegas tarde, ya hemos...

—Un mago nunca llega tarde. Llega justo cuando se lo propone.

—Y dale con lo de llegar siempre a tiempo... Pero, Gandalf, esto ya está. Hemos encontrado el átomo. ¿No es suficiente? Y no me lances otra de tus frases enigmáticas que sueltas en todas las películas.

—El viaje no ha acabado, joven Frodo. Aún queda mucho por descubrir en el mundo de la ciencia. Yo te ayudaré a llevar esta carga... pero mejor llévala tú a cuestas.

—O sea, que esto no ha acabado...

—Veo que lo has entendido. Sigamos con el viaje. Agárrate bien, porque nos movemos. No de país, pero sí en el tiempo.

Este viejo nos va a matar a disgustos, Sam. Siempre nos encarga misiones terribles. Uno de estos días lo mando al garete. Pero de momento sigamos la pista y pensemos: tenemos los átomos, cosas diminutas que se juntan para formar materia. Y de ésos tenemos, por ejemplo, oxígeno, carbono, nitrógeno, aluminio... Está bien, Sam, pero ¿no son muchos? ¿Habrá un límite? ¿Por qué tantos? Recuerda que Demócrito dijo que había cuatro elementos y de pronto resulta que los hay a docenas. Y ya sabes que a estos frikis científicos les gusta la sencillez y el orden. **Esto parece más una fiesta loca, como las de Ronaldinho** .

Mientras pensamos, entremos en esta casa, que hace mucho frío. En la puerta dice "John Alexander Reina Newlands" y según parece estamos en 1864. Algo me dice, Sam, que el mago nos ha mandado a presenciar algo muy gordo: mira cómo brilla Dardo. Entremos. La casa parece vacía. Pero mira, Sam, cómo está decorado todo. Es perfecto para una fiesta de esas de época, de las que te gustan a ti que te disfrazas de doncella... Bueno, que me descentro. Al fondo parece que hay una luz. Hagámonos invisibles y entremos. Pues sí, ahí esta el joven Newlands trabajando en su escritorio. En silencio y tan concentrado. Pero... Espera... ¡Para esto hemos venido! ¡Está jugando a las cartas! ¡Pero qué tomadura de pelo es esta! Maldito viejo mago, nos la ha vuelto a jugar... ¿Qué es ese ruido? ¡Oh, no, otra vez la **explosión**!

—Hobbit engreído, no te atrevas a dudar de mí.

—Gandalf, hombre, que un día me vas a matar de un infarto. Llama a la puerta o algo...

—Deja de quejarte y haz bien tu cometido, joven hobbit. Observa y sé paciente.

—Sí, ya he visto, son cartas.

—¿Acaso te parecen cartas normales?

—Déjame ver... Hidrógeno, carbono, oxígeno... ¡Son elementos! Pero parece que está haciendo una tabla. Que hombre más raro.

—Hobbit insolente, ¡no quieres pensar! Está dando sentido a los elementos que hay y buscando una lógica. ¿Acaso vas a reírte de él?

—No, yo...

—Fíjate bien en cómo coloca todos los elementos, como si fueran estampas, en forma de tabla y los ordena por pesos atómicos. Sí, de esos elementos ya se sabe cómo calcular sus pesos. Dalton lo hizo, y parece una propiedad muy interesante para ponerlos en orden. ¡Pero cuánto nos gustan a los científicos las tablas, joven Hobbit! ¿Te has fijado?

—Gandalf, relájate. Tú eres mago, no científico. Como máximo puedes adivinar el futuro en las cartas, como Rappel, o hacer un numerito de magia como Tamariz...

—Y Newlands es músico, no sólo científico. Todo ayuda. Fíjate cómo dispone los elementos en filas con siete columnas, esperando que al octavo elemento las propiedades se repitan, como ocurre con las notas musicales. Van del do al si (siete notas) y la siguiente vuelve a ser un do, pero de diferente tono. Así que, según Newlands, el octavo elemento debería ser similar al primero. A esta idea la llamó "ley de las octavas", como en música.

—Música y química... **¡LA SINFONÍA DEL MAGNESIO!**

—¡Frodo Bolsón! No sea usted ridículo. No haga como los compañeros de Newlands, que se burlarán de su tabla cuando la publique. Le van a hacer un *mobbing* y un *bullying* en toda regla. No hay que ser cortos de miras, pequeño hobbit, pues aunque esta tabla no es totalmente correcta, tampoco parece del todo errónea. Aunque al hacer esta ordenación hay elementos que no comparten propiedades uno encima del otro, otros encajan a la perfección. Esta tablita que parece poco más que un juego tiene muchas cosas aún por decir. Y ya sabes, Frodo, que el que ríe al último... Nos veremos pronto.

¿Dónde estoy? Sam, ¿estás ahí? Veo que el frío no te deja hablar. Este viejo chiflado lo ha vuelto a hacer: ha desaparecido y nos ha mandado de viaje por el universo. Y en clase turista... Con la de millones que gané con las películas esas. Aquí hace un frío que ni los pelos de los pies me sirven de nada. Qué manía tiene el hechicero este de mandarnos de viaje siempre en invierno y... Oye, esto me suena de haberlo visto en algún libro del colegio. Creo que sé cuál es el lugar al que nos ha traído este viejo chiflado. Esto parece... ¡Rusia! San Petersburgo. Intuyo lo que vamos a visitar ahora, Sam. Esto no me lo quiero perder. Y mi Dardo brilla que ni en pleno Mordor tenía este resplandor. Creo que tenemos que seguir ¡a ese hombre de ahí! ¡Estoy seguro, es él! Rápido, que parece que dobla a la izquierda... y a la derecha... Entra en esa taberna. Sam, no podemos perderle de vista, hagámonos invisibles.

Está muy tranquila la taberna, Sam, apenas hay nadie... Esto me huele mal. ¡Ahí lo tenemos, al fondo! Ha sacado un libro enorme y toma notas. Qué hombre más desastroso, los papeles se le caen al suelo. Ahora saca unas cartas. ¡Son como las de Newlands! Claro... ¡Ya sé quién es este hombre, Sam! **¡Es Mendeleiev!** Y está construyendo la tabla periódica de los elementos. Es un genio: ha tomado la idea de Newlands y la ha transformado en un producto brillante. Está colocando los elementos, pero de una forma diferente a la de Newlands. Está yendo más allá. Fíjate bien, Sam: los coloca no por peso atómico solamente, sino también por su valencia. Que no, Sam, que sé que te gusta el postureo. Valencia no sólo es un filtro de Instagram, de esos que usas en tus fotos cuando sales haciendo gestos: es la propiedad que hace que los átomos muestren unas propiedades químicas determinadas. Y eso está genial, porque dos átomos con la misma valencia han de ser similares, así que deben ir en la misma columna. Ahora la tabla tiene más sentido. Y mira... **¡Viejo zorro!** Ha dejado un hueco en los lugares donde no le encajan las propiedades. Si un átomo no encaja en la columna que le toca, lo mueve a la siguiente y deja un hueco. Y ese hueco representa un elemento por descubrir. ¿Sabes lo que esto significa, Sam? Este hombre es un genio. Mira: por ejemplo debajo del aluminio ha tenido que dejar un hueco para colocar el germanio debajo del silicio, hermanos de la semiconductividad. Y en ese hueco ha puesto "eka-aluminio", un elemento que no se conoce aún. ¡El hermano del aluminio! Sería genial si se encontrara este elemento, Sam. Sería una de las mayores predicciones de la historia de la ciencia. Y además, mira bien, no sólo le da nombre, sino que hasta predice sus propiedades, como el peso atómico, su punto de ebullición o su densidad. Este Mendeleiev es un *crack*. Pero ¿qué es ese ruido detrás de la barra?

—*If you like it, you should put a ring on iiiiiiit!*

—¡Gollum! Estás... ¡has bebido!

—Mmmmmm yesoooooooRoooo.

—¡Suelta el vodka, Gollum! Ven aquí.

—Es que me parece mal que pases por alto...

—Sí, lo sé: que a Mendeleiev, como uno de sus logros mayores, se le atribuye el haber estudiado la composición óptima del vodka ruso, la que maximiza su sabor, dando una carga de alcohol de 40°. La que hoy se usa mundialmente.

—Sip, eso.

—¿Contento?

—Pues no... Ahora quiero saber qué pasa con el eka-aluminio.

—Siéntate aquí que te lo cuento. Pablo Emilio Lecoq de Boisbaudran era un hombre al que se le daba bien la química y perseveró. Para nuestra desgracia, porque ahora tenemos que aprendernos de memoria un nombre tan largo. El caso es que analizando una piedra conocida como esfalerita descubrió un nuevo elemento. Su peso atómico era 70, su densidad 5.94 veces la del agua, su punto de fusión de 30 grados y el de ebullición de unos 2,000. En cuanto lo midió con precisión se dio cuenta de que había descubierto el eka-aluminio de Mendeleiev. Pero ese nombre le pareció feo y decidió llamar al nuevo elemento galio, en honor a su patria, Francia (Galia para los antiguos). Otros dijeron que había nombrado el elemento con la forma latina de su apellido (*gallum* significa "gallo", *coq* en francés). Lo importante es que Lecoq había encontrado uno de los misteriosos elementos que Mendeleiev había predicho. Mendeleiev estaba en lo cierto: no sólo predijo la existencia de un elemento, sino que fue capaz de clavar sus propiedades sin haber visto un gramo de galio en su vida. No sólo eso, sino que se atrevió a discutir la medida que el señor Lecoq había hecho de la densidad de este elemento. ¡Y tenía razón! Eso es tener confianza en uno mismo. Bravo, Mendeleiev. Por si quedaba alguna duda, el resto de los huecos en su tabla fueron rellenándose con elementos que iban poco a poco descubriéndose. Por fin teníamos la tabla periódica de los elementos.

Esa tabla la hemos tenido que memorizar en clase, todos hemos pasado por eso. ¿A que prefieres la de los griegos, Sam, con sólo cuatro elementos? **Nada de Wolframio, Copernicio, Meitnerio o Godolinio...** Pues no eres el único que no tiene afecto a esta tabla atómica. Pronto se pensó que los átomos no eran el componente originario de la materia. Los científicos buscan siempre algo más simple, más sencillo. No una tabla gigante, sino algo pequeño, manejable. La naturaleza no puede ser tan rebuscada. Además, el hecho de que los elementos se puedan clasificar en una tabla de modo que los de una columna tengan las mismas propiedades hizo pensar que había algo que se estaba repitiendo, como una especie de estructura interna. Así es como los científicos de la época comenzaron a pensar que el átomo que habían encontrado no era realmente lo que estaban buscando: no era fundamental, irrompible.

Lo que descubrió Dalton no era el átomo indivisible de los griegos. Dio con algo muy pequeño que compone la materia pero... ¿por qué tantos átomos distintos? ¿Por qué tantos elementos? La búsqueda continuó y pronto se descubrió que, en efecto, los átomos estaban compuestos de algo más pequeño. Con lo que **el nombre "átomo", que significa "indivisible" en griego, se convirtió en un ERROR HISTÓRICO**. Culpa de los químicos. Pero no nos adelantemos, vayamos paso a paso.

Tenemos muchos átomos ordenados en una preciosa tabla pero sospechamos que la historia no acaba ahí y que todavía podemos alcanzar más profundidad en el interior de la materia. Vamos a bucear en las intimidades del átomo para ver exactamente qué es eso que ha encontrado Dalton. Vamos a atrevernos a explorar el mundo microscópico hasta lugares donde nadie había llegado. Y para esta nueva aventura contamos con un gran héroe, un luchador incansable que ha recorrido niveles y pantallas de videojuegos uno tras otro desde la década de 1980 sin cansarse de saltar y de morir una y otra vez. Con nosotros se encuentra MARIO BROS.

Rompiendo el átomo con Mario Bros

—No, con Mario no. Soy LUIGI, EL HERMANO. Que Mario siempre va de estrellita apareciendo en todas las aventuras y yo soy siempre el que va detrás. Además le duele la cabeza de tanto golpear cajas. Así que lo dejé en casa con Peach y me encargo yo de esto, que lo de buscar piezas, PARA UN PLOMERO ES PAN COMIDO. Aquí estoy con Yoshi, que es un gusto viajar con él porque, como no habla, pues no molesta. Ni se queja ni hace nada. Ahí está parado, sonriendo. Pobre alma. En fin, a lo que vamos: estaba yo paseando por la Toscana, vi una tubería verde que salía del suelo y ya me involucraron... Aquí estoy, en Inglaterra en 1896. Según dicen es el año en el que va a tener lugar un descubrimiento histórico. ¡Mamma mia, QUÉ GANAS, QUÉ EMOCIÓN!

A esta gente lo que le ocurre es que en las últimas décadas le ha estado dando vueltas a un juguetito en forma de tubería (aunque para mí todo tiene forma de tubería, de seta o de pizza de *pepperoni*) al que llaman tubo de rayos catódicos. Mira qué interesante: se coloca en un tubo de cristal un gas a baja presión (imagínate que hay poco gas en el tubo) y establecen una diferencia de potencial eléctrico entre los extremos (como las pilas del control de Nintendo, con un polo positivo y otro negativo). Al hacer esto, si la presión es baja, aparece una luz. Una luz parecida a la de los carteles luminosos. Como esa luz que hay en esos clubes sociales que hay por todos los lados en las carreteras de España, también en Italia. El invento fue de Heinrich Geissler, en 1857. Nadie entendía qué era esa luz, pero esto **no impidió que fuera un éxito tan grande como la aparición del Game Boy mucho después.** Pero la cosa no paró aquí. William Crookes, en 1870, consiguió bajar mucho más la presión y observó algo nuevo: la luz desaparecía, pero se observaba un destello en el ánodo (el electrodo positivo). Además colocó una cruz en medio del tubo (tubería para los plomeros) y pudo ver su sombra proyectada en el ánodo. Algo estaba viajando por el tubo en línea recta. Lo llamaron rayos catódicos. Pero la pregunta seguía en el aire (y en el gas de baja presión): ¿qué diablos son estos rayos?

Ésa es la situación en la que nos encontramos ahora, en este precioso lugar, Cambridge, Inglaterra, mientras me termino este plato de penne a la gorgonzola y estos profiteroles... **BRAVO. GRAZIE, TUTTO DELIZIOSO. ANDIAMO, BAMBINO, QUE ESTAMOS A PUNTO DE HACER HISTORIA.** Ese edificio que tenemos enfrente no es otra cosa que el famoso laboratorio Cavendish. Por aquí han pasado grandes científicos como Maxwell o Rayleigh y hoy vamos a conocer a alguien que se va a convertir en una leyenda, un físico que hará historia. Estamos a punto de conocer a J. J. Thomson.

Pasa, Yoshi. Sube las escaleras. Abre esa puerta, sí, sin miedo. Ya casi estamos. ¡Sí! ¿EOOO? Hemos llegado, ahí está Thomson con su tubería, quiero decir el tubo de rayos catódicos. Como ves, está midiéndolo todo con mucho detalle. Bueno, en realidad ni lo toca. Es que **dicen que es un patán con los experimentos** y prefiere no tocarlos y que los haga otro. Como yo para limpiar los platos. ¡Qué listo! El caso es que midió la velocidad de los rayos catódicos y descubrió que era menor que la de la luz. También vio el efecto con campos eléctricos y magnéticos, por lo que concluyó que debía de tratarse de partículas cargadas. Además calculó la relación carga/masa de estas misteriosas partículas. Aquí lo vemos en su último experimento, Yoshi, ya sólo le falta obtener la masa y el descubrimiento será suyo. Mira su libreta, ahí lo tiene todo anotado: partículas ligeras con carga negativa. Con una masa... ¡unas dos mil veces más ligera que el átomo de hidrógeno! Ha encontrado la primera partícula más pequeña que el átomo: ha roto el átomo en sus componentes. ¡Los átomos no son indivisibles, Yoshi! ¡Lo ha logrado! **¡Y sin comer una sola seta !**

Mamma mia, qué emoción, estoy extenuado. Con esto Thomson ha hecho una cosa increíble. Ha encontrado el primer componente verdaderamente fundamental, que no se puede romper. Y tiene carga negativa: el electrón. Claro que si el electrón es de carga negativa y el átomo es neutro, necesitamos algo positivo para compensar lo negativo, ¿no? Y además si el electrón es tan ligero... ese algo debe tener toda la masa que falta. Por eso Thomson imaginó el átomo como una especie de *panettone*. Bueno, **los hipsters dirían un muffin** y la gente normal diría que es una magdalena con trozos de chocolate. Los pedazos de chocolate serían los electrones, negativos, y el resto, más masivo y positivo, sería como un bloque donde se incrustan los electrones. Éste fue el primer modelo del átomo. Y todo con una tubería, de esas que tenemos siempre Mario y yo encima.

Así empezaron a despedazar poco a poco el átomo y a descubrir las que hoy llamamos partículas subatómicas. Poco tiempo después Ernest Rutherford lanzó partículas alfa (núcleos de helio, que no es otra cosa que dos protones y dos neutrones) contra una lámina de oro. Lo que observó no se lo podía ni imaginar. En primer lugar la mayor parte de las partículas atravesaban la lámina. ¡El átomo tenía que contener mucho espacio vacío! Y aunque la mayoría se desviaba un poquito, algunas partículas alfa rebotaban completamente, volvían hacia atrás. Esto era increíble, como lanzar una bala contra un papel y esperar que rebote. ¿Cómo podía ser esto? Rutherford dio una nueva interpretación: quizás en vez de ser como un *panettone*, **el átomo era una bola concentrada de materia positiva**, muy pequeña pero con mucha masa (el núcleo), rodeada por electrones que le dan vueltas, con carga negativa y casi sin masa. Y el espacio entre ellos... ¡estaría vacío! Sería como nuestro Sistema Solar. El núcleo sería como el Sol y los "planetas" serían los electrones. El átomo... ¡estaría muy vacío! Es como colocar un alfiler en un estadio de futbol, como San Siro: pues la cabeza del alfiler sería el núcleo y los electrones estarían lejos, por las gradas.

Este modelo parecía funcionar. Disponemos ahora de electrones que giran alrededor de los núcleos de carga positiva, donde están los protones. El átomo más simple, el de hidrógeno, estaría formado por un protón alrededor del cual gira un electrón. El segundo átomo más simple es el de helio, formado por dos protones en el núcleo y dos electrones orbitando. Y así sucesivamente, añadiendo más protones al núcleo y electrones dando vueltas, pasamos por todos los átomos de la tabla periódica, desde el hidrógeno hasta el carbono, oxígeno, fósforo, hierro, uranio... Todos los elementos se crearían por combinación de electrones y protones formando sistemas neutros, sin carga neta.

Esto tiene sentido, pero algo falla. La masa total de los átomos no parecía ser la suma de las masas de los electrones y protones. Es decir, parecía que dentro del átomo había algo que no podíamos ver. De esto se percató un nuevo héroe, James Chadwick, en la década de 1930, descubriendo, en sucesivos experimentos, una nueva partícula: el neutrón. Ya tenemos el trío montado: electrones, protones y neutrones. Y con ello podemos formar cualquier cosa: hidrógeno, oxígeno, agua, aire, sal, grafito, hierro, oro... Sólo tenemos que combinar estos tres ingredientes de la forma correcta para obtener el elemento que queramos. ¡Es genial! Tenemos un modelo simple, tanto como el de los griegos, con sólo tres piezas. Pero no sólo eso: este modelo lo hemos demostrado con experimentos. Hemos usado la lógica y la experimentación para llegar a ello. ¡Hemos hallado los componentes últimos de la materia!

—No tienes idea de nada —me dijo de repente una voz robótica—. Eres basura.

—**¡Stephen Hawking!** ¿Qué haces por aquí?

—Me dijeron que venías y quería curiosear.

—Pues adelante...

—Quería ver tu cara cuando te contara las malas noticias. Porque siento decepcionarte, pero las cosas no son tan fáciles ni tan bonitas.

—Pero... ¿cómo?

—La alegría no dio para mucho. Según fueron ampliándose los experimentos empezaron a aparecer partículas, unas tras otras. Que si un pión, que si un muón, que si un ípsilon... Sin contar las antipartículas, que tampoco tardaron mucho en aparecer: antielectrón, antiprotón, antineutrón... Era un desmadre. Sin comerlo ni beberlo se pasó de un maravilloso sistema de tres partículas fundamentales (protón, electrón y neutrón) a tener que vérnoslas con una multitud de partículas que no sabíamos ni qué hacer con ellas.

—Suena horrible.

—Sí, porque además no se esperaban. Un premio Nobel, Isaac Rabi, dijo una vez: "¿Quién ha pedido esto?", refiriéndose al descubrimiento del muón. Porque... ¡no pintaba nada! Como tú en los juegos de Mario...

—Sin ofender.

—También se comentaba que en vez de dar premios Nobel a quien encontrara una partícula nueva, habría que multarlo. Era desagradable ver cómo cada vez aparecían más y más partículas sin ningún sentido, sin seguir ninguna regla, sin ningún control. La situación recordaba a... ¿A ti no te recuerda a algo?

—¿La tabla periódica?

—Sí. Como la de Newlands, quien ante tanto elemento químico los dispuso en forma de tabla para ver si encontraba algún patrón.

—¿Y que solución hay ahora?

—Hoy en día estas partículas están ya clasificadas. Se ha descubierto que dentro de protones y neutrones hay unas cositas chiquititas y muy raras que llamamos *quarks*. Y a partir de aquí comienza a lamentarse la falta de originalidad de los físicos para poner nombre a las cosas. **Un protón** TIENE DOS ***quarks up*** Y UN ***quark down***, mientras que **un neutrón** TIENE DOS ***QUARKS DOWN*** **y un** ***UP***. Además se descubrió una partícula que se llama neutrino, que atraviesa todo lo que se encuentra por su camino. Este neutrino con el electrón forman lo que se llama una dupla, pero **yo los llamo electroneutrino. Como Juan Magán y J. Balvin, pero en física de partículas**.

—Electrolatino... Madre mía, continúa, Stephen, por favor, antes de que me eche a llorar.

—Los dos pertenecen a una familia de partículas que llamamos leptones. Los *quarks up* y *down* forman otra dupla. Con estas cuatro partículas podemos explicar toda la materia del universo visible. Esas dos duplas de *quarks* y leptones forman lo que se llama primera generación. Ojalá aquí se hubiera acabado todo...

—Pero ¿no es así? ¿Qué más hay?

—Pues resulta que el **universo** es un poco vago y decide hacer lo que todos alguna vez hemos hecho: copiar. Así que existe una segunda generación de partículas, que es una copia, o una digievolución, de la primera. Tal cual, sólo que ahora cada partícula es un poco más masiva que su equivalente de la generación anterior. Así tenemos una copia de los *quarks up* y *down* que son *charm* y *strange* (no se quejen de los nombres, no fui yo). Y lo mismo con los leptones: tenemos el muón y el neutrino muónico. Estas cuatro partículas son iguales que sus hermanas de la primera generación, pero un poco más masivas. ¡Pesan más! Y como no hay dos sin tres, pues tenemos la tercera generación, formada por el doblete de *quarks top* y *bottom* **(olé)** y los leptones tau y neutrino tau. Si te fijas bien es como las evoluciones Pokémon: el electrón, el muón y el tau, que son iguales pero con distinta masa; el *up*, el *charm* y el *top*; el *down*, el *strange* y el *bottom*; y los neutrinos electrónico, muónico y tau. Y no, esto no acaba aquí porque por cada partícula tenemos una antipartícula.

Los 12 fermiones del Modelo Estándar de física de partículas

Quarks

u arriba (*up*)	c encanto (*charm*)	t cima (*top*)
d abajo (*down*)	s extraño (*strange*)	b fondo (*bottom*)

Leptones

νe neutrino electrónico	$\nu\mu$ neutrino muónico	$\nu\tau$ neutrino tauónico
e electrón	μ muón	τ tauón

—¡Copiando otra vez!

—Sí. La antipartícula es exactamente igual que su hermana partícula, pero con carga opuesta. Así del electrón tenemos el antielectrón; del *quark up* tenemos el *antiquark up*... Y así con todas.

—Yo ya me estoy perdiendo.

—Pues espérate, **porque esto es un fiestón, PERO DE LOS BUENOS**. Tenemos 6 *quarks* distintos y sus 6 *antiquarks*. ¡Escucha y verás! Si juntas 3 de estos 12 *quarks* formas una partícula de un tipo genérico llamado barión. Un protón (dos *ups* y un *down*) es un barión. Pero si juntas un *quark* con un *antiquark* formas otro tipo de partícula, los mesones, como el pión (un *up* y un *antidown*). Te puedes imaginar la cantidad de combinaciones diferentes que se pueden hacer con todas esas partículas, juntando *ups*, *downs*, *charms*, *stranges*, *antiups*, *antistranges*... ¡Cientos de partículas diferentes aparecen al mezclar así! Es una locura. ¿Qué pensaría Demócrito de todo esto? **¿Hay alguien que ponga orden a este lío?**

—Parece difícil de resolver. Especialmente para un plomero.

—Sí. Y volvemos siempre a la misma pregunta: **"¿Quién ha pedido esto?".** Porque realmente con los *quarks up* y *down* y el electrón tenemos suficiente para formar cualquier cosa: madera, corcho, hierro, agua, un limón, una silla de ruedas... Cualquier cosa, incluso las estrellas más lejanas, sabemos que están hechas exactamente de esto. Entonces, ¿para qué queremos el resto de las partículas? Es una pregunta muy interesante y la respuesta es: para nada. El resto de las partículas no forman parte de la materia que conocemos. No son importantes para entender los fenómenos naturales como la lluvia, la electricidad, el magnetismo terrestre, las corrientes de aire, las mareas. Pero si no sirven para nada, ¿qué hacen ahí?

—¿Molestar?

—Pues esto es algo que no sabemos. Estas partículas son importantes porque existen. No sabemos por qué existen ni cuál es su papel, pero **la naturaleza las ha puesto ahí y nosotros no tenemos nada que decir al respecto.** La naturaleza es quien manda en este juego, es como el Súper de Big Brother o el dungeon máster en los juegos de rol. No tiene sentido pedirle cuentas. Las cosas son así y ya está. Ha decidido crear un mundo con muchas partículas y nosotros no somos aún lo suficientemente listos para entender de qué va todo esto. En cualquier caso, la pregunta es razonable: ***SI ESTAS PARTÍCULAS EXISTEN,* ¿DÓNDE DEMONIOS ESTÁN?**

—Yo no las he visto nunca, pero claro, yo vivo en un videojuego de 16 bits.

—Pues deja que lo explique dando un pequeño rodeo. Seguramente estudiaste en la secundaria o en la preparatoria y seguro que en un examen tuviste una pregunta tipo "¿por qué...?" que no sabías responder.

—Bueno, Stephen, yo soy plomero... Pero sí fui al colegio.

—Mejor. Pues, por si te vuelve a ocurrir, aquí va una pequeña ayuda, muchacho. Respuesta universal: **"Porque minimiza la energía".** Una pelota que cae de un tejado, un átomo que se fisiona en dos más pequeños, una masa de aire que asciende a capas superiores de la atmósfera... Son ejemplos de cómo diferentes tipos de fenómenos físicos buscan un estado de energía inferior para lograr una mayor estabilidad. Con las partículas ocurre lo mismo. Un muón se puede considerar **un electrón gordo.** Interacciona igual que el electrón, y casi todas sus propiedades son idénticas (ya vimos que era su digievolución). La masa no lo es, pues pesa unas doscientas veces más que su primo hermano el electrón. Ahora bien, la ecuación famosísima de Einstein, $E = mc^2$, nos dice que la masa es un tipo de energía. "E" en esta ecuación es "energía", "m" es "masa" y la "c" es una constante, la velocidad de la luz en el vacío. Nos dice esta ecuación que energía y masa son equivalentes. Sabido esto, resulta que el estado de alta masa que es el muón es también un estado de alta energía, y será por tanto inestable. Es como una pelota que está en el tejado (muón): sólo necesita un empujoncito para convertirse en una pelota en el suelo (electrón). Este fenómeno se denomina desintegración y es un proceso físico bien conocido. El muón tiene un tiempo de vida de 2.2 microsegundos (el tiempo que tarda por término medio en desintegrarse) y ese empujoncito que necesita para desintegrarse al muón se lo da la fuerza electrodébil. En su desintegración surgen, además de un electrón corriente, dos neutrinos.

—Yo ya me estoy desintegrando.

—Tranquilo, que queda lo más fácil. Esas partículas existen porque el universo lo permite, la naturaleza les ha guardado un papel. Pero su existencia es efímera porque son inestables. En cuanto se crean... rápidamente se destruyen en otras partículas con menos masa. ¿Y cuándo fue que se crearon? Fue en el inicio del universo, **en el Big Bang**. La energía era tan alta que aparecieron todo tipo de partículas en la mayor fiesta de la historia de las partículas. Era un carnaval, un despiporre, un descontrol... Partículas por aquí y por allá... Todas las partículas posibles estaban en esa fiesta. Pero como todo en la vida, tuvo un final. Las partículas inestables fueron desintegrándose en otras con menos masa y según el universo se expandía, iban desapareciendo para siempre, quedando únicamente las más ligeras: protones, neutrones y electrones. Por eso no las vemos: no forman parte de la materia, no están. SE FUERON, PARA SIEMPRE. Pero el universo las recuerda y la naturaleza les ha guardado un hueco. De hecho, sin ellas nunca entenderíamos bien cómo funciona. ¡Qué irónico! La clave de todo parece estar justo en las partículas que no tenemos a nuestra disposición. Pero al igual que Newlands y Mendeleiev abrieron la puerta a un nuevo mundo al clasificar los átomos en una tabla, la nueva clasificación de las partículas, la "tabla periódica" de las partículas subatómicas, puede abrir las puertas a una nueva era en física.

Muchas veces el pensamiento es cíclico. Aunque avancemos, llegamos en multitud de ocasiones a puntos en donde ya hemos estado. Y eso es genial, porque podemos aprender de los errores del pasado. En ciencia esto también ocurre con mucha frecuencia. Si no, mira la gráfica. En el eje horizontal están los años transcurridos desde la Grecia clásica hasta hoy. En la vertical tenemos lo que en cada momento histórico se pensaba que eran los componentes últimos de la materia. Pasamos del aire, tierra, agua y fuego de Empédocles a los elementos químicos de la tabla periódica, luego a los electrones, protones y resto de partículas subatómicas, y llegamos al final a lo que tenemos hoy en día: *quarks* y leptones. Se observa un comportamiento cíclico: subimos poco a poco hasta que un día un gran descubrimiento rompe la dinámica, reduciendo drásticamente el número de elementos. Parece que cada vez que el número de "elementos" aumenta sin control, algo nos está avisando de que una revolución en la comprensión está a punto de llegar.

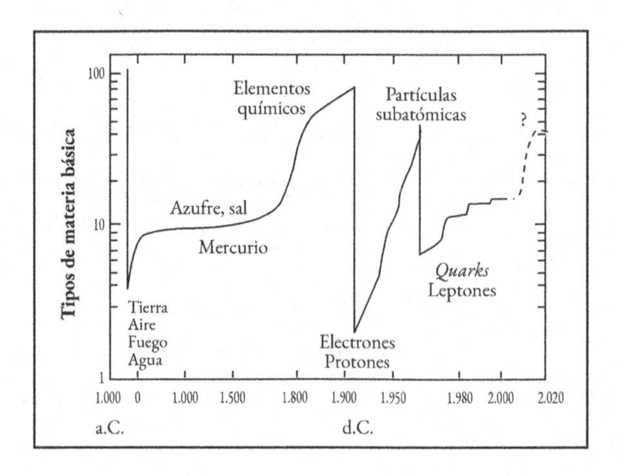

Cada vez que veo esta gráfica me paso un buen rato absorto, perdido. Nuestra comprensión del universo es cada vez mayor, pero por cada pregunta que respondemos surgen otras tantas más. Parece que no hay límite. Entendemos muy bien la mayor parte de los fenómenos que ocurren en la naturaleza, pero aun así parece evidente que estamos lejos de entenderlo todo. Hay algo que está esperando a ser descubierto, y ese algo tiene que ser fascinante. Está ahí, enfrente de nuestros ojos, al doblar la esquina. Cualquier chico que hoy estudia física puede ser el que lo descubra, porque estamos en una situación muy similar a la de Thomson cuando encontró el electrón o Rutherford cuando rompió el átomo. Cualquiera que lea este libro podría ser el protagonista, la persona que cambie la física para siempre. Porque algo está claro para nosotros, los físicos, y es que la naturaleza no puede ser tan complicada. Para los griegos bastaban cuatro elementos, dos fuerzas y unas pocas formas de algo diminuto que llamaban átomo. En la sencillez está la belleza y el universo no puede ser de otra forma que no sea tremendamente bella. Seguro que si Demócrito me oyera decir esto, sonreiría.

—Vale, tenemos controladas a las partículas... Más o menos. Pero entonces, Stephen, ¿qué pasa con las fuerzas? ¿Cómo funcionan las fuerzas que mantienen la materia unida pero también permiten que se transforme, como el agua en hielo, o un papel en cenizas?

—Buena pregunta. Para estudiar las fuerzas que controlan el universo, que van desde lo infinitamente pequeño hasta lo desmesuradamente grande, contaremos con la ayuda de nuestro último friki-héroe en la búsqueda del saber. Un viajero inagotable, que no teme a la muerte ni a la soledad, alguien distinguido por su valentía y coraje. Sus historias legendarias trascienden el espacio y el tiempo, y es el mayor explorador galáctico que ha visto la humanidad: LUKE SKYWALKER.

La fuerza universal, por Luke Skywalker

—¡Qué original! Vamos a estudiar las fuerzas y ponen... a un maestro jedi. Y como si uno no tuviera otra cosa que hacer, como si mantener el orden en la galaxia no fuera suficiente... Pero bueno, aquí me tienen con Chewbacca, recién aterrizados en un pueblito de Inglaterra. Hemos dejado el *Halcón Milenario* estacionado, con unas ramas y hojas secas por encima para que pase desapercibido. El lugar se llama Whoolsthorpe y corre el año 1664 según el calendario terrícola. ¿Qué hacemos aquí este trapeador andante y yo? Pues **HEMOS VENIDO A VISITAR A UN CHICO UN POCO RARO**. Es gruñón y hosco en el trato, pero es verdad que no tuvo una infancia muy feliz. No conoció a su padre y su madre lo abandonó cuando aún era un niño, por lo que se crio con sus abuelos. Pero de qué se queja: al menos su padre no le cortó la mano, como a mí el mío. Según me ha contado Obi-Wan, este tipo controla mucho el tema de las fuerzas y parece que va a ser uno de los científicos más grandes de todos los tiempos. Su nombre es Isaac.

Algunos sabios griegos creyeron en la existencia de dos fuerzas antagonistas a las que llamaron amor y odio. **ESTO SUENA COMO LO DE LOS DOS LADOS DE LA FUERZA... O A LAS CHICAS SUPERPODEROSAS.** Pero puede que no esté del todo desencaminado. Lo importante es que creían que podría entenderse todo en el universo de una forma simple, a través de dos fuerzas contrarias. Toda la diversidad que vemos, cosas tan distintas y tan dispares como los truenos, las mareas, los rayos de Sol, la resaca del domingo... Que todo se pudiera explicar de una forma tan simple y elegante como la acción de dos fuerzas. Maravilloso. Sin embargo, algo no se sostenía. ¿Qué es el amor? ¿Qué es el odio? ¿Y cómo se calculan esas fuerzas? ¿Cuál es más fuerte? ¿De qué depende? ¿Cómo cambian? Son preguntas que en la ciencia moderna es importante responder: necesitamos saber cómo funciona el universo cualitativa y cuantitativamente, calcularlo y medirlo. Así que armados con la ciencia moderna vamos a ver cuál es el motor que mueve el mundo. Y vamos a empezar con este chico raro, Isaac.

Está de vuelta de la universidad. Estuvo en Cambridge estudiando, pero por culpa de una plaga (SEGURAMENTE CAUSADA POR EL LADO OSCURO) ha tenido que volver al campo, a casa de su madre, donde fue criado. Es una granja en un pequeño pueblo. Y como odia trabajar en el campo, dedica todo su tiempo a pensar en sus cosas, en el funcionamiento de lo que le rodea. Sus estudios en Cambridge y su constante dedicación lo han convertido en uno de los mejores matemáticos de Europa. Está a punto de revolucionar el mundo de la óptica, a punto de crear el cálculo y de sentar las bases sobre el funcionamiento del universo y... tiene sólo veinticuatro años.

Ven por aquí, Chewbacca. No hagas ruidos raros, que se va a dar cuenta de que estamos aquí. ¿Lo ves ahí, debajo de ese árbol? ÉSE ES ISAAC NEWTON, el que andábamos buscando. No tengo la menor duda: una perturbación en la fuerza me indica que estamos justo en el momento oportuno y que algo está a punto de ocurrir. Agáchate y observa, bola de pelo. Parece muy concentrado, mirando al infinito y respirando lentamente. ¡Pero cuidado! Fíjate, encima de su cabeza. **Hay una manzana que está a punto de caer**. ¡Vayamos a advertirle! Pero... ¿Lo has visto? Según la manzana caía, de repente se ha quedado parada justo encima de su cabeza. ¿Y qué hace él? ¡Sigue pensando! Ahora parece que se da cuenta... Mira la manzana, la agarra y... **¡se la come!** Lo que ha hecho Newton es increíble, Chewie, **TIENE QUE SER UN MAESTRO JEDI.** Pero mira, ¿ves cómo se agita? Creo que se le ha ocurrido una idea. Se levanta y se va. ¡Sigámoslo, Chewie!

—¿A dónde crees que vas, joven padawan?

—¡Obi-Wan! Tú por aquí... Hacía tiempo que no aparecías.

—Estaba ocupado, he abierto una casa de apuestas *online*.

—Vaya... Pues iba a seguir a este joven, que parece que ha descubierto algo interesante.

—No debes seguirlo o notará una perturbación en la gravedad. Newton es un maestro jedi, como has podido ver. Y controla una de las fuerzas del universo, joven padawan: la gravedad.

—**Weeeeeeeeeehheeeh** —contestó Chewie.

—Así es, Chewbacca. Según ha descubierto, es la fuerza que hace que el cosmos funcione como un reloj. Los planetas giran alrededor de las estrellas, los satélites alrededor de los planetas y todo con una precisión cósmica maravillosa regida por una ley muy simple: la ley de la gravitación universal.

—¿Y en el Imperio conocen esta ley?

—Claro que la conocen. Es fundamental para todo. Sin ella no podríamos viajar en el espacio, orbitar planetas, salir de su atracción... En la escala cósmica es la ley que gobierna por encima de todas las demás. Todas las estrellas y planetas que ves en el cielo bailan al ritmo de la ley de gravitación que Newton ha descubierto. Cada objeto sigue esta ley de forma precisa y eterna en cada rincón del universo.

—Y ¿cómo funciona esta ley?

—Es muy simple, Luke. Cualesquiera dos objetos en el universo se atraen, simplemente por existir. Más intensa es la atracción cuanta más masa tienen, y más pequeña será cuanto más lejos estén.

—Ya veo: ha descubierto el mecanismo que mueve el universo, a las galaxias, a las estrellas y a los planetas. El que hace que la Tierra gire alrededor del Sol y la Luna alrededor de la Tierra. Es un mecanismo cósmico.

—No sólo eso, Luke. ¿Viste cómo cayó la manzana? Esa fuerza que la atraía hacia el suelo es la misma que hace a la Tierra girar alrededor del Sol. La gran masa de la Tierra empuja a la manzana hacia ella con gran fuerza debido a que son cuerpos cercanos. De esta forma Newton consiguió la primera gran unificación de la historia de la física: la mecánica celeste (el movimiento de planetas y estrellas) con la mecánica terrestre (lo que llamamos la gravedad en la Tierra). Ha puesto en evidencia que dos cosas que parecen completamente distintas en realidad son la misma. Ha logrado simplificar y resolver dos preguntas con una sola respuesta.

—Por eso es uno de los grandes genios de la historia. ¿No es así, maestro?

—Por eso y por muchas cosas más.

—Pero ¿por qué la Luna no cae sobre la Tierra como cae la manzana?

—Porque la Luna está girando. Ese giro evita que caiga.

—¿Y por qué la gente que está en el hemisferio sur no se cae?

—¿En serio, Luke? ¿Me estás preguntando eso? **¿TÚ NO ESTUDIASTE CIENCIAS SOCIALES?**

—Si yo lo único que hacía era reparar droides...

—Anda, Chewie, explícaselo tú.

—**Weeeeheeheehehheh, mweheh.**

—Ah, ya veo. Qué interesante es esto de la gravedad y qué gran paso es para la comprensión del universo. Además esto de unificar fenómenos es genial porque te hace entender las cosas de una forma más simple. No seguiremos a Newton, Chewie, que tiene mucho trabajo por delante, pero yo he aprendido una lección. Ya hemos dado con una gran fuerza del universo, pero ¿encontraremos **LA FUERZA**?

• • •

Esto de viajar en el *Halcón Milenario* no lo veo muy claro, Chewie. La gente te mira raro. Para la próxima a ver si conseguimos presupuesto para taxis o nos estacionamos a las afueras. Bueno, pues ya está: no hemos ido muy lejos, seguimos en Inglaterra, ahora en Londres. Estamos cumpliendo uno de mis sueños, Chewie, cruzar el London Bridge, pasear por Hyde Park, ir de compras a Camden Town... Es lo máximo. Pero antes vamos a resolver el pequeño negocio que tenemos entre manos. Tenemos que buscar a otro maestro jedi, experto en esto de las fuerzas. Su nombre, James Clerk Maxwell. Parece ser que podremos encontrarlo en el King's College. Allá vamos.

Estamos en una época muy interesante, Chewie. En 1862 los terrícolas llevaban más de dos mil quinientos años detrás de la explicación de dos fenómenos de los que no tenían ni idea y que deseaban comprender. Uno era la electricidad, que se conocía desde la Antigüedad. Diferentes culturas habían observado peces eléctricos y en la época de Tales ya se conocían fenómenos de electricidad estática relacionados con el ámbar. De hecho, de ahí viene la palabra *electricidad*, de la palabra griega para *ámbar*. Se conocía, pero no se entendía, como pasaba con el magnetismo. El nombre de este otro fenómeno viene de Magnesia, una ciudad de la actual Turquía donde se encontraban de forma natural unas piedras que atraían el hierro. Tales también las estudió. Nosotros los llamamos imanes y tienen esa propiedad tan curiosa de estar formados por dos polos que se repelen uno al otro. En fin, aunque estas cosas se conocían desde hacía tanto tiempo, nadie había sido capaz de explicar lo que estaba ocurriendo hasta el siglo XVIII.

La humanidad empezó a usar y dominar la electricidad en este siglo gracias a grandes genios como Coulomb, Cavendish, Volta y Ohm, quienes establecieron los principios básicos (y mucho antes de que se supiera lo que era un electrón). Entre otras cosas descubrieron que la electricidad es producida por una fuerza que se desplaza entre cargas positivas y negativas. Las cargas de igual signo se repelen y las de signo contrario se atraen, como todo el mundo sabe. El magnetismo se resistió algo más y sólo algunas aportaciones de Galileo y un estudio más profundo de William Gilbert abrieron las puertas a la comprensión de esta otra fuerza. En cualquier caso, electricidad y magnetismo parecían cosas completamente distintas. Más allá de que cargas y polos opuestos se atraen, y al revés, no parecía haber ningún indicio de que ambos fenómenos tuvieran algo que ver.

Pero pronto las cosas iban a cambiar. En 1820 Oersted, un físico y químico danés, iba a realizar una observación muy interesante. Colocó, no sé si queriendo o de chiripa, una brújula cerca de un hilo conductor. La aguja de la brújula pareció volverse loca y en vez de apuntar al norte se desvió en presencia de la corriente en el hilo. Había observado el primer efecto del electromagnetismo: la electricidad había producido magnetismo y por eso había desviado la brújula. Este efecto lo estudiaría con más detalle Ampere (el de los amperios), explicando cómo una corriente eléctrica crea un campo magnético.* Mira, Chewie, cómo poco a poco la electricidad y el magnetismo sí que parecían estar algo relacionados.

Pero esto no se quedó aquí. Ya hemos visto que una corriente eléctrica puede generar un campo magnético (magnetismo en su entorno). ¿Y al revés es posible? Es lo que se preguntó Michael Faraday, uno de los personajes más curiosos de la ciencia. Sin ningún tipo de estudios y sin saber nada de matemáticas, fue capaz de convertirse en uno de los científicos más grandes de la historia. Entre otros logros dio con la ley de inducción electromagnética, que permitiría inventar el motor eléctrico. Al igual que una corriente genera un campo magnético, la variación de un campo magnético produce una corriente. **¡QUÉ LINDA SIMETRÍA!** Esto es muy interesante: colocas una espira (un hilo cerrado, en forma de círculo) en torno a un imán (que genera magnetismo). Al hacerlo se produce espontáneamente una corriente en la espira. Claro, el imán esta produciendo una variación del campo magnético, lo cual genera una corriente eléctrica. Pero Faraday, que había descubierto el fenómeno, no sabía cómo describirlo matemáticamente.

Esto dio lugar a uno de los mayores pases de gol de la historia de la ciencia. Sabemos ya que un campo magnético puede producir una

* Usaremos *campo magnético* y *campo eléctrico* con la esperanza de que nadie se asuste. Hay un campo magnético cuando en el entorno de un objeto aparecen efectos magnéticos, como la aguja del imán que se pone a apuntar en una dirección determinada. Y hay un campo eléctrico cuando en el entorno de un objeto aparecen efectos eléctricos, como una corriente. Son efectos que aparecen sin contacto físico, de ahí la importancia del concepto *campo.*

corriente eléctrica y viceversa. No es por darle muchas vueltas al asunto, pero ¿no será que las dos cosas tienen más que ver de lo que se pensaba? Eso mismo tuvo que razonar la persona que estamos a punto de visitar: James Clerk Maxwell. Yo siento una perturbación en la fuerza, ¿tú no la notas?

Ahí lo tienes, con su barba larga y rizada dando su paseo diario junto al Támesis. Aunque es un poco raro que salga de paseo a estas horas, en breve se hará de noche. Bueno, nosotros, Chewie, vamos a seguirlo. Mira, ahora se para en una banca y da de comer a las palomas. Qué señor más adorable, desde luego esto yo no me lo esperaba. Pero ya va cayendo la noche y no vuelve a casa. ¿No te resulta raro? Parece que no le preocupa que oscurezca. ¿O es que piensa dormir aquí, en medio de estos jardines al lado del Támesis? Se moriría de frío. Este señor cada vez me tiene más intrigado, no entiendo qué es lo que está haciendo. Mira, observa bien. Ahora, que ya es plena noche, se sienta sobre el césped. Esto cada vez tiene menos sentido. Sin duda está tramando algo. Fíjate: está concentrado, con los ojos cerrados, las piernas cruzadas... Ahora saca las manos de los bolsillos y coloca las palmas mirando al cielo, delante de su vientre. ¿Qué demonios hace? ¿Eso qué es? ¿Qué ocurre? No entiendo nada. *De sus manos ha ido surgiendo poco a poco una bola de luz que ilumina completamente su espacio.* No la toca, se mantiene flotando sobre sus manos. Controla la luz. ¿Es un hechicero?

—Decir tonterías vos deberías no.

—¡Yoda! Tú por aquí... ¿Qué es de tu vida?

—Problemas para controlar la fuerza y su poder tenés, joven padawan.

—¿Por qué hablas así, Yoda?

—Dar clases de gramática por correspondencia con profesor argentino *sho*. Resolver mi problema conseguir no. Acentazo argentino pegar sí.

—Ahora sí que no hay quien te entienda.

—Pero venir acá a discutir esto *sho* no. Preocupado con tu lado oscuro, Luke.

—No, si yo estoy como siempre, nada oscuro por aquí. El oscuro es el tipo este de barba, que de la nada se ha montado una bola de luz que esto parece Pachá Ibiza.

—Maxwell MAESTRO JEDI **es. Padre de electricidad, magnetismo y luz ser .**

—¿Pero cómo? Estoy perdido, no entiendo nada.

—La fuerza tiene que crecer en ti.

—¡Obi-Wan! Otra vez tú.

—Sí, soy yo. He venido a guiarte en tu camino porque pareces muy perdido. Fíjate bien, usa la fuerza, es muy fácil todo. Maxwell no es un hechicero.

—Ya. Entiendo que es un maestro de la electricidad y el magnetismo. Pero ¿cómo hace eso con la luz?

—Maxwell ha sabido interpretar correctamente los descubrimientos de Faraday y Oersted. Ha visto en la simetría entre electricidad y magnetismo que en realidad son la misma cosa. Si la electricidad puede producir magnetismo y el magnetismo puede generar electricidad, igual es que son apariencias diferentes de un mismo principio: el electromagnetismo. Maxwell toma la ley de Gauss para el magnetismo y la electricidad, la ley de Ampere modificada y la ley de Faraday, y crea sus famosas cuatro ecuaciones. Con ellas Maxwell demuestra que electricidad y magnetismo tienen un origen común: es la fuerza electromagnética.

—Otra fuerza más, como la gravitatoria.

—Sí, joven aprendiz. El maestro Maxwell ha unificado dos nuevas fuerzas que ya nunca se verán como fenómenos desconectados.

—Eso lo entiendo. Pero ¿y la bola de luz?

—Maxwell vio que un campo eléctrico podía generar uno magnético y viceversa, por lo que se podría generar una onda que se propagara por el espacio. Una onda de electricidad y magnetismo sería una onda electromagnética que avanzaría creando campos eléctrico y magnético alternativamente. Uno cae y genera el otro, luego al revés, como un balancín que sube y baja. Ambos se autosustentan. ¿Y sabes qué? Al ver la velocidad de propagación de esa onda a Maxwell se le cayeron las gafas al suelo.

—¡Pero si no lleva gafas!

—Es verdad. Mejor para él, porque se le habrían roto. En fin, lo que descubrió es que esas ondas se propagan justo a la velocidad de la luz. Fue una sorpresa maravillosa, puesto que hasta ese momento no se sabía bien qué era la luz. Ahora estaba claro: la luz es una onda electromagnética, una propagación de los campos eléctrico y magnético. Así que no sólo unificó la electricidad con el magnetismo, sino también con la óptica, la ciencia de la luz. Y además estableció la existencia de otros tipos de "luz" que no podemos ver. Ondas como las luminosas, de la misma naturaleza pero con características diferentes. Son lo que hoy llamamos ondas de radio, microondas, infrarrojos, rayos ultravioleta, rayos gamma, rayos X...

—Por eso domina la luz. ¿Y la gente cree en lo que dice?

—Pues no todos, porque las cosas hay que probarlas. Pero no pasa nada, pronto todo el mundo abrirá los ojos y verá a Maxwell no sólo como el gran maestro jedi que es, sino como uno de los más grandes científicos de todos los tiempos. Hertz encontrará estas ondas en experimentos y pronto Tesla y Marconi comenzarán a utilizarlas como medio de comunicación a grandes distancias. Éste es uno de esos descubrimientos que verdaderamente cambian la humanidad por completo. Si no te lo crees, piensa en tu teléfono móvil.

—Una vez más me quedo impresionado con el poder de la fuerza. Esto es algo que debo pensar con más calma. Pero ahora, Yoda, Obi-Wan, debo ir a ver nuevas cosas. Además, esto de pensar cansa mucho y nos esperan nuevas búsquedas. Mientras tanto intentaré reflexionar sobre esas cuatro ecuaciones que hacen que se haga la luz en el universo.

—Hasta la vista, Luke.

• • •

—ESTACIONAR EL HALCÓN MILENARIO en el aeropuerto de Ginebra ha sido lo mejor que hemos hecho en años, Chewie. ¿Viste la cara de la gente? Y cuando tomé la caja de Toblerone sin tocarla en el Duty Free... Ha sido pura diversión. Pero bueno, ahora que ya estamos en tierra y hemos descansado, vamos a aprovechar para seguir hablando de ciencia.

Hemos venido a Ginebra, Suiza, y estamos en 1982. Es invierno y Suiza es una locura para un científico: centros de investigación, laboratorios, vacas lilas... Hemos venido para visitar el CERN (Conseil Européen pour la Recherche Nucléaire), que es un laboratorio que estudia las fuerzas fundamentales. Han montado un cacharro enorme llamado Super Proton Synchrotron y en él colisionan protones con antiprotones. Pero no estamos de turismo. No, eso luego. Ya te comprarás más tarde un reloj y una navaja. De momento hemos venido a ver un descubrimiento muy importante: parece ser que están a punto de encontrar una superfuerza y esto no me lo quiero perder.

Te pongo al día, Chewie, que sé que tú no lees mucho de ciencia. A partir de 1900 el mundo de la física sufrió revolución tras revolución. Entre los muchos descubrimientos, había uno problemático: en el núcleo del átomo puede haber varios protones muy juntos. Pero ¿no dijimos que las cargas iguales se repelen? ¿No deberían estos protones separarse por la repulsión eléctrica? Así es, Chewie. Acertaste: si sólo hubiera fuerza electromagnética no debería haber núcleos, los protones se alejarían. Por eso tiene que existir otro tipo de fuerza que les permita mantenerse unidos. Una fuerza, además, mucho más intensa que la eléctrica. Esa fuerza existe y, por estar dentro del núcleo y ser muy fuerte, se la llamó "fuerza nuclear fuerte". O fuerza fuerte, a secas.

Y espérate, amigo peludo, que todavía queda tela. Se habían observado procesos muy extraños, lo que hoy llamamos desintegraciones. Una desintegración es lo que hacemos con el *Halcón Milenario* cuando disparamos a una nave y le damos: la nave desaparece, ¿no? Decimos que la hemos desintegrado. En realidad no desaparece del todo: lo que ha ocurrido es que deja de ser una nave y aparecen otras cosas, restos, trozos, chatarra. Pues con las partículas pasa igual y no hace falta dispararles nada (a veces sí). Se dice que se desintegran de forma espontánea. Determinadas partículas de repente se rompen y en su lugar aparecen otras que no tienen nada que ver. La mayor parte de las desintegraciones que se observaron eran muy rápidas. Ocurrían en fracciones mínimas de segundo (unos 10^{-23} segundos o por ahí). Tenemos una partícula y en un nada, ¡zas!, ha desaparecido y en su lugar aparecen otras partículas. Sin embargo, también se encontraron unas extrañas desintegraciones que duraban mucho más tiempo: microsegundos, milisegundos... ¡incluso minutos! Era el caso del neutrón. Esta partícula nuclear tiene un poquito más de masa que el protón, por lo que es inestable. Excepto dentro del núcleo. El tiempo promedio que tarda en desintegrarse un neutrón para dar un protón y otras cosas es de unos diez minutos. ¡Diez minutos! Eso no había forma de explicarlo. De ahí que los físicos pensaran que tenía que haber otra fuerza más, que actuara sólo dentro del núcleo y que fuera lo bastante débil para permitir desintegraciones tan lentas. A esa fuerza dentro del núcleo, que es muy débil, la llamaron... ¿Adivinas? Fuerza nuclear débil.

Así que tenemos ya las cuatro fuerzas: la gravitatoria (Newton), la electromagnética (Maxwell, Ampere y Faraday), **la nuclear fuerte y la nuclear** débil. ¿Cómo encajan estas dos nuevas fuerzas dentro de la película? Seguro que te estás preguntando esto ahora mismo, Chewie. Tranquilo, que yo te lo cuento todo.

Quien primero hizo una teoría completa de la fuerza débil fue Enrico Fermi, un físico italiano genial. Este chico es uno de mis favoritos: hay muchas historias muy divertidas y anécdotas de lo extraordinario que fue como científico. Entre otras cosas diseñó una teoría que explicaba bastante bien la interacción débil. Pero tenía un problema: aunque la teoría era "casi" correcta, tenía algunas fallas. Como que a altas energías se desmoronaba. Estaba cerca de la verdad pero no completamente.

Por suerte durante esos años se estaba desarrollando un nuevo tipo de teorías. Unas que abrazaban la cuántica y la relatividad (lo veremos más adelante) en una sola teoría, lo que se conoce como teoría cuántica de campos. Establecen que las fuerzas se originan por un agente mediador. Ese agente es una partícula. Mira, Chewie, de qué manera: **si tú te pones en una barca en un lago y yo en otra y te lanzo a R2-D2, al lanzarlo me voy a ir hacia atrás, por retroceso;** y tú al atraparlo te moverás también. Es algo que describe la tercera ley de Newton, la de acción y reacción. Esto lo puedes ver en muchas películas. Por ejemplo, cuando disparan un cañón en una de piratas: la bala sale hacia delante, pero el cañón tiende a moverse hacia atrás. Si tú me cambias a mí por un electrón, a ti por otro electrón y a R2-D2 por un fotón, la fuerza eléctrica se comporta igual en la teoría cuántica de campos. Los electrones se repelen porque se lanzan fotones. Están ahí todo el día, tirándose fotones, y es lo que hace que exista esa fuerza, la eléctrica.

Así fue como consiguió entenderse también la fuerza débil, a través de una teoría cuántica de campos. Claro que si en el electromagnetismo se lanzan fotones, en la **fuerza** *débil... ¿qué se lanza, cuál es la partícula mediadora? Las llamaron bosones W y Z.* ¿No te parece genial? Y a eso hemos venido hasta aquí, Chewie, al CERN. Llevan unos meses haciendo colisiones protón-antiprotón con la esperanza de crear bosones W y Z y con ello confirmar la teoría. Así que vamos para allá e infiltrémonos sin crear sospechas, creo que algo interesante se está cociendo. Eso sí, hace mucho frío, así que abrígate. ¡Ah, no! Que eres una bola de pelo, no te hace falta. Bueno, que me distraigo: vamos al CERN.

Ya hemos llegado. Qué graciosa la forma en que la gente te miraba en el autobús. **LES TUVE QUE DECIR QUE ANTES ERAS CALVO PERO QUE TE HABÍAS PASADO CON EL CRECEPELO** para que te dejaran tranquilo. No creo que sea muy difícil entrar en el laboratorio, podemos usar queso para distraer a los guardias.

Ya estamos en la sala de control del SPS. Aquí es donde se registran los datos de las colisiones y donde se cuida del detector UA1, liderado por el físico italiano Carlo Rubbia. ¿Alcanzas a ver por la ventana, Chewie? Vamos a hacer una cosa: súbeme a tus hombros y así yo puedo ver lo que está pasando ahí dentro. Venga, uno, dos, tres, ¡hop! Ya alcanzo. Pero ¿qué hacen? Están todos bailando y gritando. No llego a entender lo que dicen. Uno está abriendo una botella de champán. Carlo Rubbia tiene la corbata en la cabeza y se ha quitado los pantalones. Ahora se ponen a bailar la conga... Parece que se han vuelto completamente locos. ¿Qué está pasando?

—Nadie se ha vuelto loco, joven padawan.

—¡Obi-Wan! Qué susto me has dado. Chewie, bájame.

—Querías saber qué está pasando y yo he venido a contártelo.

—Ya está el sabelotodo de Obi-Wan... A ver, cuenta.

—Están contentos porque han descubierto la partícula que estaban buscando, el bosón W. Es la partícula mensajera de una gran fuerza.

—¡Sí! Otra superfuerza... Entonces el de los pantalones bajados, ¿es un maestro jedi?

—No, jovencito, ése es sólo un encargado. Los verdaderos maestros de esta superfuerza lo observan.

—¿Y tanta alegría...?

—Es que esta nueva partícula no sólo demuestra que la teoría cuántica de campos tiene sentido y que podemos entender la fuerza débil, sino que podemos juntar las dos fuerzas, la débil y la electromagnética, en una nueva unificación para formar una superfuerza unificada. Con la fuerza electromagnética en forma de teoría de campos y la fuerza débil surge la fuerza electrodébil.

—Eso parece un gran logro. Ya no tenemos fuerza eléctrica, magnética y débil separadas; ahora tenemos una única gran fuerza, la electrodébil, con la que podemos entender cualquier fenómeno eléctrico, magnético o débil.

—No sólo eso, Luke. La fuerza fuerte también se puede poner dentro de la teoría cuántica de campos, con una nueva partícula mensajera, el gluón.

—¡Lo hemos logrado, lo tenemos! **Con esto ya estamos felices.** ¿Y quién es el responsable de todo esto? ¿Quién es el auténtico maestro jedi?

—Han sido muchos grandes genios quienes lo han conseguido: Paul Dirac, Richard Feynman, Gerard t'Hooft, Murray Gell-Man, Steven Weinberg, Abdus Salam, Lee Glashow, Peter Higgs... Todos ellos y muchos más han dado lugar al modelo último de la naturaleza. Un único modelo con el que derrotar al Imperio. Una única ecuación con la que podemos entender todo lo que ocurre en el universo y dominar las fuerzas. **Es la versión científica del modelo de Demócrito.** Es la respuesta última al conocimiento de la naturaleza. Es la ley que lo gobierna todo, que controla cada fenómeno. Esta fuerza nos abre la puerta a descifrar todos los enigmas y misterios del cosmos. Y a esta ley, la ecuación que rige el universo, la gran fuerza unificada, los físicos la llaman el Modelo Estándar.

Y el Modelo Estándar, la teoría científica más exitosa de todos los tiempos, nos espera en el siguiente capítulo.

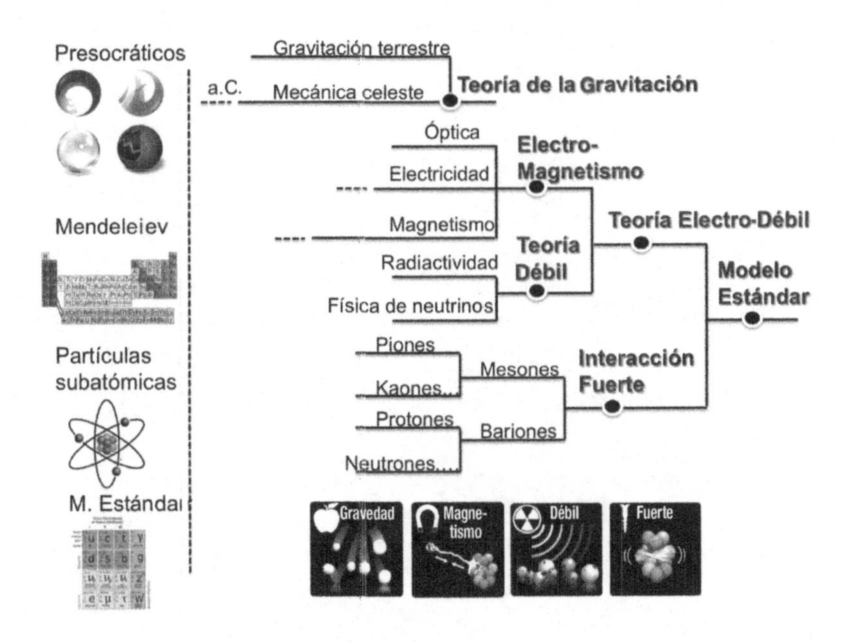

2

EL MODELO ESTÁNDAR DE FÍSICA DE PARTÍCULAS

El Modelo Estándar tiene un nombre poco agraciado. Si eres estándar no te sales de la media, eres normal, tu vida es normal, tu perro es normal... Pero el Modelo Estándar lo explica todo, o casi, es extraordinario, por encima de la media. ¿Por qué entonces lo llaman estándar? ¡Por fastidiar, seguro! Estos físicos...

ORIOL MARIMÓN, un químico enfadado (Big Van)

Einstein, una estrella de la ciencia

Albert Einstein fue un verdadero niño prodigio. Mejor dicho, un joven prodigio. **A la edad en que los españoles promedio de hoy**

día son ninis profesionales, Einstein ya había hecho unas cuantas de las suyas. Con tan sólo veintiséis años y como simple trabajador en una oficina de patentes, publicó cuatro artículos cada uno de los cuales, por sí solo, le habría valido para pasar a la historia. Dos de ellos trataban sobre la ahora famosa teoría de la relatividad (la relatividad especial en concreto), mientras que los otros dos versaban sobre el movimiento browniano (al que daba una explicación) y el efecto fotoeléctrico, que explicaba por medio de un concepto cuántico. Estamos en 1905, acaba de arrancar el siglo XX y se respira un ambiente de cambio, de revolución en la física.

En 1915 Einstein ampliaba su idea de la relatividad para incluir la gravitación en una de las teorías más completas y bonitas jamás publicadas (la relatividad general). Con una descripción geométrica del espacio y el tiempo consigue crear una teoría de la gravitación más completa y precisa que la que estableciera Isaac Newton (como veremos más adelante). Su explicación no sólo permite describir el movimiento de los cuerpos en el espacio debido a la gravedad, sino que también se llega a comprender la causa de la gravedad, el principio subyacente tras el movimiento de los cuerpos.

La relatividad general incluye los efectos de la gravedad a través de lo que se conoce como principio de equivalencia. Esto permitió desarrollar una teoría completa de los sistemas que se mueven a grandes velocidades, incluyendo las oportunas correcciones a la teoría de Newton. Esto es importante: la relatividad no implica que la explicación de Newton fuera incorrecta. No. Lo que pasa es que era menos precisa, o más bien incompleta. De hecho la teoría de Einstein a bajas velocidades coincide con la de Newton. Sólo cuando un objeto viaja muy rápido aparecen contradicciones en la teoría de Newton y es entonces cuando se aprecia la validez de la relatividad. Por eso **no es correcto decir que**

Einstein destruyó la teoría de Newton: más bien la completó con una teoría más general y que se puede aplicar a más circunstancias. Por eso la teoría de Newton sigue estudiándose y aplicándose. Al ser mucho más sencilla que la de Einstein, en las situaciones en las que los efectos relativistas sean pequeños es preferible aplicar la teoría de Newton.

El éxito llegó enseguida. Su teoría permitía explicar algunos enigmas, como cierta anomalía en la órbita de Mercurio donde la teoría de Newton fallaba. Además, Einstein predecía un efecto que podría observarse en el eclipse que tendría lugar el 29 de mayo de 1919. Arthur Eddington, otro científico, viajó a la isla del Príncipe, cercana a África, para estudiar el fenómeno. Sus resultados no dejaron duda: la teoría de Einstein era correcta. La fama mundial que adquirió Einstein tras este golpe de efecto no tiene equivalente en la historia de la ciencia, y convirtió a Albert no sólo en el sucesor de Isaac Newton, sino en un referente social, un ídolo, un icono popular.

Albert Einstein era, de la noche a la mañana, una figura mundial, el científico vivo más reconocido, una auténtica estrella. Empezó a viajar por todo el mundo bajo una enorme expectación, rodeándose de las personas más influyentes y carteándose con los científicos más renombrados. **ERA UN VERDADERO ROCK STAR DE LA CIENCIA**. Todos querían conocer al padre de la relatividad. Sin embargo, con sus cuarenta años ya cumplidos, empezaba a estar en la retaguardia de la investigación. Una nueva camada de científicos muy inteligentes y creativos golpeaba al mundo de la física con ideas muy novedosas y rompedoras bajo el paraguas de una teoría muy diferente a la relatividad: la teoría cuántica.

La mecánica cuántica surge del trabajo de gente como Bohr, Schrödinger, Heisenberg, Dirac o Pauli, quienes toman el relevo de Einstein. Al viejo científico alemán las ideas cuánticas no le acaban de convencer y poco a poco se va alejando de la primera línea científica, abrumado por los nuevos conceptos cuánticos de la realidad. La mayoría empieza a verlo como una vieja gloria, **UN DINOSAURIO VIVIENTE**, un exitoso científico que en el ocaso de su carrera se dedica a posar para portadas de revistas, a cenar con presidentes, a fotografiarse con la lengua fuera y a **soltar frases a lo Paulo Coelho.** La prensa, por supuesto, estaba encantada.

Pero la realidad era más bien diferente. El cerebro de Einstein no para de trabajar. En solitario estudia algo que a nadie parece preocuparle. Mientras el mundo se pelea por descifrar el enigma cuántico y revelar los secretos del átomo, Einstein se aísla y comienza a darle vueltas a algo en lo que muy poca gente había reparado antes.

La teoría de Maxwell del electromagnetismo había sido una fuente de inspiración clave para Einstein. En ella Maxwell conseguía fundir la electricidad, el magnetismo y la óptica en una sola teoría, un logro asombroso. Una vez que Einstein termina su teoría de la relatividad, inspirada en las ecuaciones obtenidas por Maxwell, una pregunta le viene a la mente: ¿sería posible juntar la gravedad y el electromagnetismo en una única fuerza, como hiciera Maxwell con la electricidad y el magnetismo? Sería un grandísimo logro... y algo muy satisfactorio para Einstein.

El genio alemán pensaba que las matemáticas son el lenguaje del universo que estudiamos a través de la física. **NO PODÍA CONCEBIR QUE EL UNIVERSO FUERA FEO, COMPLICADO, SIN SENTIDO.** Según su punto de vista, debería venir descrito por unas leyes simples, elegantes, bellas. Había que hallar una descripción, una ecuación con la que poder explicar todo lo que ocurre, cada trozo de materia, cada fenómeno natural... Todo descrito en una fórmula simple, compacta, única, universal. Esta idea de perfección similar a la griega es la que rondaba la cabeza de Einstein en sus últimos años de vida. Dedicó varias décadas de trabajo a dar con esa explicación, su mayor ambición, su reto mayor. Es lo que hoy conocemos como **"el sueño de Einstein"**.

No consiguió su objetivo por muchas razones, entre otras que nunca quiso aceptar la mecánica cuántica. Además, en su época no se conocían bien dos de las fuerzas universales, la nuclear débil y la nuclear fuerte, por lo que trabajó sólo con dos componentes de la realidad: electromagnetismo y gravedad. Sus progresos no iban mal encaminados: apoyado en ideas de Kaluza, refinadas posteriormente por Klein, Einstein se acercó mucho a una descripción geométrica de la electricidad similar a la de la gravedad, establecida en la teoría de la relatividad. Esto habría permitido combinarlas, mostrarlas como aspectos diferentes de un único fenómeno, una sola fuerza. Pero sea como fuere, fracasó y su trabajo tristemente inacabado quedó en el olvido.

Varias décadas después los físicos han retomado este sueño de Einstein con nuevas miras. Se sigue su inspiración y deseo de unificación, pero esta vez con una visión más moderna de la física. Armados con el poder conjunto de la mecánica cuántica y la relatividad, los científicos sueñan con una teoría final, lo que los anglosajones llaman TOE: *Theory of Everything*, **LA TEORÍA DEL TODO.** Una teoría que describa todo lo que hay en el universo. Sería la culminación que nos mandaría a los físicos al desempleo, a jugar a los bolos o a pasear por la playa. No es fácil obtener esta teoría, pero disponemos de un primer modesto candidato: el Modelo Estándar.

Cuatro fuerzas que lo mueven todo

Me pregunto qué pensaría el propio Einstein del Modelo Estándar. En él confluyen (hasta cierto punto) la relatividad y la cuántica. Unifica casi todo el saber obtenido en física tras dos mil quinientos años de ciencia. No hay ningún experimento que haya probado claramente que el Modelo Estándar está equivocado. Es más: hay pruebas experimentales que demuestran su validez de una forma asombrosa. **NO PARECE EXTRAÑO QUE LOS CIENTÍFICOS, ANTE EL MODELO ESTÁNDAR, NOS PONGAMOS DE RODILLAS.**

Sin embargo, ¿qué es y cuál es su verdadera potencia? Cuando juntas el conocimiento sobre la formación de la materia y las fuerzas que la mantienen unida, obtienes este modelo. Veamos cómo.

Existen cuatro fuerzas conocidas en la naturaleza: la gravitatoria, la electromagnética, la nuclear fuerte y la nuclear débil. Cualquier acción que ocurra en el mundo es en última instancia una manifestación de una de estas fuerzas, si no de varias a la vez. Por ejemplo, si te dejas caer al suelo desde una altura, te está impulsando la fuerza de la gravedad, que es para todos nosotros, quizá, la más conocida.

La fuerza electromagnética la experimentamos también de forma constante. Sin ir más lejos: si al caer debido a la fuerza gravitatoria no atraviesas el suelo es por la repulsión electromagnética de tus átomos frente a los de la Tierra. De hecho, **el sentido del tacto, cuando tocamos algo, no es más que la repulsión electromagnética** entre los electrones de nuestra mano y lo que sea que toquemos. ***CHICOS, CHICAS, NO SÓLO A LOS NERDS NOS PASA (AUNQUE A NOSOTROS MÁS): CUANDO TOCAMOS A ALGUIEN LO QUE SE SIENTE ES REPULSIÓN.***

La fuerza electromagnética es en realidad la unión de dos fenómenos que en un principio parecían no tener nada que ver: la electricidad y el magnetismo. La fuerza eléctrica produce que dos cargas iguales se repelan y dos opuestas se atraigan. Es en muchos sentidos similar a la gravitatoria, con la gran diferencia de que la gravitatoria siempre es atractiva. Una partícula cargada sometida a una fuerza eléctrica es acelerada en línea recta. La fuerza magnética es la típica que se observa en los polos de un imán y que obliga a las partículas a alinearse siguiendo el mismo principio: polos opuestos se atraen, polos iguales se repelen. Una partícula cargada y en movimiento bajo la acción de una fuerza magnética (por ejemplo cerca de un imán) comienza a girar, lo cual conviene recordar porque es muy importante y tiene muchas aplicaciones (motores, etcétera). En definitiva, las fuerzas eléctrica y magnética son dos efectos diferentes de un mismo agente, y de ahí que, al unificarlas, se escogiera la denominación de fuerza electromagnética.

En cuanto a la fuerza fuerte es la que hace que los protones se mantengan unidos en el núcleo a pesar de repelerse eléctricamente (todos los protones tienen carga positiva). Y la fuerza débil tiene que ver con cierto tipo de desintegraciones atómicas. Es la responsable de que el Sol brille o la causante de la radiactividad. Por ejemplo, el accidente de Chernóbil o la araña que picó a Spiderman : fuerza nuclear débil.

Una fórmula sencillita: el lagrangiano del Modelo Estándar

Con la ecuación fundamental del Modelo Estándar podemos entender cualquier fenómeno físico que involucre a estas fuerzas. ¿No es genial? Tenemos una ecuación que responde a cualquier pregunta de la física, no importa lo difícil que sea. Cualquier cosa, literal: el Modelo Estándar te la responde. ¿Por qué no tengo pareja? No, ésa no te la responde. Pero el resto sí. Y todo con esta ecuación tan *simple* de aquí:

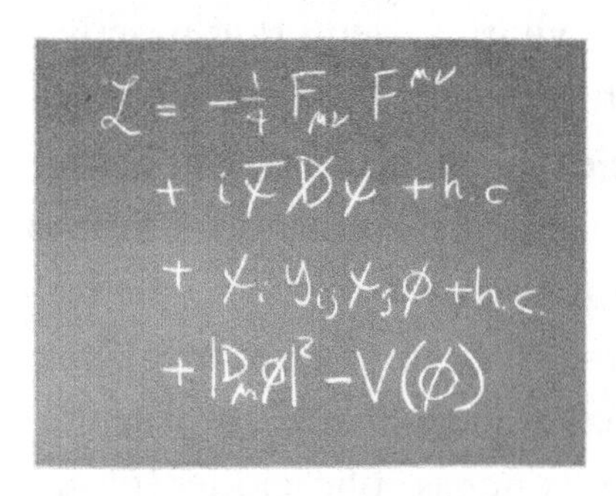

La "L" es de "lagrangiano". En física clásica, la que se estudia en el colegio, se usa la "F" de "fuerza" para resolver problemas. Es la formulación newtoniana, basada en las tres leyes de Newton. Lo que ocurre es que la fuerza no es una buena magnitud para tratar sistemas en relatividad. Lagrange, en 1788, creó una nueva formulación, similar a la de Newton, pero basada en el concepto de energía. Ambos son equivalentes, igualmente correctos y dan el mismo resultado, pero el de Lagrange ofrece ventajas en física moderna.

La primera línea explica cómo se comportan fuerzas como la electricidad o el magnetismo. En ese aparentemente sencillo término se encuentra integrado todo lo que sabemos sobre ellas. Son las ecuaciones de Maxwell en formulación de Lagrange. Esto es impresionante: cualquier cosa que encuentres en cualquier libro del mundo sobre electricidad y magnetismo puede explicarse con esos pocos símbolos de ahí. Como digo: **increíble.**

La segunda línea predice lo que ocurre cuando una partícula, como un electrón, se encuentra con otra partícula cualquiera. Cuando decimos que dos cargas opuestas se atraen, o dos cargas iguales se repelen, estamos diciendo parte de los efectos de este término. Cuando dos partículas se encuentran, da igual cuáles sean, en qué condiciones lo hagan o dónde estén: es esta parte la que nos dice lo que ocurre. Impresionante también, ¿verdad?

Ahora saltemos a la cuarta línea. Esa V (ϕ) de ahí es el campo de Higgs. Esto es un poco más complicado y vamos a explicarlo más adelante en este mismo capítulo. Lo importante es que este campo es fundamental para que el modelo funcione por completo. En cuanto a la tercera línea, describe precisamente la forma en que las partículas adquieren masa a través de la acción del campo de Higgs.

Y ya lo tenemos. Según la formulación de Lagrange (esa ecuación de la página 80) sólo hay que hacer unas derivadas y unos pocos arreglos matemáticos y ya podemos responder cualquier pregunta de física que queramos, ¡cualquiera! Esta ecuación lo describe todo, no sólo nos dice lo que ocurre (cualitativamente), sino que nos permite calcularlo con precisión (cuantitativamente). ¿No es increíble?

El Modelo Estándar no sólo nos dice cómo han de comportarse las partículas, sino que también nos dice de qué está compuesto el universo y cuáles son los elementos fundamentales de la naturaleza. Por lo que sabemos hay dos familias de partículas, los *quarks* y los leptones, que se distinguen, entre otras cosas, porque estos últimos no sienten la fuerza fuerte, la que mantiene unidos los protones en el núcleo. Además no vienen solas: hay tres "generaciones" de cada, las tres *digievoluciones* de electrones y neutrinos electrónicos, así como las de los *quarks up* y *down* que forman protones y neutrones.

La primera generación contiene las tres partículas que forman toda la materia conocida: el *quark up*, el *quark down* y el electrón con su neutrino. Con los *quarks up* y *down* se forman, como dijimos, protones y neutrones. Es decir, cualquier núcleo atómico, desde el hidrógeno hasta el uranio, está formado de *quarks up* y *down*. Éstos, con los electrones, forman cualquier átomo, el que sea. LA CUARTA PARTÍCULA DE LA FAMILIA, EL NEUTRINO, ES TAN CURIOSA COMO RARA. Igual porque sabemos muy poco de ella. No tiene carga, no se sabe su masa exacta, aunque si tiene debe de ser muy, pero muy baja. Sólo se sabe que existe porque muy de vez en cuando en algún detector una de ellas interacciona débilmente y esto nos permite verla. Por lo demás ahí andan los neutrinos viajando a casi la velocidad de la luz por todo el universo y en línea recta. **AHORA MISMO. AUNQUE TÚ NO LO NOTES. MILES DE MILLONES DE NEUTRINOS QUE SE CREARON EN EL SOL ESTÁN ATRAVESANDO TU CUERPO POR TODOS LOS LADOS.**

Las otras generaciones son copias con más masa de las anteriores. Y con ellas podemos formar partículas exóticas, generalmente de corta vida, como kaones, lambdas, hiperones y cosas así. Partículas que se forman en sistemas de gran energía, como las estrellas o los agujeros negros. Seguro que también existieron poco después del Big Bang. Hoy las recreamos en los aceleradores de partículas. Junto a ellas tenemos las partículas de antimateria, de las que hablaremos en otro capítulo.

Por último, el Modelo Estándar se completa con los bosones, que son los mediadores de las fuerzas. Como mencionamos anteriormente las fuerzas, en la teoría moderna, se explican por el intercambio de una partícula. Habrá por lo tanto una para cada fuerza: el fotón para la fuerza electromagnética, el gluón para la fuerza fuerte, los bosones W y Z para la fuerza débil y el gravitón (teórico) para la fuerza gravitatoria.

Así que el Modelo Estándar, el más exitoso que tenemos para describir la naturaleza, es la unión de ese lagrangiano, esa ecuación tan bonita que es capaz de explicar cualquier fenómeno del universo, con esta pequeña tabla de partículas. Pero ¿cómo se ha llegado a conocer todo esto? Es una preciosa historia que nace cuando la teoría cuántica y la relatividad se unen.

Nuevos mundos

A mí *me encantan los "zas, en toda la boca"* o "zascas", como los llaman ahora. Hay varios en la historia de la física, grandes meteduras de pata de científicos que, por lo demás, hicieron grandes contribuciones a la ciencia. Como VON NEUMANN, uno de los padres de la computación, quien **DIJO QUE LAS COMPUTADORAS NUNCA SALDRÍAN DE LOS LABORATORIOS.** O como lord Kelvin, que a finales de siglo XIX se atrevió a decir que la física estaba acabada. Según él, los grandes descubrimientos ya se habían hecho y sólo quedaba raspar algunas imperfecciones, mejorar alguna medida, pero creía que básicamente ya se sabía todo.

Algo así le dijo a Max Planck su supervisor cuando éste le comentó que quería ser físico. Esto, por suerte para nosotros, no debió de importarle, puesto que accedió a los estudios de física. Pero viajemos por un momento a 1890, cuando la teoría de la gravitación de Newton permitía predecir el paso de cometas, descubrir planetas sin ni siquiera verlos (como ocurrió con Neptuno) y entender el movimiento de todo el cosmos. También cuando la electricidad y el magnetismo ya no eran un misterio, cuando las leyes de Maxwell nos explicaron cómo se hizo la luz y ya se usaban las ondas electromagnéticas para la iluminación artificial y las comunicaciones inalámbricas. En conjunto entendíamos todo con dos grupos de leyes muy simples, las tres de Newton y las cuatro de Maxwell. Parecía que sólo quedaba medir un poquito mejor...

¡Pero qué va! Ironías de la vida, esta mentalidad tan soberbia estaba a punto de ser derribada de la forma más cruel posible. Aunque todo parecía funcionar a la perfección, había algunas cosas que no encajaban. Uno de ellos era la supuesta existencia de algo llamado éter; el otro, lo que llegó a llamarse ***"la catástrofe ultravioleta".*** Dos pequeños y ligeros *problemillas* que permitieron descubrir dos grandes y bellos mundos: la relatividad y la cuántica.

La mecánica cuántica

Problemas de cuerpo negro y luces de colores

La teoría cuántica es bonita, es absurda, es compleja, es intrigante, es misteriosa, es divertida... Es muchas cosas. Pero lo más interesante de todo es que **NADIE LA ENTIENDE.** No hay forma. Y mira que han pasado grandes genios de la física por ella, pero no hay manera. Richard Feynman, uno de los físicos más brillantes de todos los tiempos, dijo una vez: "Si usted piensa que entiende la mecánica cuántica... Entonces usted no entiende la mecánica cuántica". Lo cual nos deja en la misma situación de antes: nadie ha entendido la mecánica cuántica en toda su extensión.

Esto se debe a que sus resultados van completamente en contra de la intuición. Cosas que están en varios sitios a la vez, sistemas conectados, pero separados en el espacio, creación espontánea de materia, partículas que atraviesan paredes... Si en nuestro mundo se apreciaran los efectos cuánticos, las cosas serían muy diferentes... y en ocasiones muy divertidas. Pero ¿de dónde viene todo este lío?

A finales de siglo XIX había un problema al que los físicos no encontraban solución: la radiación del cuerpo negro. Un cuerpo negro es un objeto que absorbe toda la energía que le llega. Por eso es negro. NO EXISTE NINGÚN CUERPO NEGRO perfecto, pero su estudio es útil porque sirve como modelo, por ejemplo, para analizar cómo funcionan las estrellas. Los cuerpos negros, por vibración de sus átomos, emiten una cantidad de energía que depende sólo de la temperatura del cuerpo. Cuanto más caliente está, mayor es la energía emitida, y lo hace en forma de onda electromagnética. La luz que vemos es un tipo de onda electromagnética.

En una onda electromagnética los campos eléctrico y magnético se sustentan según las leyes de Maxwell, creándose uno a costa del otro sucesivamente, como en un balancín. Son como olas, con crestas y valles alternos. Una propiedad muy interesante es lo que se conoce como longitud de onda, que es la distancia entre dos crestas seguidas. En las olas del mar la longitud de onda puede ser de unos cinco metros, por ejemplo.

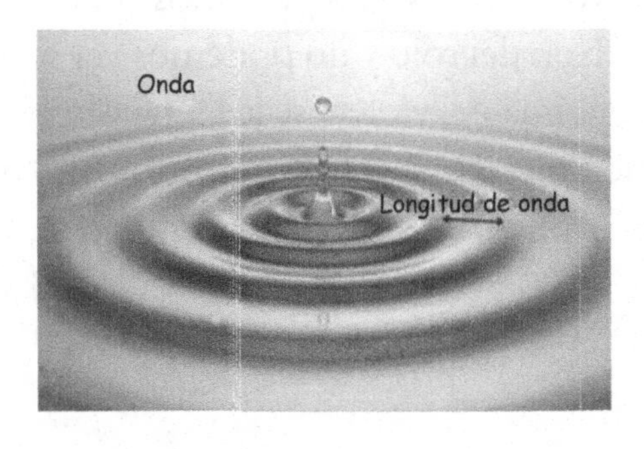

La luz está formada por ondas de muchas longitudes de onda juntas. Toda esa colección es lo que se conoce como "espectro". Las ondas de luz con mayor longitud de onda (la distancia entre crestas es mayor) dan lugar al color rojo. Según sube la longitud de onda vamos al amarillo, luego al verde y así sucesivamente por todo el arcoíris hasta llegar al azul y al violeta. La sensación de color es por tanto una interpretación que hace nuestro cerebro de las ondas electromagnéticas de una longitud de onda determinada. Los colores son luz de una única longitud de onda. El blanco es la suma de todos los colores y el negro es la ausencia de luz. Así es como se entiende que puedas ver un pantalón como azul: la luz blanca, donde están todos los colores, llega al pantalón, el cual absorbe toda la luz menos la azul, que se refleja. A tus ojos sólo llega la luz azul reflejada. Por eso percibes que el pantalón es azul. En la luz roja las crestas están separadas por unos 700 nanómetros (un nanómetro, o nm, es una millonésima de milímetro). En la luz azul la distancia entre picos es de unos 470 nm.

Te preguntarás: ¿y el resto de las ondas, las que tienen una distancia entre picos mayor que 700 nm o menor que 470 nm? Ésas nuestro ojo no las puede ver, son invisibles. Y por suerte es así, porque nos volveríamos locos. Sin embargo, ese tipo de ondas existe y de hecho están por todas partes. Son las ondas del celular, las de la radio, las de los rayos X o las del microondas. No las podemos ver... ¡pero están ahí! A la luz que está por debajo del rojo y no podemos ver se le llama infrarroja. A la que está por encima del violeta se le llama ultravioleta. Estas ondas no tienen nada de especial. Son luz, pero con una distancia entre los picos (longitud de onda) fuera de nuestro rango de visión.

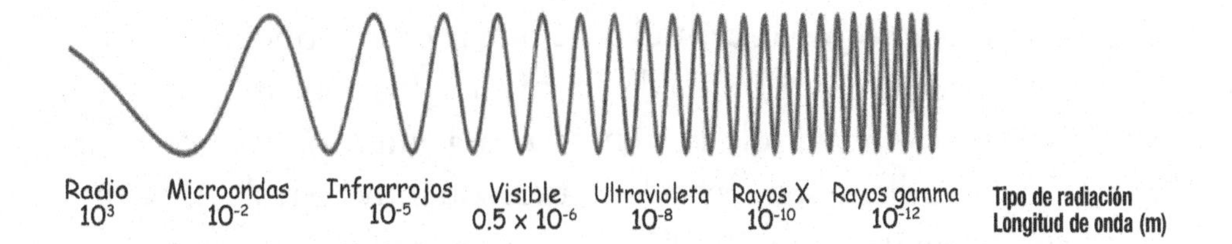

La luz que sale del cuerpo negro debido a la vibración de sus átomos es una suma de muchos tipos de onda y, como vimos, depende de la temperatura. Cuando el cuerpo negro se calienta, pasa de emitir sobre todo en el infrarrojo a hacerse rojo. Si la temperatura sube, pasa al azul. Por eso cuando se calienta algo mucho se pone rojo (y de ahí viene la expresión "al rojo vivo"). En las estrellas, donde se alcanzan temperaturas muy altas, el color varía según lo calientes que estén: rojas, amarillas o azules.

¿Y donde está el problema con todo esto? Pues que según la teoría de Maxwell un cuerpo negro debería emitir ondas de todas las longitudes de onda. Como hay infinitas ondas de diferentes longitudes de onda, la energía emitida debería ser infinita. Y eso no puede ser. **Energía infinita...** ¿qué dirían los de la compañía eléctrica de esto? Mal. A este resultado, que implica emisión de energía por encima del violeta, se le llamó catástrofe ultravioleta. **La solución al problema la dio Max Planck de una forma muy extraña. Tan extraña que a él mismo nunca le gustó.** Y, sin embargo, parecía funcionar a la perfección.

Si suponemos que la energía de una onda es mayor cuanto menor es la longitud de onda, y que sólo se puede dar en múltiplos o paquetes exactos de esa energía, entonces hay una posible explicación al problema del cuerpo negro. Ahora las ondas de muy baja longitud de onda se ven penalizadas, porque son muy costosas de producir: llevan mucha energía. De esta forma la cantidad de ondas que se pueden emitir es menor y la energía emitida deja de ser infinita. El problema está resuelto. A baja temperatura sólo hay energía para emitir ondas infrarrojas, más frías. Las calientes, de corta longitud, son muy "caras". Al calentar el cuerpo aumenta la energía disponible y ya se puede emitir ondas de menor longitud. Por ejemplo, rojas, que podríamos ver. Y si lo calientas más, la energía disponible es mayor y las ondas más energéticas, las del violeta, pueden emitirse.

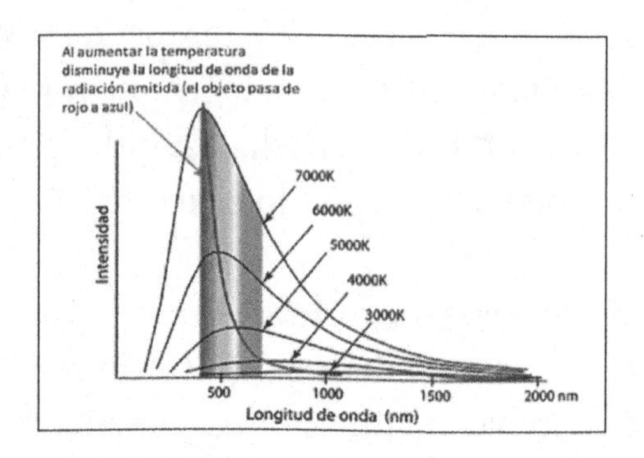

La solución al problema, pues, implica restringir la energía que se puede emitir a paquetes de unas energías dadas. No puede ser cualquier energía: tiene que ser un múltiplo entero (1, 2, 3...) de una cantidad. Es como el dinero: tenemos la moneda de 1 euro y billetes de 5, 10, 20 y 50 euros. **Se dice por ahí que hay billetes incluso de 100, 200 y 500 €**, pero ésos sólo los han visto políticos, futbolistas, cantantes y sus amigos. En todo caso, no hay billetes de 33 euros. En nuestro ejemplo la moneda de 1 euro sería el cuanto básico. El resto son múltiplos: podemos tener cualquier cantidad: cuatro billetes de 10 y tres de 20, por ejemplo. Está claro que si tenemos poco dinero, como 60 euros, no podemos tener ningún billete de 500. De la misma manera si la temperatura es baja —la energía es baja— no podemos emitir radiación de alta energía, como la ultravioleta. Al aumentar el dinero disponible podríamos hacer uso de billetes de mayor valor, como de 100 o 200. Pero sólo si la cantidad de dinero (o sea, de energía) aumenta.

La solución era muy extraña porque implicaba que la energía no era continua, sino que iba en paquetes y no podía tomar cualquier valor. Era la primera vez que se proponía algo tan raro como explicación física, pero era una nueva idea que encajaba perfectamente con los experimentos. Fue entonces cuando se mencionó por primera vez en la historia una nueva palabra que iba a ser la estrella del siglo XX: el "cuanto", la unidad básica de energía. EN 2013 LA PALABRA ESTRELLA FUE "POSTUREO" Y EN 2014 FUE "SELFIE", PERO EN 1900 FUE "CUANTO".

Hay que pensar en lo extraño que es esto de que la energía esté cuantizada. La distancia entre cosas o la temperatura en Madrid parecen cosas continuas. Esto quiere decir que pueden tomar cualquier valor. Por ejemplo, podemos estar en Madrid a 35 grados. Pero también podemos estar a 35.1. Y si tenemos un termómetro muy preciso podríamos ver que estamos en realidad a 35.11 o incluso 35.111. Nada evita que la temperatura pueda ser cualquiera. Por eso se dice que es continua. Si pasamos de 35 a 36 grados sabemos que en realidad ha sido un cambio suave que ha pasado por los infinitos valores decimales que hay entre 35 y 36.

Esto es lo que se pensaba que pasaba con la energía: que sería continua. Sin embargo, la nueva propuesta cambiaba las cosas radicalmente. La energía (y todo lo que dependa de la energía, incluida la temperatura) sólo podía ser múltiplo de una cantidad mínima. En resumen, la energía da saltos de una cantidad constante. Acababa de nacer la física cuántica. Y con ella la constante de Planck, que se representa con la letra h. Es tan pequeña ($6.62606957(29) \times 10^{-34}$ J·s) que no notamos sus efectos en la vida cotidiana. La energía nos parece continua porque esos saltos son minúsculos. Es sólo en el mundo de las partículas donde esta constante se hace presente. Es lo que ahora llamamos el mundo cuántico.

Lo nuevo siempre genera rechazo

Max Planck era un tipo muy serio y no le gustaba nada lo que acababa de hacer. De hecho **SIEMPRE RENEGÓ DE LA TEORÍA QUE ÉL MISMO HABÍA FUNDADO.** Ésta iba a ser una actitud constante a lo largo de la historia de la cuántica: grandes científicos, como Schrödinger, lamentando ser padres de algo tan... extraño.

Pero la cosa era imparable. En 1905, en uno de los cuatro grandes artículos que Einstein publica como simple empleado en la oficina de patentes de Berna, se utiliza la cuántica de forma satisfactoria. Por entonces ya se conocía bien el llamado efecto fotoeléctrico: se colocan dos placas separadas por un potencial eléctrico. Al iluminar las placas, la energía que lleva la luz es tomada por los electrones de la placa, lo que genera una corriente. Esto no era del todo raro: se sabía que la luz tenía energía y que ésta podía ser absorbida por los electrones para permitirles saltar la barrera. Lo que no había forma de entender era que la energía de los electrones que saltaban no dependiera de la intensidad de la luz. Por más que aumentabas la intensidad, los electrones mantenían la misma energía. ¿Cómo podía ser? Einstein propuso una solución cuántica al problema. La luz está formada por "paquetes" de energía, **los fotones.** Estos fotones poseen una energía que depende de la longitud de onda de la luz. A mayor longitud de onda, menor es la energía. Aumentar la intensidad de la luz significa aumentar el número de paquetes, pero la energía de los paquetes, en sí, no cambia. Lo que ocurre es que hay más paquetes que los electrones pueden tomar, pero la energía de los paquetes no aumenta con la intensidad de la luz, sino sólo con la longitud de onda de ésta. Al bajar la longitud de onda aumenta la energía de cada paquete y los electrones dan el salto con más fuerza. Ésta era la solución al efecto fotoeléctrico. Y aparece la palabra *cuanto* como explicación de un fenómeno. La luz se comporta como una partícula, la teoría cuántica se ve reforzada y Einstein gana el premio Nobel de Física. La revolución está en marcha.

Se ha creado una teoría que ya no se puede parar. Como una bola de nieve que cae ladera abajo, crece sin que sus detractores puedan hacer nada para evitarlo. Y lo más curioso es que dos de los padres de la cuántica fueron los que mostraron mayor rechazo: Planck y Einstein. Sin embargo, en ciencia mandan las evidencias y la teoría cuántica, aunque resultara desagradable para muchos, respondía muy bien a lo que se observaba. Ahora bien, ¿qué es lo que tiene esta teoría que desagradaba a tantos científicos? Veámoslo.

Una de las primeras aplicaciones de la física cuántica fue la explicación de lo que ocurría dentro de los átomos. Una vez que Rutherford dio con el modelo acertado del átomo, comenzaron a intentar explicar su funcionamiento con ecuaciones. Lo cierto es que la cosa pintaba muy bien. ¿Cómo se veía el átomo entonces? Tenemos un núcleo cargado positivamente y muy pequeño. A lo lejos se distribuyen los electrones, más ligeros y con carga negativa, orbitando alrededor del núcleo a diferentes distancias. No se puede culpar a estos científicos por ver al átomo como si fuera un Sistema Solar en pequeño: el núcleo era como el Sol, que hacía girar a los electrones como planetas. Pero no era así. La fuerza que hace girar a los planetas alrededor del Sol es la gravedad, muy bien definida por la ley de la gravitación universal de Newton. Sin embargo, la que funciona en el átomo es la ley de Coulomb, referida a la fuerza eléctrica. Ambas son espectacularmente similares, pero sus propiedades no son idénticas.

Ley de la gravitación universal: $F = G\frac{Mm}{r^2}$

Ley de Coulomb: $F = K\frac{qq'}{r^2}$

En el primer caso tenemos una constante, "G", y dos masas, además del radio elevado al cuadrado. En la otra fórmula hay también una constante, "k", el radio al cuadrado... y dos cargas en lugar de masas.

¿Por qué no intentar explicar el átomo como si fuera un Sistema Solar en miniatura? Como un árbol respecto a un bonsái, o un brócoli, **el átomo parecía un "mini-yo" del Sistema Solar.** ¿Funcionaría? La respuesta no tardó mucho en llegar: rotundamente no. Pasaba una cosa muy divertida. Ya se sabía por entonces que las cargas eléctricas emiten radiación cuando son aceleradas. Es decir, cuando cambias su movimiento emiten luz. Un electrón que da vueltas en el átomo debía por lo tanto ir emitiendo luz al girar, puesto que girar supone un cambio en su movimiento. Al emitir luz debería perder energía y acercarse al núcleo. Así que los electrones deberían ir cayendo en espiral hacia el núcleo hasta chocar con él. Si esto era correcto no deberían existir los átomos. ¿Qué estaba fallando?

La solución ya se puede imaginar, ¿no? Pues sí, otra vez la cuántica al rescate. Fue Niels Bohr, un físico danés genial, quien dio en el clavo. Se lo sacó de la manga, pero funcionó. Propuso que los electrones sólo podían girar en determinadas órbitas cuantizadas, es decir, situadas a determinadas distancias del núcleo. En concreto sólo las órbitas donde el momento angular (algo así como el momento de giro, una propiedad del movimiento) es un múltiplo entero de la constante de Planck están permitidas. En ellas los electrones no emiten radiación y por lo tanto los átomos son estables. Estas órbitas determinadas eran un resultado genial de la cuántica, porque de forma milagrosa se podían explicar y entender muchas cosas de los átomos. Como por ejemplo los espectros de absorción y emisión de los átomos **(tranquilos, ahora lo explico).** Se había observado que los átomos sólo emitían o absorbían luz de una longitud de onda determinada, pero nadie sabía por qué. Al hacer un postulado sobre órbitas cuantizadas ya había una respuesta. Las órbitas de los átomos son como rieles (por favor, que nadie se lo tome en sentido literal o me queman el libro) por donde los electrones tienen permitido pasar.

Las órbitas más cercanas al núcleo son las de menor energía, y las más alejadas, las de mayor. Los electrones, en determinadas circunstancias, pueden saltar de una órbita a otra. Cuando esto ocurre pasa algo interesante. Si salta de una órbita de mayor energía a una menor, la energía sobrante se emite en forma de luz. Esta luz emitida va a tener justo la energía correspondiente a la diferencia de energía entre las órbitas.

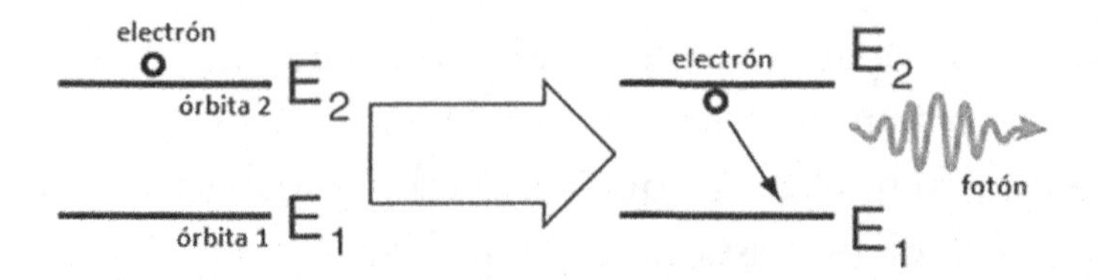

Bohr sabía que una onda de mayor energía era luz de menor longitud de onda. Así que todos los electrones que saltaran, digamos, de la órbita 2 a la 1, emitirían luz justo de la longitud de onda que se corresponde con la diferencia de energía entre esos dos niveles. Esto era la emisión. El fenómeno de absorción es complementario: si llega luz justo de la energía que necesita un electrón para pasar a un nivel superior, el electrón la absorbe y pasa a una órbita mayor. La luz que se corresponde con esa energía y sólo ésa es la que produce ese salto. El resto de las ondas no son absorbidas.

Con esto ya se pueden entender los espectros de emisión y absorción de luz como un efecto cuántico: es luz emitida o absorbida que se corresponde con la diferencia entre los niveles energéticos de los electrones en los átomos. Como estos niveles están cuantizados, la energía emitida o absorbida también lo está y da lugar a esa característica tan curiosa de los átomos, su espectro.

Todo esto sonaba raro. Se estaba pisando sobre terreno inseguro, pero lo cierto es que funcionaba. No se entendía bien lo que estaba pasando, se sacaban reglas de la nada, sin justificación, con el único pretexto de que de esta manera las cosas quedaban mejor. Pero al principio no había un verdadero fundamento físico. Esto no es bonito y a nadie le gustaba. Pero lo curioso es que cuando el fundamento llegó, tampoco es que la gente quedara más contenta.

Efectos cuánticos. La dualidad onda-partícula

La verdad es que nos gustan esos malos que aparecen en algunas películas y que pueden convertirse en cosas o personas diferentes. JAFAR EN ALADDIN, SMITH EN MATRIX, O EL ROBOT DE METAL LÍQUIDO DE TERMINATOR. Ser una cosa en unas condiciones y a la vez ser otra, ¿no sería genial? Pues aunque cueste imaginarlo, estamos hechos de pedacitos de materia que son dos cosas distintas a la vez. ¿Bipolares? Pues un poco sí.

Las bases de la teoría cuántica llegaron en tres golpes de genialidad. El primero lo puso un príncipe, séptimo duque de De Broglie y par de Francia: un señorito. ES COMO UN HIJO DE PAPI, PERO CON PREMIO NOBEL... más o menos. En su tesis doctoral se sacó un as de la manga que vino de perlas para el devenir de la teoría cuántica. La idea que tuvo Louis de Broglie fue la siguiente: poco tiempo antes se había llegado a un aparente sinsentido. La luz, que desde el siglo XVIII se sabía que era una onda gracias a repetidos experimentos, tras la explicación del efecto fotoeléctrico por parte de Einstein y su constatación experimental, resultó tener propiedades de partícula. Esta *particular* situación desembocó en lo que hoy se conoce como principio de dualidad onda-corpúsculo: la luz es a la vez una onda, como una ola, y una partícula, como una bola de billar. Vaya problemas de bipolaridad que tiene la luz. **A VER CÓMO SE TRAGA ESTO...** Pues como buenamente se pueda, porque éste es el primer sinsentido de la mecánica cuántica entre los varios que vamos a encontrar en este capítulo.

Aunque en realidad no hay más. Es así: no hay que darle más vueltas porque no las tiene. La luz es una partícula y a la vez una onda. Ante esta horrible situación, De Broglie tuvo una intuición genial. Si la luz, que se suponía que era una onda, ahora resulta que también era una partícula, ¿no será que los electrones, que se suponía que eran partículas, también serían una onda? Esta idea era muy atractiva porque permitía unificar los conceptos de onda y partícula. Al final iba a resultar que en realidad son lo mismo. Este concepto fue apoyado rápidamente por la comunidad física, en particular por Einstein, quien recibió una copia del texto del francés y respondió entusiasmado ante esta nueva idea. **LE HIZO UN RETWEET DE LOS DE LA ÉPOCA.**

Una de las ventajas de considerar las partículas como ondas es que se podía entender mejor la cuestión de las órbitas. Como en una cuerda de guitarra que vibra, no se puede producir cualquier frecuencia de vibración.

¿Te has fijado en que una cuerda afinada en do, al tocarla al aire no suena re ni tampoco mi? Suena el do fundamental, el que se ha afinado, además de sus armónicos, que son múltiplos del fundamental. Esto es porque al estar los extremos de la cuerda fijos sólo se producen vibraciones con frecuencias concretas. No hay libertad de **VIBRACIÓN**:

los extremos fijos imponen la frecuencia de la onda. Una cuerda en do sólo puede sonar a do. No hace falta saber música para entender esto, hasta Enrique Igl... Bueno, dejémoslo tranquilo. Si esto es así porque la cuerda está sujeta por los extremos, lo que le obliga a vibrar de una forma determinada... ¿ocurrirá algo similar en los átomos? Pues sí: una órbita en un átomo es algo parecido. Los electrones, al ser ondas, como ocurre con las cuerdas, pueden vibrar de cualquier forma. Pero al estar en órbitas cerradas la cosa es diferente. Cerrar la órbita es como fijar la cuerda en sus extremos. Así, sólo frecuencias o longitudes de onda precisas pueden existir en cada caso. Con esto, por lo tanto, se justifica que los electrones sólo puedan estar en ciertos niveles de energía, en ciertas órbitas: aquéllos en los que la onda "cierra" bien, fijando sus extremos. Esto era un gran paso, porque teníamos un principio cuántico aplicado al átomo que funcionaba bien, pero no había ninguna justificación. Era un "porque sí", y sabemos que eso, desde Galileo, ya no aplica en la ciencia.

La analogía con la luz, como observó De Broglie, era extensible a la materia. Las ondas de materia, como los electrones, nos dan una pista de lo que está pasando. Eso sí, el precio que hay que pagar es muy alto: los electrones también son ondas y son partículas. ¡Qué horror que algo pueda ser dos cosas a la vez! Y la teoría decía, además, que se comportará como una onda o como una partícula en función de cómo la observes, del tipo de medida que hagas, de la forma del experimento. ¡Desastroso! Aunque... hay una forma de entenderlo: igual un electrón no es ni una onda ni una partícula. NUESTRO CEREBRO ES LIMITADO para entender ciertas cosas. De hecho somos animales y nuestro cerebro es un órgano evolutivo, adaptado a la supervivencia. Nuestro sentido común muchas veces no es común ni es nada y nuestros sentidos nos engañan continuamente. Nuestro cerebro responde bien y rápido a estímulos que nos conviene percibir por cuestiones evolutivas: cosas que se mueven a velocidades humanas, distancias humanas, pesos humanos...

Sin embargo, cuando salimos de estos entornos el cerebro pierde su capacidad de predicción y comprensión y se vuelve extremadamente limitado. Pensemos en lo difícil que es concebir, por ejemplo, un mundo de cuatro dimensiones espaciales: no podemos. O imaginar un color que no sea del arcoíris... ¡No podemos! La capacidad creativa del cerebro es reducida y se limita a nuestra experiencia animal.

Los electrones son objetos cuyo tamaño no corresponde a nuestra experiencia diaria. Entender un electrón no compromete la supervivencia de la especie. Igual te hace reprobar un examen o, peor aún, la selectividad. Pero en el mundo prehistórico, la verdad, es que cazar o no un mamut no dependía de entender las propiedades cuánticas del electrón. Nuestro cerebro, simplemente, no está preparado para entender su naturaleza profunda. De hecho lo que hacemos nosotros es decir que "el electrón es una onda, como una ola". Rápidamente queremos que sea como algo que nos es común y cotidiano: la ola. También podemos decir que "el electrón es una partícula, como una canica". De nuevo queremos hacer una analogía con algo mundano, cercano.

Pero nada evita que el electrón sea algo que no se parece a nada de nuestro entorno. El electrón es como un color que no está en el arcoíris y nuestro cerebro no es capaz de asimilarlo. No encontramos una representación equivalente para compararlo y eso nos lleva a una contradicción. Seguramente un electrón no sea ni una onda ni una partícula, será un... Un "*harshelgromenawer*". Vamos, algo sin definición y sin equivalente en nuestra experiencia cotidiana. A veces se parecerá a una cosa que vemos en el mar y otras a esas bolitas con las que juegan los niños... Pero lo cierto es que nada en el universo le obliga a ser ninguna de las dos cosas. ¿Por qué los componentes de nuestro universo tendrían que parecerse a los objetos humanos? ¿Qué obligaría a que así fuera?

Nada es seguro: el principio de incertidumbre

YA HEMOS ABIERTO LA CAJA DE PANDORA y no hay quien pare esto. La primera formulación seria de la mecánica cuántica la aportaron Erwin Schrödinger y Werner Heisenberg en 1925. Ambos de forma completamente diferente y en torno a la misma época dieron con sendas soluciones al problema, generando dos bandos que dieron lugar a una de las batallas intelectuales más bonitas de la historia. Heisenberg propuso la aplicación de la mecánica matricial haciendo uso de aparatos matemáticos que por entonces no se usaban apenas: las matrices.* De este modo consiguió afrontar el problema de asentar la cuántica en unas bases matemáticas. Los enigmas de la cuántica se podían ver como una aplicación de las extrañas propiedades de las matrices. Schrödinger, por su parte, hizo una aproximación diferente: una formulación ondulatoria de la mecánica cuántica. Asignó ondas a las partículas y describió su comportamiento como la evolución de estas ondas en el espacio.

Por suerte para todos nosotros, la sangre no llegó al río. Aunque la disputa fue feroz por ambas partes, John von Neumann demostró poco tiempo después que se trataba de dos formas equivalentes de tratar el mismo problema, con el mismo resultado. Sin embargo, aunque

* Las matrices se hicieron famosas con la película *Matrix*. Para los fines de este libro basta saber que son cuadrículas de números. En cada posición de la cuadrícula hay un número que define algún parámetro.

estas dos propuestas dieron solidez finalmente al edificio cuántico, también desvelaron propiedades "horrendas" del mundo... a los ojos de los científicos de la época. Heisenberg, a través de su teoría matricial, dio con uno de los principios más extraños y a la vez bonitos de la historia de la ciencia. Seguro que les suena: es el principio de incertidumbre.

Una de las propiedades más peculiares de las matrices es que en ciertas operaciones no conmutan. Conmutar quiere decir que el orden en que se hagan las operaciones da igual. Por ejemplo, la multiplicación de números enteros es conmutativa: lo mismo da multiplicar 3 por 5 que 5 por 3. El resultado es 15 en ambos casos. Igual ocurre con la suma. Pues con las matrices no es así. **No es lo mismo multiplicar una matriz A por otra B que multiplicar B por A.** Como la mecánica cuántica de Heisenberg está basada en operaciones con matrices, esto dio lugar a sorpresas.

En la formulación matricial magnitudes como la velocidad o la posición son matrices. Y justamente las matrices que representan la velocidad y la posición de una partícula no conmutan. Como consecuencia, no es lo mismo medir primero un factor y luego el otro que hacerlo al revés. El principio de incertidumbre surgido de esta peculiaridad dice que para dos magnitudes que no conmutan (como son la posición y la velocidad, pero hay otras) es imposible conocer con precisión máxima ambas a la vez. Es decir, si mides la posición de un electrón, cuanto más precisa sea esta medida, más imprecisa será la medida de su velocidad. Hay una fórmula para describir esto:

$$\Delta x \cdot \Delta p \geq \frac{h}{4 \cdot \pi}$$

Que se lee: la incertidumbre en el momento (que se define como la masa multiplicada por la velocidad) multiplicada por la incertidumbre en la posición es siempre mayor que la constante de Planck dividida por 4π. Es una limitación natural a la precisión con que podemos medir. Y no es porque seamos torpes midiendo, no. Es algo propio de la naturaleza de las partículas. Lo que la fórmula implica respecto a estas magnitudes conjugadas es que cuanto más sabes de una de ellas, menos puedes saber de la otra. En el caso límite, si sabes exactamente dónde está un electrón (incertidumbre igual a 0), no puedes tener ninguna información de cuál es su velocidad.

Un descubrimiento inquietante. Para ver hasta qué punto pueden estar conectadas estas magnitudes, imagina que quieres saber dónde se encuentra un electrón. Para lograrlo debes enviarle un fotón. Lo que veremos será el efecto de la colisión. Pero el fotón es una partícula que al chocar con el electrón modificará su movimiento. YA ESTAMOS PERDIDOS. Cuanto mayor sea la precisión deseada sobre la posición, más energético tiene que ser el fotón enviado, lo que alterará más el movimiento... Y entonces viene la pregunta: ¿por qué esto no se observa en nuestro mundo cotidiano, con nuestros objetos que sí podemos saber dónde están y a qué velocidad van? Pues bien, el efecto de incertidumbre es puramente cuántico. La constante de Planck que aparece en la ecuación de este principio de incertidumbre es una cantidad ínfima que da un valor mínimo a la incertidumbre. Un valor que a nivel de partículas es importante, pero las indeterminaciones en el mundo macroscópico superan esta cantidad mínima por mucho, así que el efecto no se percibe y por lo tanto no es en absoluto intuitivo que algo así pueda ocurrir. **Lo siento si pensabas usarlo como excusa en caso de no recordar dónde habías estacionado el coche.** Así pues, nunca hemos percibido algo parecido en la vida cotidiana, por lo que nuestro cerebro no lo ha integrado en su sentido común. Sólo cuando se estudia el átomo, donde las cantidades que se manejan son tan pequeñas, este principio se hace notar. Esto ocurre, además, con cualesquiera dos magnitudes que estén conjugadas, como la posición y el momento (que es la velocidad por la masa) o la energía y el tiempo.

La superposición cuántica y el problema del observador

La formulación de Schrödinger también dio lugar a una nueva visión de la realidad cuántica y desde luego a más paradojas. Schrödinger introdujo una descripción de la naturaleza en forma de ondas de materia, las cuales permitían entender el funcionamiento de las partículas. Y funcionaba muy bien: mediante esta descripción se entendían las propiedades fundamentales de los átomos. Pero estas ondas, ¿qué representaban? ¿Cuál era su papel en la realidad física? No estaba nada claro... Otro físico, Max Born, hizo una propuesta interesante. Las ondas de materia nos dan información sobre partículas como los electrones. La onda, descrita por una función, si se eleva al cuadrado nos indica la probabilidad de encontrar la partícula en un lugar determinado. Esto es terrorífico, pero lo voy a traducir al castellano para que alucinemos todos. Según esta descripción las partículas dejan de ser algo concreto, tangible, y su realidad se transforma en algo difuso. Imaginemos que tenemos una caja y en esa caja hay un electrón. Si estudiamos dónde está el electrón con la ecuación de Schrödinger la respuesta es clara: el electrón es una onda que abarca toda la caja. Es decir... ¡está en todos los lugares a la vez! De algún modo el electrón está repartido por toda la caja. Pero no de igual manera: hay sitios donde está "más" que en otros. Para saber dónde está "de verdad", según la interpretación de la mecánica cuántica hay que abrir la caja y medir la posición del electrón. El lugar donde aparece depende de la función de onda, pero nada es seguro del todo. La posición del electrón será aleatoria y vendrá determinada por los valores de la función de onda. Allí donde este valor sea más grande habrá más probabilidad de encontrarlo. **Es como los dados o la lotería, o como el escondite inglés,** ese juego en el que mientras cuentas (sin mirar) toda la gente se mueve, pero en cuanto miras las cosas cambian, todos se paran. Aquí pasa igual: mientras no "miras" las partículas están deslocalizadas, difusas, fantasmagóricas, en todos los lugares a la vez. Sólo cuando mides se comportan como esperamos, y aparecen formalmente, como materia, en un lugar determinado.

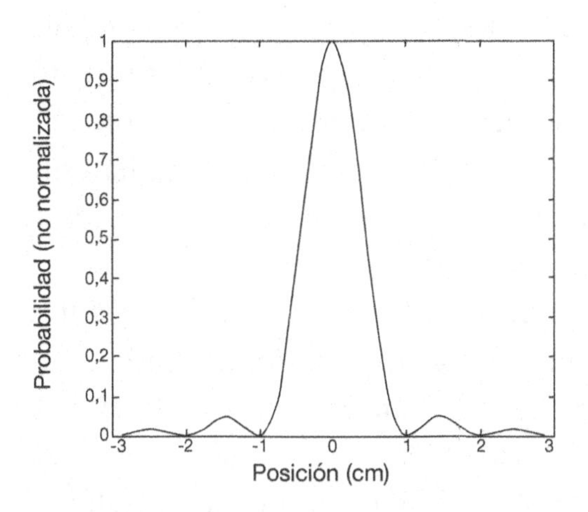

Vamos a darle una vuelta a todo esto. Imaginemos que tenemos la función de onda de un electrón en una caja (ver figura). Lo que nos dice la teoría cuántica es que el electrón está en cada lugar de la caja, aunque la probabilidad de encontrarlo en un lugar concreto, en el centro de la caja, por ejemplo, es mucho mayor. Una vez que abrimos la caja el electrón deja de estar deslocalizado y se materializa en un punto concreto, donde lo encontramos al medir. Puede ser cualquier lugar donde la función de onda no valga cero, pero será más probable encontrarlo donde la función de onda alcanza su mayor valor. La localización, en todo caso, resulta de un efecto aleatorio y es imposible predecirla. Es más, si hacemos este ejercicio mil veces y anotamos cada una de las veces dónde ha aparecido, al dibujarlo obtendremos exactamente la función de onda.

La transición entre el estado previo a la medida (a abrir la caja y mirar dónde está el electrón) y la medición no se entiende nada bien; es uno de los aspectos abiertos de la teoría. Según la interpretación inicial (lo que se conoce como "interpretación de Copenhague") se dice que al efectuar la medición la función de onda "colapsa". Esto sería equivalente a decir que, de una forma que se desconoce, de repente el electrón "siente" el efecto de la medida y se materializa en un punto dado. De forma abrupta, instantánea, el electrón deja de estar deslocalizado y se muestra presente en el punto que indica la medida. La función de onda se desvanece, como una pompa de jabón, y el electrón se materializa en un punto. Este cambio abrupto, sin motivo físico conocido y que por lo tanto suena casi como magia, resulta desagradable para muchos físicos. Y el resultado es que esta transición que se da en el momento de la medida está sujeta a interpretación. Hasta tal punto que han surgido diferentes visiones o explicaciones y el debate sobre los efectos de la medida en la función de onda sigue abierto.

Todo esto puede parecer muy perturbador y tiene consecuencias drásticas en la forma en que entendemos nuestro mundo. La teoría cuántica está abierta, aún por completar. La realidad, ¿qué es? ¿Cuál es el papel del observador sobre la realidad? Si las cosas no se materializan hasta que se miden u observan, ¿qué aspecto tiene entonces la realidad? ¿Existe? Parece depender del observador y del proceso de medida. Y este argumento lo podemos extender todo lo que queramos... Hay un electrón en una caja que mide un físico... ¿Y si todo junto lo ponemos en una caja que puede medir otro físico? ¿Y si a su vez hay otra caja mayor que otro físico abre? ¿Cuándo se materializa el electrón? ¿Cuando lo mide el último físico... o el primero? ¿Es necesaria la consciencia en el acto de medida para que la función de onda colapse? Einstein, claro detractor de la mecánica cuántica, fue uno de los científicos que más claramente se posicionó en contra de esto: "Me resisto a creer que la Luna no está ahí cuando no miro".

Sin embargo, la realidad ondulatoria de la materia y la superposición cuántica son cosas que conocemos bien porque se han comprobado en múltiples experimentos. Aunque parece imposible para nosotros estar triste y contento simultáneamente, en el mundo cuántico sí sería posible. Es lo que se conoce como superposición cuántica.

Experimentos como el de la doble rendija demuestran este hecho que para nosotros resulta asombroso. A grandes rasgos consiste en lo siguiente: se lanza un electrón contra dos rendijas y se observa dónde impacta en una pantalla que hay tras las rendijas. El objetivo es ver por cuál de las dos rendijas pasó el electrón. Lo que se observa cuando se lanzan muchos electrones de esta forma, pero de uno en uno, es que el electrón viaja como una onda hasta la pantalla y que cada electrón pasa por las dos rendijas a la vez. De hecho la moderna teoría cuántica establece que de los infinitos desplazamientos posibles, desde que sale disparado hasta que toca la pantalla, el electrón recorre... ¡todos! Y lo que observamos es el efecto de la suma de todos los posibles caminos que puede recorrer.

Que algo pueda estar a la vez en varios sitios es completamente inverosímil para nosotros. Sin embargo, es cosa corriente en el mundo cuántico. Y no sólo ocurre esto con la posición de una partícula, sino con muchas de sus propiedades. En general una partícula puede estar en muchos estados diferentes a la vez. Esto es una nueva consecuencia de que entendamos la existencia de la materia como una onda que se propaga por el espacio.

Adiós al determinismo

Así pues, hay un efecto aleatorio intrínseco en la cuántica. Esto quiere decir que las cosas ocurren de forma natural por azar y por tanto es imposible predecir el futuro. Pero no es azar como en el juego de los dados. Allí es nuestro desconocimiento de los detalles del movimiento del dado lo que hacen que sea aleatorio. Es decir, es por pura ignorancia que nos parece aleatorio. En cuántica las cosas son puramente causadas por el azar, no un producto de nuestra ignorancia de los detalles. Einstein también se quejó contra esto: **"Dios no juega a los dados"**, dijo. Sus disputas sobre física cuántica con otros expertos son históricas, y muy en particular su duelo con Niels Bohr, otro peso pesado de la física. **FUE COMO UNA PELEA DE GALLOS, PERO ROLLO NERD**. Cuando Einstein pronunció su famosa frase, Bohr le respondió: ***"DEJE DE DECIR A DIOS LO QUE TIENE HACER"***. Ambos se pasaron años retándose intelectualmente, Einstein proponiendo paradojas para desmontar la cuántica, Bohr buscando una respuesta para salvarla. Lo cierto es que al final ni siquiera el ingenio de Einstein, al servicio de los anticuánticos, fue capaz de encontrar una fisura en la teoría.

Esta dependencia en el azar y la incapacidad de predecir el futuro usando la física descolocó a los científicos de aquel tiempo. Muchos se resistían a abandonar ideas que eran tan importantes para ellos como el determinismo. Desde épocas remotas se creía que el universo era determinista: si lanzas una pelota con una velocidad y en una dirección determinadas, puedes saber antes de hacerlo dónde va a caer. Éste es un sistema que se llama determinista. Si tienes dos pelotas y las lanzas con cierta velocidad y dirección, puedes también predecir qué va a ocurrir. Esto es de nuevo determinismo. El universo es infinitamente más complejo que esto, pero hasta aquella época la creencia general era que si supiéramos las velocidades y direcciones de todos los componentes del universo en un momento dado, podríamos predecir lo que ocurriría en el futuro. De hecho, podríamos saber toda la historia del universo. Sí, claro: es imposible manejar tal cantidad de información, pero eso es lo de menos. La idea era que en caso de saberlo, se podría predecir el futuro.

La teoría cuántica acabó con el determinismo. Ahora el azar tenía un peso importante, pues ni siquiera sabiendo dónde están todas las partículas del universo y cómo se mueven se podría predecir nada con exactitud. La cuántica, a través de la probabilidad, nos esconde el futuro.

De aquí para allá: el efecto túnel

La cuántica aún guardaba sorpresas. ¿Te imaginas poder atravesar paredes? **SERÍA INCREÍBLE PARA CHISMEAR EN REUNIONES, PARA ENTRAR EN SITIOS SIN PAGAR...** Tú igual no puedes hacer esas cosas, pero tus electrones, tus protones y tus neutrones, que son muchos, sí que pueden. Continúa leyendo.

Sigamos con el ejemplo del electrón en una caja. Aunque el electrón visto como objeto clásico, como una pelotita, no puede salir de la caja porque no puede atravesar una pared, el electrón como onda... ¡sí puede! Son increíbles las ondas. Yo quiero ser onda. Según la mecánica cuántica, la onda, de alguna forma, se puede "filtrar" a través de la pared. Lo que ocurre en cuántica es que esa onda de probabilidad, cuando llega a la pared, no vale cero de golpe, no se "detiene" del todo, sino que su valor va cayendo ligeramente según la atraviesa. Esto quiere decir que es posible encontrar al electrón incluso dentro de las paredes de la caja. Si la pared no es demasiado ancha es posible que la función de onda pueda pasar al otro lado antes de alcanzar el valor cero. En ese caso existe la posibilidad de que cuando vayamos a buscar al electrón dentro de la caja... se haya escapado. Sí, el electrón puede atravesar la pared. Literalmente. Y nosotros, en teoría, también. ¡Si pasáramos millones de años golpeando pacientemente una pared es físicamente posible que acabáramos atravesándola! Bueno, seguro que antes se nos caería un brazo al suelo o algo parecido, porque la probabilidad de que todas nuestras partículas a la vez se comportaran de esta manera es muy pequeña.

A nivel cuántico no es tan raro. Es lo que se llama "efecto túnel", muy común en cuántica y que permite explicar muchos fenómenos. Por ejemplo, la radiactividad. En un átomo pesado, como el uranio, se produce lo que se llama "emisión alfa". Una partícula alfa es un núcleo de helio, o más en concreto, un paquete de dos protones y dos neutrones. La partícula alfa está encerrada dentro del núcleo por la fuerza fuerte. Es como una barrera que mantiene este paquete atrapado en el núcleo. Después de muchos rebotes es posible que la partícula alfa atraviese por efecto túnel la "pared de potencial" y se materialice como una partícula alfa fuera del núcleo de uranio. Al producirse esto, el uranio se transforma en torio. La partícula alfa despedida "vuela" con gran energía, y éste es uno de los detalles que hacen tan peligrosa la radiactividad. Pues bien, sin efecto túnel no habría transmutación de elementos ni radiactividad. El microscopio de efecto túnel también se basa en este principio para operar.

El principio de exclusión

Seguramente has ido a una playa un 15 de agosto y al ir a clavar la sombrilla... diste con un hueso. **Tu sombrilla y tu pobre pie son mutuamente excluyentes en el espacio. Y suele ganar la sombrilla.** A nivel cuántico ocurre algo similar, pero con ciertas peculiaridades: es el principio de exclusión de Pauli, otra rareza del mundo cuántico.

Todos los electrones del mundo, los miles de millones de millones que hay, son iguales. No se puede distinguir entre uno y otro. Como los chinos para los occidentales (creo que al revés también les pasa a ellos). El caso es que la naturaleza prohíbe a este tipo de partículas (y a protones y neutrones también) que haya dos en un mismo entorno y con idénticas propiedades. No puede haber dos electrones en el mismo átomo, en el mismo orbital y en el mismo estado. Es imposible. Esto hace que los átomos se llenen como se llenan los teatros o los estadios de futbol: si no quedan entradas para el patio de butacas, te subes a la zona VIP, luego al anfiteatro, al segundo anfiteatro, al gallinero o te cuelgas del techo.

En un átomo, debido a este principio, los átomos se llenan por secciones (los orbitales). Cuando no caben más electrones el siguiente tiene que ir a un nivel superior y así sucesivamente. La mayor diferencia con un teatro de verdad es que los electrones siempre quieren estar lo más cerca posible del escenario (el núcleo), que en el átomo es donde más barata está la entrada. ***¡AH! Y LOS ELECTRONES NO SE QUEDAN DORMIDOS.***

La próxima vez que vayas a una playa donde no cabe un alfiler y te veas obligado a alejarte de la orilla, piensa que todos tus **ELECTRONES YA HACEN ALGO** así y no se quejan. Es simple principio de exclusión.

Una buena amistad: entrelazamiento cuántico

Ya ha pasado mucho tiempo y las nuevas generaciones seguramente ni conozcan la historia, pero *ET, el extraterrestre* es una de las grandes películas de ficción de siempre. En ella un alienígena llega a Estados Unidos (como siempre) y se encuentra con Elliot, un niño que lo adopta y le llama "ET". El caso es que la amistad entre los dos es tan fuerte que en cierto momento comienzan a compartir emociones y sensaciones. Si uno siente frío o dolor, el otro también. ¡Y sin tocarse! Esto es algo desde luego que muy raro y a la vez muy desagradable. Y como te puedes imaginar... también tiene su análogo en el mundo cuántico. Es lo que se conoce como **entrelazamiento cuántico.**

Se puede preparar un estado cuántico de dos partículas de forma que estén ambas conectadas (entrelazadas). Si a una le pasa algo, a la otra le pasa lo contrario. De forma inmediata, aunque no estén en contacto. Pongamos un ejemplo concreto. Imaginemos que un electrón puede girar a la izquierda o a la derecha. Los electrones poseen de hecho una propiedad similar que se llama espín. No es un giro propiamente dicho pero sirve para ilustrar el ejemplo. En realidad la superposición cuántica permite que ese electrón gire a la izquierda y a la derecha a la vez **(genial)**. Pues bien, al conectar este electrón con otro, se producirá una superposición de estados, pero de tal forma que si el primer electrón gira a la izquierda, el segundo lo hará a la derecha y viceversa. Es decir, ambos están girando en los dos sentidos a la vez y están juntos.

Ahora tomo uno de los electrones y lo llevo a Londres y el otro a California (como en la maravillosa película de Lindsay Lohan). Si mido cómo gira el primer electrón, colapsará en uno de los dos estados (según la interpretación de Copenhague). Inmediatamente y de forma automática el segundo electrón colapsará también, pero en el estado contrario, sin necesidad de que interfiera ninguna señal o que haya ningún tipo de contacto entre los dos.

Esto que suena a fantasía se ha comprobado en experimentos y muestra que la realidad cuántica es fascinante. Este fenómeno, además de curioso, tiene mil aplicaciones. Por ejemplo, para la criptografía en seguridad informática, la computación cuántica y la teleportación. Casi nada.

El gatito de Schrödinger

Ya hemos visto que un electrón, un protón o cualquier partícula puede estar en varios sitios a la vez y también atravesar paredes. Además la teoría cuántica echa por tierra el determinismo; no nos deja que podamos predecir el futuro, por lo que queda todo en manos del azar. Y por si esto fuera poco derrumba nuestra comprensión de la realidad como algo fijo y objetivo. La realidad depende del que la mira de forma inmediata. AHORA VAMOS A JUNTAR TODO Y MARTIRIZAR A UN POBRE GATO. Es el momento de enfrentarnos a la famosa paradoja del gato de Schrödinger.

Todo esto puede aturdir o confundir a cualquiera. Parece que nada está en su lugar, que todo sea un sinsentido. Seguro que ahora comprenden que Richard Feynman dijera que nadie entiende la cuántica. Y el mayor culpable es nuestro cerebro, quizá porque no necesita de ella para sobrevivir. La cuántica opera a un nivel muy inferior y cuando el mundo se mira de forma colectiva, en objetos grandes, todas las trazas de esta realidad cuántica se borran. Sólo al estudiar los elementos individuales podemos tener una idea de lo que ocurre en el universo cuántico.

Ahora bien, no es correcto decir que existen dos realidades: la cuántica o microscópica y la cotidiana o macroscópica. El mundo es uno y es todo cuántico. Lo que ocurre es que los efectos cuánticos apenas se aprecian en las escalas grandes. Objetos grandes, como un trozo de metal o nuestros tejidos, son demasiado grandes para que esos efectos se puedan percibir. Pero no significa que la realidad cuántica no exista a ese nivel: sólo es que no se puede apreciar o percibir. Quedan disimulados. La constante de Planck, que es la que caracteriza los efectos cuánticos, es una cantidad absurdamente pequeña y es la culpable de que estos efectos sean tan difíciles de observar.

La cuántica es una teoría que cuesta asimilar. Resulta tan chocante y novedosa que los científicos llamamos a la física anterior a la mecánica cuántica "física clásica". Especialmente chocante tuvo que ser para los primeros científicos con mentalidad clásica tener que tratar con esta visión tan extraña del mundo. Tanto es así que, como ya saben, muchos padres de la cuántica renegaron de su propio trabajo. Es el caso de **Erwin Schrödinger,** padre de la teoría ondulatoria, por la que recibió el premio Nobel, quien **declaró que lamentaba tener algo que ver con esta teoría.** Era tal su rechazo a sus propios hallazgos que ideó un experimento mental (nunca se ha hecho, por suerte para los gatos de este mundo) con el objetivo de desmontarla y mostrar lo absurda que era. Hoy día este experimento forma parte de la cultura popular y se cita a menudo, algunas veces de forma confusa o errónea. En el experimento del pobre gato de Schrödinger se juntan todos los aparentes sinsentidos de la mecánica cuántica en un único caso: un gato dentro de una caja.

Ahí tenemos al gato, encerrado en la caja esperando su suerte. El malvado de Schrödinger coloca un átomo radiactivo en el interior y, al lado, un contador Geiger. Este aparato es un cacharro que sirve para detectar radiación y contar partículas. Si el átomo que ha puesto Schrödinger se desintegra, lanza una partícula alfa (como vimos, un núcleo de helio o dos protones con dos neutrones). Al hacer esto el contador Geiger la detecta, se activa y pone en marcha un mecanismo que deja escapar un veneno que mata al gato.

Ahora bien, el átomo radiactivo es un sistema cuántico y por lo tanto si no se observa (por eso de cerrar la caja) estará en superposición de estados: desintegrado y sin desintegrar. El contador Geiger habrá detectado esta partícula alfa y no la habrá detectado, el veneno se habrá y no se habrá escapado... Y EL GATO ESTARÁ VIVO Y ESTARÁ MUERTO A LA VEZ. ¿Hemos dicho que el gato está vivo y muerto a la vez? ¡Qué locura es ésta! Pues es la conclusión a la que quería llegar Schrödinger cuando pensó esta cosa del gato y la caja: la mecánica cuántica no tiene sentido.

Es una paradoja porque hoy en día no está clara la interpretación de este experimento mental. Mientras que el razonamiento es correcto paso a paso, la solución es claramente insatisfactoria: un gato no puede estar a la vez vivo y muerto. Sin embargo, este ejemplo muestra una de las debilidades más notorias de la mecánica cuántica: que su interpretación está abierta. Y es así desde sus inicios. Parece haber un umbral entre el mundo cuántico (el mundo de lo pequeño) y el mundo clásico (el de lo grande), de modo que la realidad cuántica alocada no parece afectar nuestros sistemas: un átomo puede haberse desintegrado y no haberse desintegrado a la vez, pero un gato no puede estar vivo y muerto a la vez. Este lío surge dentro de los mismos físicos teóricos, que no llegan a ponerse de acuerdo sobre el efecto del observador en la realidad.

Me explico: sabemos que un átomo o sistema cuántico puede estar en un estado de superposición (en varios estados a la vez) hasta que se observa. Hasta aquí todos los físicos están de acuerdo pero... ¿qué ocurre cuando uno "mira" la realidad? Aquí es donde surgen los grandes conflictos. La interpretación de Copenhague determina que un sistema cuántico, al ser observado o medido, colapsa en uno sólo de sus estados. Así que al abrir la caja el átomo colapsa o, lo que es lo mismo, "elige" uno de los dos estados (desintegrado o sin desintegrar), lo cual tiene consecuencias sobre el contador Geiger, el veneno y el gato. Esta interpretación tiene muchos detractores, ya que el colapso parece algo mágico, sin fundamento físico, y lleva a la conclusión de que el gato está vivo y muerto a la vez. Además la importancia del acto de medición para la realidad es desagradable. ¿Implica esto que no existe la realidad hasta que alguien la observa? Es como la antigua pregunta del filósofo: "¿Hace ruido el árbol que cae cuando no hay nadie para escucharlo?". Al mismo tiempo surgen nuevas preguntas como: ¿qué es medir? ¿Qué es observar? ¿Se requiere de una consciencia para que se produzca el colapso? Esto genera problemas. Hay personas que proponen la existencia de una consciencia cósmica que da sentido a la realidad, pero esto lleva a paradojas aún más allá de la de Schrödinger. Por ejemplo, la del "amigo de Wigner", que es una extensión de la paradoja del gato: no es Schrödinger quien abre la caja del gato, sino un amigo de Wigner (el famoso científico que propuso esta locura). Pero el amigo, a su vez, está dentro de una caja. Wigner finalmente abre la caja que contiene a su amigo junto a otra caja con un gato, veneno, un contador Geiger y un átomo inestable. La pregunta que surge es: ¿el átomo colapsa cuando el amigo de Wigner abre la caja o cuando la abre Wigner? Y esto se podría extender añadiendo más cajas con más amigos de Wigner hasta el infinito ***(aunque Wigner, como buen friki, seguro que no tenía ni amigos).***

Para evitar complicaciones como ésta surgen nuevas interpretaciones. Quizá la más atractiva es la de múltiples universos. Un estado de superposición cuántica no se rompe con la medida en lo que se conoce como colapso, sino que en su lugar genera tantas realidades como posibilidades hay en la medida. Al abrir la caja no es que el átomo colapse en uno de los dos posibles estados dando lugar a un gato vivo o un gato muerto, sino que la realidad se desdobla. En una de ellas habrá un Schrödinger alegre abrazando a su gato vivo; en otra estará llorando al ver al gato muerto. Esta interpretación elimina el problema de esa acción mágica que supone el colapso y evita complicaciones como el problema del observador que antes mencionamos. Sin embargo, genera otras preguntas como... ¿dónde están esas realidades? ¿Se puede acceder a ellas o medirlas?

Como se puede ver, la cuántica es una teoría aún abierta que sigue sin interpretación clara y no deja de sorprendernos con resultados inesperados y paradojas tan profundas como éstas que mezclan la ciencia con la filosofía. ***Aunque para mí la cosa está clara: el gato de Schrödinger está muerto.*** Mira que han pasado años desde que se propuso el experimento. Ya tiene que estar, seguramente, en el cielo de los gatos.

Más locuras todavía

Son más los efectos cuánticos que desafían la lógica, como el "borrador cuántico", o uno que me encanta: que **un sistema tarda más EN EVOLUCIONAR SI LO MIRAS MUCHAS VECES.** Es lo que se llama el "efecto Zenón cuántico". Es como la leche del microondas, que parece que tarda más en calentarse cuanta más prisa tienes. Creo que a estas alturas ya nos habremos dado cuenta de que intentar entender la mecánica cuántica es algo absurdo. Al menos por el momento. Pero a la vez es posible que este mundo tan extraño haya inspirado al lector como me inspiró a mí. Sin duda la realidad supera a la ficción y la cuántica nos muestra que la física es sorprendente y maravillosa.

Por desgracia, que la mecánica cuántica sea tan rebuscada y aparentemente contradictoria ha sido un filón para **los caraduras** y aprovechados de la vida. Y digo "aparentemente contradictoria" porque hasta ahora nadie ha encontrado ninguna fisura en la teoría. Todo encaja. De una forma rara y misteriosa, contraria a nuestra experiencia, pero encaja. Ni Einstein consiguió derrotarla y tuvo que tirar la toalla vencido por Niels Bohr y su razonamiento cuántico. Pero aun así algunos preceptos cuánticos son tan particulares y abiertos que los místicos, los espirituales y, peor aún, los caraduras, los usan a su favor. En particular los que lo hacen malintencionadamente y usando conclusiones que no son científicas y no se corresponden de verdad con la mecánica cuántica. Que la realidad dependa del observador no implica que haya un dios que lo ve todo. **LA INCERTIDUMBRE CUÁNTICA TAMPOCO DEJA LUGAR AL ALMA.** Y por mucho que exista el entrelazamiento cuántico, **que se sepa el agua no tiene memoria,** contra lo que aseguran los partidarios de la homeopatía.

Los científicos seguimos con lo nuestro. Y lo cierto es que una vez que se demostró que la mecánica matricial de Heisenberg y la ondulatoria de Schrödinger eran equivalentes, todo fue mucho más fácil para la nueva teoría cuántica. La base ya estaba establecida y los éxitos se sucedieron. Hoy la realidad cuántica es innegable. Después de casi cien años de teoría cuántica nadie la pone en duda. Los éxitos se han sucedido uno tras otro y es asombroso hasta qué punto la teoría cuántica ha sido capaz de explicar la realidad del átomo.

La teoría cuántica nos muestra un mundo caótico, frenético, aleatorio, de cambios constantes y de realidad incierta. Un mundo impredecible y que parece absurdo. Complejo y cambiante. Un mundo disparatado y difícil de integrar con la otra gran teoría del universo: la relatividad.

La teoría de la relatividad

A mí me hace muchísima gracia cuando alguien suelta lo de: "Como dijo Albert Einstein, todo es relativo". No. Einstein dijo muchas cosas, pero ésta en concreto no. Por suerte la teoría de la relatividad la conocemos hoy en día mucho mejor que la cuántica y vamos a poder aclararla mucho más.

Cuando Einstein era un quinceañero se hizo una pregunta de esas que parecen absurdas. Si vas en un coche y te pones a la par de un tren, la gente de dentro parece parada. De hecho, si pudieras sólo mirar al tren, y no a la carretera o a los árboles, no podrías saber si se está moviendo o está parado. Entonces... si fueras capaz de ir a la velocidad de la luz, ¿verías la luz parada? En esta pregunta se escondía la raíz de una de las mayores contradicciones de la física de la época. Las ecuaciones de Maxwell del electromagnetismo muestran que la luz viaja a la velocidad de la luz (brillante DEDUCCIÓN) y que nunca puede ir a otra velocidad y mucho menos llegar a pararse. ¿Qué es entonces un rayo parado?

Es una situación muy delicada, porque por un lado tenemos una ley, la del electromagnetismo de Maxwell, que había causado furor. Pero era nueva y eso siempre hace que algo sea sospechoso. Por otro lado tenemos las leyes de Newton, con más de trescientos años de existencia y que venían del mayor genio de todos los tiempos. ¿Cómo iba Newton a estar equivocado?

Veamos un poco más de cerca la cuestión. Si yo voy en un tren y tiro una piedra, la física de Newton me dice que la piedra volará a la velocidad del tren más la velocidad a la que tiro la piedra. Las velocidades se suman. Pero si enciendo una linterna en el tren... ¿la luz de la linterna irá a la velocidad del tren más la de la luz? ¿Se siguen sumando? O dicho de otra manera: ¿la luz sigue las reglas de movimiento a las que estamos acostumbrados? ¿Es la ley del electromagnetismo referida a la luz compatible con las leyes del movimiento del resto de las cosas? ¿Newton o Maxwell? ¿Willyrex o Vegeta? ¿Papá Noel o los Reyes Magos? Quién sabe... Vamos a ver una historia que nos va a sacar de dudas.

El problema del éter: ¿qué demonios es?

En el fondo de todo, en la raíz del problema, está la verdadera pregunta: ¿qué es el movimiento? Lo de Einstein nos ha pasado a todos. Por ejemplo, estamos en el metro o en un tren y hay otro convoy paralelo al nuestro, los dos parados. De repente uno de los dos se empieza a mover y uno no sabe si el que se mueve es el propio o el otro. Al final nos damos cuenta de cuál de los dos es el que se mueve de verdad. Sin embargo, la situación nos ha dejado impactados. ¿Qué es el movimiento? ¿Quién se mueve respecto a quién? Es algo muy difícil de resolver...

El experimento de la doble rendija, realizado por Thomas Young en 1801, cerró un debate de dos mil años de duración. Demostró que la luz era una onda, como el sonido. *Qué bonito,* luz y sonido son similares, FENÓMENOS HERMANOS, ¡SON ONDAS! El sonido es una onda de presión que se propaga por un medio, muchas veces el aire, pero también puede moverse por otros, como el agua. Entonces la luz es una onda electromagnética que se propaga... ¿Por dónde se propaga la luz? Para los científicos de la época no había duda: la luz se propagaba por el éter.

El éter es un viejo amigo que lleva apareciendo y desapareciendo como un fantasma por toda la historia de la física. Uno de sus grandes defensores fue —¡cómo no!— Aristóteles. Sin embargo, el éter del siglo XIX era distinto. Era un medio real, necesario para que existiera la luz. Estaba en todas partes, ocupando todo el espacio. Pero era indetectable. Claro, nadie lo había visto. Y sus propiedades también eran de película de ficción: tenía que ser ínfimamente denso y a la vez de gran elasticidad además de invisible.

El éter ofrecía un respiro a la física, porque permitía definir lo que era el movimiento en términos absolutos. Todo parece estar en movimiento: la Luna alrededor de la Tierra, la Tierra alrededor del Sol, el Sol alrededor de la Galaxia... En estas condiciones, donde todo se mueve, es difícil definir el movimiento. ¿Quién se mueve respecto a quién? Pues el éter daba la repuesta. El éter era un sistema de referencia universal. Todo movimiento habría de estar referido al éter. Qué maravilla. Sería genial si ese éter apareciera pero... No había forma.

Michelson y Morley hicieron un experimento que a mí personalmente me fascina. Es ingenioso, bonito y sus consecuencias son históricas. Decidieron poner a prueba la existencia del éter y ver si la luz y una piedra se mueven de la misma manera. Su idea era brillante: pusieron dos rayos de luz a competir. Uno de ellos iría como en un coche en movimiento y el otro como en un coche parado. ¿Qué rayo viajaría más rápido? Si la luz se mueve como lo hace una piedra, el rayo más rápido sería el del coche, ¿no? Si así fuera, podrías resolver las dudas. Sin embargo, no era tan sencillo como esto: la velocidad de la luz es muy alta con respecto a la de un coche. Si quieres detectar una variación apreciable en la velocidad de ambos rayos necesitas un sistema muy preciso y algo que viaje muy rápido. Muy, muy, muy rápido. Pero ¿de dónde podemos sacar algo que sea tan veloz? Y estamos en 1900, no te olvides. La Tierra, en el ecuador, gira a unos 1,600 kilómetros por hora. **¡Lo tenemos!** Podemos usar este movimiento, que es lo bastante veloz, como referencia para tomar la medida. Lo que hacemos es disparar un rayo de luz en el sentido de movimiento de la Tierra y otro en perpendicular. Si el éter existe, el que va en el sentido del movimiento de la Tierra ha de viajar a la velocidad de la luz (c) más la velocidad orbital de la Tierra. Por su parte, el que va en perpendicular viajaría sólo a la velocidad c. Si ponemos los dos rayos a competir para ver quién llega antes a la meta, teniendo en cuenta que los dos se han disparado a la vez, el que va en el sentido de la Tierra habría de llegar primero.

El dispositivo para hacer este experimento es lo que se conoce como interferómetro, porque lo que se observaría en el caso de que un rayo llegara antes que el otro sería una interferencia. El experimento se plantea así: se lanza un solo rayo de luz que se divide en dos rayos mediante un dispositivo llamado desdoblador de haz. Uno de los rayos se refleja para viajar en un sentido y el otro en el perpendicular. Por un sistema de espejos ambos acaban dirigiéndose hacia la misma meta: el interferómetro, y se vuelven a unir después de haber recorrido distancias idénticas. Si tardan lo mismo se observará una mancha homogénea en la pantalla. Pero si uno es más rápido que el otro aparecerá el patrón de interferencia, unas franjas de luz y oscuridad.

Los dos científicos trabajaron muy duro en el experimento. Estaban contentos, iban a ser los primeros en dar caza al éter. Lo tenían todo a punto e iban a pasar a la historia. ¿Qué ocurrió? **¡Qué divertida es la ciencia!** Sobre todo en estos casos en los que se monta un experimento para observar algo y lo que se obtiene es justo lo contrario. Más aún cuando la sorpresa del fracaso de un experimento derriba trescientos años de ciencia y hace que florezca una nueva visión del mundo. Esto es lo que pasó con el experimento: no se observó el patrón de interferencia que indicaría la existencia del éter. Y no fue porque el experimento estuviera mal montado ni porque la idea no fuera buena. Pero no había forma de cazar al éter. Y mira que lo habían intentado. Por tanto, si no hay ninguna forma de verlo... ¿No será que el éter no existe? Pues sí: **el éter no existe, no es necesario.** Y por lo visto una piedra y la luz no se mueven de igual manera. Y otra consecuencia: tal vez las leyes sobre el movimiento, las de Newton, no sean del todo correctas. Veamos.

El experimento de Michelson-Morley fue la confirmación de que algo fallaba en la física de la época. Había que cambiar, pero no se sabía bien qué. Newton o Maxwell, el jefe o el becario, David o Goliat. En ese momento de espesor y ante tal crisis, a un chico un poco despistado que no dejaba de darle vueltas a una pregunta absurda se le ocurrió la solución. Eso sí, tuvo que esperar a cumplir los veinticinco años.

En aquel momento **ALBERT EINSTEIN ERA LO QUE SE DICE UN FRACASADO.** Tras años siendo rechazado de sus ofertas para diversos puestos académicos y con problemas económicos muy severos, apartado de la universidad y de la investigación y trabajando como empleado en una oficina de patentes, fue él quien dio con la clave. La pregunta que se había hecho de joven fue el disparador de la teoría de la relatividad.

Efectos relativistas

Viajes en el tiempo... o en el espacio-tiempo

—Hola, me llamo Javier y soy físico.

—Hola, Javier. ¿Físico? ¿De verdad? Entonces... ¿para cuándo van a inventar la máquina del tiempo?

Esto pasa con mucha frecuencia. Si le preguntas a alguien por cuál sería su invento favorito, normalmente te contesta que la máquina del tiempo o el teletransporte. Y aunque aún no sabemos cómo hacer viajes en el tiempo, dar un salto en el tiempo a otra era sí se puede hacer. De hecho lo hacemos a diario, lo de viajar en el tiempo... pero de otra forma, siempre hacia el futuro y a la misma velocidad. Con la relatividad, sin embargo, **podrías aparecer en el año 2150** ***sin que te salgan canas.***

Albert Einstein se propuso derribar la teoría de Newton y crear unas nuevas reglas del movimiento que fueran compatibles con las leyes de Maxwell. **Si la luz no se mueve como una piedra... habrá que hacer que una piedra se mueva como la luz.** Y lo hacemos partiendo de la pregunta de siempre: ¿puede estar la luz parada? Las ecuaciones de Maxwell y el experimento de Michelson-Morley daban respuesta a esta pregunta: no. La luz nunca se puede ver parada. Te muevas como te muevas, la luz siempre viaja a la velocidad de la luz. Esto parece una afirmación sin mucha tela, pero espera a que la analicemos en profundidad: va a cambiar tu forma de ver el espacio y el tiempo. Es la esencia de la relatividad.

En tiempos de Einstein se entendía que el espacio era relativo. No ven igual la pelota un delantero que un portero. **Para el delantero la pelota se aleja, para el portero se acerca.** La distancia es relativa a quien la mide. Pero el tiempo era absoluto. El tiempo parecía surgir de un reloj universal que marcaba su paso de forma idéntica en cada lugar, en cada situación, tanto para el delantero como para el portero. El partido empieza y acaba a la vez. Además va a un ritmo constante e inmutable para cada persona. Según la concepción clásica, el tiempo es inamovible y común a cada rincón del universo.

Ahora pensemos en el rayo de luz. Lo lanzamos y medimos su velocidad. La velocidad se mide como espacio dividido por el tiempo. Lo que hacemos es tomar un reloj y una cinta métrica y medimos tiempos y distancias. Por ejemplo, si nos ponemos en un extremo de un campo de futbol americano (por eso de que tiene marcadas las yardas) podemos ir tomando medidas de tiempo y de distancia sucesivas. Hagámoslo: medimos distancias de 10, 20, 30, 40, 50, 60, 70, 80, 90 y 100 yardas según la luz va pasando por las marcas del campo y tomamos nota del tiempo en cada paso. Ahora hacemos el cálculo de velocidad y sonreímos: sale justo lo que pensábamos, es decir, casi 300,000 kilómetros por segundo.

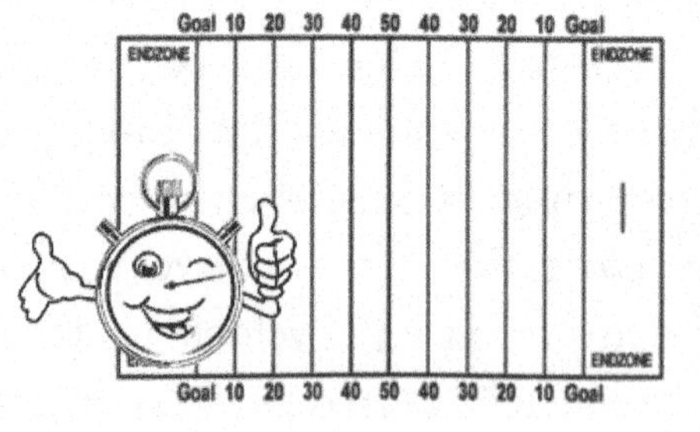

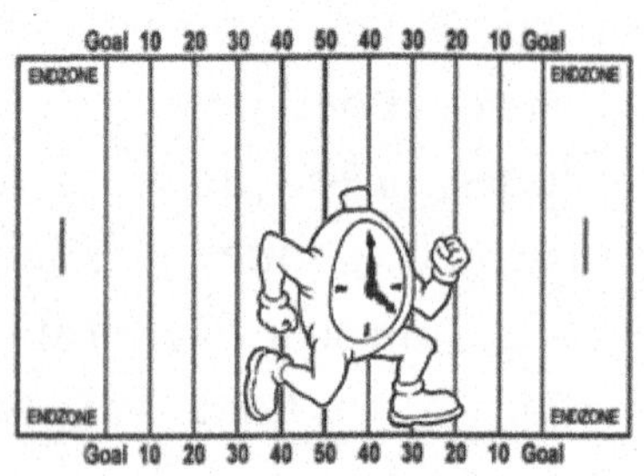

Hagámoslo de otra manera. Lanzamos el rayo de luz y lo perseguimos. El tiempo lo medimos igual, con nuestro cronómetro, y la distancia al rayo también. Imaginemos que podemos viajar casi a la velocidad de la luz. De esta forma las distancias que medimos van a ser menores, porque las tomamos con respecto a nosotros mismos (no al extremo del campo) y nos estamos moviendo muy rápido, casi sin separarnos del rayo. La medida de distancias ahora es, por ejemplo, 1, 2, 3, 4, 5, 6, 7, 8, 9 y 10 yardas. Al viajar persiguiendo a la luz, la distancia que recorre respecto a nosotros es menor que en el caso anterior, porque nos movemos con ella. Pero cuando vamos a calcular la velocidad de la luz... ¡sorpresa! Obtenemos el mismo resultado: unos 300,000 kilómetros por segundo. Pero si la velocidad es espacio dividido por el tiempo y el espacio recorrido ahora es menor... ¿cómo puede dar el mismo resultado? Miramos el reloj con cara de extrañados. Es de ésos de bolsillo, con una cadena. Lo agitamos... Parece que funciona bien. Miramos de nuevo... No hay ningún error. La distancia la hemos calculado bien, el reloj no tiene ningún problema. ¿Qué ha pasado?

Miramos nuestras notas y empezamos a entender: las distancias que hemos medido han sido más pequeñas, pero los tiempos también. De manera que se han compensado, espacio más pequeño y tiempo más pequeño, dando una velocidad constante, la de la luz. Pero ¿cómo es posible que el tiempo se haya recortado? ¿Ha fallado el reloj? No. **No es necesario echarle la culpa al reloj**. Lo que habríamos presenciado es el primero de los muchos efectos que trae consigo que la velocidad de la luz sea constante, no importa quién la mida: si el espacio es relativo y la velocidad de la luz constante, no hay alternativa: el tiempo tiene que ser también relativo.

Esto quiere decir que no existe un reloj universal que marque el tiempo para todo el mundo. No. El tiempo fluye de forma diferente en función de quién lo mida. En este ejemplo el tiempo medido por alguien corriendo con el rayo y otra persona a pie de campo van a ser diferentes. **El tiempo pasa más lento PARA LA PERSONA QUE VIAJA *deprisa*, y más lento cuanto mayor sea su velocidad.**

El tiempo, en la relatividad, es una dimensión. Podemos movernos por él como nos movemos por el espacio. Al igual que podemos caminar por un paseo y vemos gente que va más rápido que otra (jubilados, perros, deportistas), el tiempo también lo podemos recorrer a distintas velocidades. Y no sólo es una nueva dimensión, es que además está unida inevitablemente al espacio. Con ello nace un nuevo concepto, el espacio-tiempo. Vivimos en un mundo de cuatro dimensiones, las tres del espacio (arriba-abajo, izquierda-derecha, delante-detrás) y el tiempo.

Por cierto, una consecuencia añadida a lo comentado es que algo similar ocurre cuando se miden distancias. El movimiento hace que las distancias se acorten de forma similar a como se retrasa el paso del tiempo. Son las cosas de la relatividad...

Una nueva concepción del mundo partiendo de una idea. De esto surge una multitud de nuevos fenómenos. En esta nueva física las velocidades no se suman, el tiempo se estira y se contrae, el espacio se dilata de una forma extraña... El hecho de partida parece sencillo: la luz viaja siempre a la misma velocidad, no importa quién la mida. Pero el resultado es que se montó toda una revolución. De hecho era algo que las ecuaciones de Maxwell ya predecían pero nadie se atrevió a sugerir hasta que llegaron el experimento de Michelson-Morley y la genialidad de Albert Einstein. La invariancia de la velocidad de la luz cambió completamente la forma en que vemos el mundo.

El tiempo fluye de forma diferente dependiendo de quién lo mida. Atención: lo que importa es el movimiento. Si una persona se mueve el tiempo pasa más despacio (se contrae) que para una persona parada (en reposo). Con las distancias sucede lo mismo: para una persona en movimiento los objetos se contraen, se hacen más pequeños. Esto es una locura, dirá alguno. Nadie ha visto algo así, dirá otro. Bueno, pues yo sí he visto esto. Todos los días. Lo que pasa es que hay que saber mirar con ojos de físico. En nuestra experiencia cotidiana no apreciamos esto por una simple cuestión: el efecto total depende de la velocidad con la que nos movemos respecto a la velocidad de la luz. Así que sólo cuando viajamos a velocidades próximas a la de la luz (la mitad, un tercio) se empiezan a notar los efectos relativistas. Cuando vas en coche o en bicicleta no ves que las cosas se acorten ni que se contraiga tu tiempo propio. Vas demasiado lento para apreciarlo. Pero si viajaras a velocidades cercanas a la de la luz la cosa sería diferente.

Imaginemos por un segundo que la velocidad de la luz fuera precisamente el máximo de velocidad en las autopistas de España: 120 kilómetros por hora (y que los efectos relativistas se produjeran igual que a la verdadera velocidad de la luz). Algo tan simple como subirte a un autobús cambiaría completamente tu entorno. **PODRÍAS SUBIRTE EN EL AÑO 2015 Y BAJARTE EN 2017. Y SIN COMERTE LAS UVAS**. No notarías nada. Tu tiempo comparado con el de la gente de la calle iría muy despacio, pero dentro del autobús nada habría cambiado, todo seguiría el mismo ritmo. Son los efectos de la relatividad, la contracción temporal. Para el resto de la gente son dos años, pero para ti, que viajas a velocidades cercanas a la de la luz, sólo han transcurrido unos minutos.

Como la velocidad de la luz es mucho mayor que cualquier otra a la que estemos acostumbrados, no notamos nada raro. No hay forma hoy en día de viajar a una velocidad ni siquiera cercana a la de la luz. Ni en un cohete. Si algún día se lograra podríamos ver nuestro entorno envejecer mucho más rápido y de alguna forma "viajar hacia el futuro". Y sí, esto yo lo he visto con mis propios ojos. Pasa continuamente en el laboratorio. No a mí ni a nadie de por aquí. Pero a los muones **SÍ** *les pasa*. Son unas partículas muy parecidas a los electrones, con la misma carga y la misma forma de comportarse, pero con distinta masa.

Muchos de estos muones se producen en los rayos cósmicos, partículas muy energéticas que chocan contra la atmósfera terrestre y que vienen de vete tú a saber dónde (pero de lejos, del cosmos). Los choques de partículas producen muones que se dirigen hacia la Tierra. Su vida media es muy corta, de tan sólo 2.2 microsegundos (1 microsegundo es una millonésima de segundo), tras lo cual desaparecen en forma de otras partículas. Como se mueven a casi la velocidad de la luz, en ese tiempo podrían recorrer poco más de medio kilómetro, una muy pequeña parte de la inmensa atmósfera, antes de desaparecer. Sin embargo, la atraviesan completamente. Lo sabemos porque los detectamos en la superficie. Eso quiere decir que son capaces de aguantar y vivir mucho más de los 2.2 microsegundos previstos. ¿Qué está pasando? **¿Magia?** No, es relatividad. Lo que ocurre es que su reloj interno funciona mucho más despacio que el nuestro. Sus 2.2 microsegundos, desde nuestro punto de vista, se alargan. De esta forma son capaces de atravesar toda la atmósfera e incluso adentrarse en la Tierra. Los muones están "viajando en el tiempo" hacia el futuro. Lo de las comillas es porque no es que desaparezcan ahora y aparezcan en el futuro, como si atravesaran una puerta dimensional, no. Lo que ocurre es que recorren el tiempo más despacio, su reloj hace tic-tac más lento. De una forma similar nos permitiría la relatividad "viajar al futuro". Sólo tendríamos que disponer de un cohete lo suficientemente rápido. Tras un tiempo a casi la velocidad de la luz, al volver a la Tierra habrían trascurrido muchos años. De este modo habríamos hecho un "viaje" en el tiempo.

¿Por qué tardó tanto en descubrirse la relatividad? Porque las leyes de Newton son correctas cuando las cosas se mueven muy despacio, como esa piedra de la que hablábamos o un coche. Las ecuaciones de Newton responden a lo que se conoce como "sentido común": las leyes describen lo que esperamos que pase. Sin embargo, este sentido común sólo responde a las cosas que estamos acostumbrados a ver. Como el universo es muy grande y rico, nuestro sentido común es incapaz de prever lo que puede ocurrir en situaciones extremas. Por ejemplo, cuando algo va muy, pero muy rápido. Por eso las leyes de la relatividad, como las de la cuántica, **nos dejan cara de WTF**: no se corresponden con el sentido común. Nuestro sentido común es limitado y está ciego frente a la verdadera naturaleza de las cosas, por lo que nos lleva a engaño. Por eso en física muchas veces hay que luchar contra nuestra propia intuición, contra trescientos años de dominio newtoniano, tres siglos de prejuicios físicos. **A ver quién se atrevía a decir que el científico más grande de todos los tiempos estaba equivocado...**

Einstein se atrevió con su relatividad. Es curioso que fuera un joven trabajador de una oficina de patentes quien osara dar este paso. Las ecuaciones de la relatividad las habían desarrollado antes otros científicos, como Hendrik Lorentz y Henri Poincaré. Éstos y otros anduvieron muy cerca de dar con lo que Einstein descubrió más adelante. Fue la irreverencia de Einstein, la actitud transgresora, su capacidad de enfrentarse a los prejuicios y por supuesto su juventud lo que le llevó a desafiar al mismo sentido común.

Y ahora que ya sabes lo que es la relatividad... ¿te imaginas irte a dormir y despertarte en el año 2085? Es algo que la relatividad permite, y sin necesidad de atravesar el espacio-tiempo (esto ya lo veremos más adelante, con los agujeros de gusano). De aquí que surjan grandes paradojas, como la de los gemelos... o las gemelas.

Las gemelas Olsen deciden separarse. Una de ellas emprende un viaje cósmico mientras la otra se queda en la Tierra, esperando. Mary-Kate se sube al cohete y desaparece en el espacio. Su hermana Ashley sigue el cohete con la mirada y la despide. Mary-Kate hace vida normal en su cohete. Se pinta las uñas, hace diseños de ropa y resuelve sudokus...

Todo normal. Y eso que el cohete pronto ha alcanzado una velocidad prodigiosa, muy cercana a la de la luz. En una pared del cohete un calendario y un reloj le indican el tiempo que pasa desde que se fue de la Tierra. Eso, **y el pelo, que le va creciendo sin control ni forma.** ¡Qué horror! Mientras tanto Ashley espera en la Tierra sin noticias de Mary-Kate.

Ésta se cansa del espacio: es muy aburrido, no hay tiendas de moda ni fiestas en yates. Así que decide emprender la vuelta a casa. Da media vuelta y pone rumbo a la Tierra. Ha pasado casi un año, lo puede ver en su calendario. Está ansiosa por reencontrarse con su hermana y volver a su vida normal en Beverly Hills. Sin embargo, cuando aterriza se da cuenta de que algo raro ha pasado. Para empezar nadie ha ido a buscarla a la base de lanzamientos. Toma un taxi a su casa y se queda paralizada. Ha sido vendida y en ella vive otra familia... ¡No puede ser! ¡La han vendido a sus espaldas! Se pasa el día entero buscando a su hermana para que le dé explicaciones pero no hay forma. Finalmente alguien le comenta que está en el club de tejido. "Qué raro todo —piensa Mary-Kate—. ¿Mi hermana haciendo tejido? Pero si no sabe ni coser un botón." Cuando llega, no hay ni rastro de Ashley: sólo ve señores y señoras mayores aprendiendo a tejer y hacer punto en un centro de jubilados. Pero espera... Una señora mayor al fondo agita el brazo y grita su nombre: ¡Mary-Kate! También llora sin parar. ¿Qué está pasando?

Mary-Kate no lo ha sentido, pero durante el viaje espacial su tiempo personal (decimos "propio") se ha encogido, se ha ralentizado. Obviamente no lo nota y hace su vida normal. Pero comparado con los relojes de la Tierra el suyo marcaba el tiempo más despacio. Un segundo de ella era como un minuto en la Tierra debido a su velocidad próxima a la de la luz. Al volver a casa todo ha cambiado, claro. Su año de viaje han sido varias décadas de vida en la Tierra y su hermana gemela ha envejecido más que ella.

Esto se llama paradoja porque genera una situación controvertida. Si el movimiento es relativo (esto ya lo hemos visto), ¿por qué el tiempo transcurre de diferente manera para cada una? En este caso la solución es fácil: Mary-Kate, la que usa el cohete, se ha acelerado, cosa que no ha hecho su hermana. Ahora bien, ¿qué ocurriría con dos viajeros espaciales en medio de la nada y que se cruzan en sus naves en movimiento sin aceleración? ¿Cuál es el que se mueve? Depende, porque es relativo... ¿Cuál es el que envejece? Bienvenidos a la paradoja de los gemelos.

Cambiar de masa no es lo mismo que adelgazar

Eso de subirse a una báscula es la pesadilla de muchas personas. Y pensar que el peso y la masa también son relativos... **Seguro que así te sientes mejor la próxima vez que te peses.**

Considerar la velocidad de la luz como una constante universal idéntica para todos los observadores, independientemente de cómo se muevan, abrió un mundo nuevo para la física. La velocidad de la luz no sólo resultó ser la velocidad de las partículas de luz, los fotones, sino también la velocidad máxima a la que cualquier objeto puede viajar. Nada puede ir más rápido que la luz en el vacío.

En relatividad la masa, la cantidad de materia de un objeto, deja de ser una constante inamovible, propiedad de un objeto, y pasa a ser algo dinámico. ¡Las cosas aumentan o disminuyen de masa según la velocidad a la que se muevan! Y que es así es muy fácil de ver usando la relatividad. Veamos cómo. Si un cohete no puede ir más rápido que la velocidad de la luz en el vacío es porque una vez que ha llegado a esa velocidad no puede aumentarla más. Es decir, no se puede acelerar. ¿Por qué?

Como la fuerza es igual a la masa por la aceleración, si algo no se puede acelerar es porque no hay una fuerza capaz de hacerlo. La única explicación para eso es que la masa del objeto sea infinita. Una masa infinita requeriría una fuerza infinita. No se pueda acelerar y por lo tanto no se puede ir más rápido: cuando un objeto alcanza la velocidad de la luz su masa se hace infinita. **Ni Chuck Norris podría acelerar más.**

Ahora bien, nada en el mundo puede viajar a la velocidad de la luz. Bueno, hay una excepción, claro: la luz puede viajar a la velocidad de la luz... porque no tiene masa. Lo mismo le ocurre a cualquier partícula sin masa. Pero sólo ellas pueden viajar a tan alta velocidad. Este fenómeno pasa en todos los casos, incluso antes de alcanzar el límite de la velocidad de la luz. Sólo por movernos nuestra masa aumenta (¿no decían que hacer ejercicio adelgaza?). Y crece más cuanto más rápido va uno. ¿Y por qué no se nota? Porque usamos ropa negra, que adelgaza. No, hombre, no: lo que ocurre, de nuevo, es que como la velocidad de la luz es muy grande, sólo puedes apreciar este efecto cuando te mueves a velocidades extraordinariamente elevadas. Mientras tanto, si te sientes muy pesado cuando te mueves, no es la relatividad: es que estás gordito/a.

La visión del pasado

SIEMPRE ESTAMOS INTERESADOS EN EL PASADO Y EN EL FUTURO, NUNCA EN EL PRESENTE. QUÉ CURIOSO, ¿VERDAD? Pero es lo que la gente quiere saber. Imaginar el futuro, incluso preverlo (¿para acertar la quiniela?), ver el pasado e incluso cambiarlo (¿tanto metemos la pata?), son sueños que tenemos muchos de nosotros. Pues la relatividad no sólo permite viajar al futuro, sino que también nos permite ver el pasado sin haberlo grabado en web-cam. ¿Cómo? La clave la tiene la luz.

Que nada pueda viajar más rápido que la luz tiene consecuencias espectaculares. Sal a la calle y mira hacia el Sol (pero protégete antes los ojos). La luz del Sol tarda ocho minutos en llegar a nosotros desde que sale de la superficie de la estrella, situada a 150 millones de kilómetros de distancia. Esto quiere decir que **vemos el Sol como era hace ocho minutos.** Si miras a una estrella el efecto es más espectacular. La más cercana a la Tierra es Próxima Centauri, a cuatro años-luz de distancia (un año-luz es la distancia que recorre la luz en un año, una distancia enorme). Así que no vemos esa estrella como es ahora, no, sino como era hace cuatro años. Sirio, la estrella más luminosa del firmamento, está a ocho años-luz. La estrella polar a cuatrocientos treinta y tres años-luz. Pero podemos ir aún más lejos. La Gran Nube de Magallanes está a ciento cincuenta y ocho mil años-luz. La galaxia más cercana, Andrómeda, está a dos millones y medio de años-luz. La famosa galaxia del Sombrero se encuentra a veintinueve millones de años-luz. Y la galaxia más lejana observada hasta la fecha es EGS-zs8-1 y está a trece mil millones de años-luz. Piénsalo un segundo. Estamos viendo el pasado. **Cuanto más lejos miramos, más atrás en el tiempo viajamos.** Podemos ir tan atrás como queramos con sólo mirar más lejos. La galaxia del Sombrero la vemos como era hace veintinueve millones de años, no ahora. De hecho ahora mismo no sabemos qué es de ella. Lo sabremos dentro de veintinueve millones de años. Por eso cuando miramos el cielo muchas veces vemos "fantasmas", cuerpos muertos, estrellas que ya desparecieron, sistemas que colapsaron, que ya no están ahí y, sin embargo, los seguimos viendo.

Muchas veces me preguntan por los viajes en el tiempo. Yo respondo que miren al cielo. **Es la forma más fácil y barata de viajar en el tiempo.** Y en primera clase. Sólo con alzar la mirada estamos viendo nuestra historia cósmica, desde el inicio de los tiempos, hace unos trece mil millones de años, hasta la actualidad. Y esto es real. Tanto que si alguien estuviera en una galaxia a sesenta millones de años-luz de la Tierra y enfocara bien podría ver dinosaurios. **Y NO LOS DE PARQUE JURÁSICO,** que ésos no existen. Vería los de verdad, campando tranquilamente. Y si espera un poco más podría ver el meteorito cayendo en la Tierra que acabó con ellos. Y esperando más podría ver las primeras civilizaciones humanas, a Cristóbal Colón saliendo de expedición, a Napoleón de batalla en batalla o **LA PRIMERA EDICIÓN DE Big Brother**. Todo esto es consecuencia de que nada pueda viajar más rápido que la luz. Nada es instantáneo, todo lleva un tiempo.

De hecho esto se relaciona con el concepto de causalidad, muy importante en física. La causalidad, vista así por encima, establece que un efecto no puede ser anterior a una causa. Por ejemplo, yo enciendo la calefacción y la casa se calienta. Causa: encender la calefacción; efecto: la casa se calienta. Al revés la cosa no funciona. Una causa y un efecto tienen que estar ligados de alguna forma, a través de un medio y de un agente mediador. Ese medio puede ser el espacio y el agente mediador puede ser un fotón o la gravedad. Todo esto, a su vez, define el famosísimo y maravilloso "cono de luz" que surge de la relatividad de Einstein.

Este cono es una figura que conforma el universo visible: sólo los puntos que quedan dentro del cono pueden verse afectados por o afectar el presente. El resto está fuera de alcance, al quedar separado una distancia mayor que la que puede recorrer la luz en un tiempo dado.

Vamos a verlo con un ejemplo. Ya hemos dicho que el Sol está a ocho minutos-luz de distancia. Por lo tanto cualquier cosa que ocurra en la Tierra está fuera del cono de luz del Sol durante ocho minutos. Nada de lo que ocurra en la Tierra en los próximos ocho minutos puede afectar al Sol. Tampoco nada que le ocurra ahora al Sol puede afectar a la Tierra dentro de los próximos ocho minutos. La cosa cambia si consideramos un tiempo de diez minutos, por ejemplo. Ahora sí hay conexión causal y el Sol puede influir en la Tierra o verse influido por ésta.

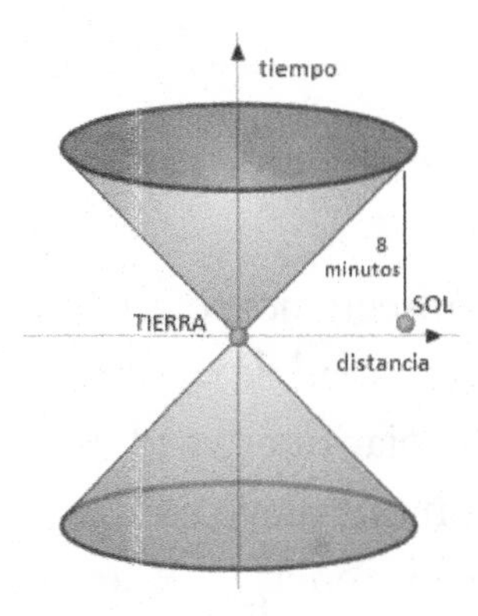

La materia y la energía son intercambiables

Cuando uno habla de relatividad lo primero que piensa la gente de la calle —me refiero a los no expertos— es en la famosa fórmula de Einstein. Vamos a derribar uno de los dichos más populares de la ciencia, eso de que la materia no se crea ni se destruye... **Todo mentira**.

Hemos visto viajes en el tiempo con la paradoja de los gemelos, el nuevo concepto de tiempo, la dilatación del espacio, hemos ido hacia atrás en el tiempo observando lejos en el espacio... Todo es consecuencia de un concepto simple: la velocidad de la luz es la misma para cualquier observador. Pero lo más impactante está por llegar, lo he guardado para el final. Aún nos queda por ver el lado más sorprendente de la relatividad: la idea de materia y energía. La famosa fórmula aparece en camisetas, en anuncios de televisión, en propaganda por la calle, en grafiti... Es parte de la cultura popular, y aunque muy poca gente entiende su procedencia, su trascendencia y su significado, no se puede negar que está muy presente en nuestra cultura. **SACA LA LENGUA 😛 Y SONRÍE COMO EINSTEIN, te presento su obra maestra, su famosa ecuación:**

$$E = mc^2$$

Esta fórmula es una consecuencia directa de lo que hemos visto hasta ahora. Al considerar la velocidad de la luz constante en todo movimiento hemos tenido que cambiar nuestra idea del movimiento mismo, del espacio y del tiempo. Con un nuevo concepto de espacio y tiempo surge una nueva idea de masa y energía. Veamos esto con calma.

La ecuación dice que la energía es igual a la masa por la velocidad a la luz al cuadrado. ¡Qué interesante y cuántas cosas podemos sacar de aquí! La velocidad de la luz es una constante, un número. Con dimensiones, pero un número fijo. Pero lo que esto nos indica es que masa y energía son equivalentes. La masa es un tipo de energía. Muy concentrada, pero es energía. Es una ecuación similar a esta: 1 € = 1.11 USD.

O a esta otra: 1 km = 1,000 m. Euros y dólares, metros y kilómetros, son intercambiables. Están conectados por una constante: el factor de conversión. Nuestra famosa ecuación hace que podamos medir la masa en unidades de energía o viceversa, del mismo modo que medimos el dinero en dólares o euros. Es similar a lo que hacemos con la distancia, que podemos medirla en tiempo, con unidades como el año-luz. En este caso se trata de una medida de tiempo referida a una distancia porque ambas magnitudes están conectadas a través de una constante con unidades: la velocidad de la luz.

La masa es energía. Y está, como hemos dicho, muy concentrada. Tengamos en cuenta que c es la velocidad de la luz, una cantidad muy grande. Pero elevada al cuadrado es enorme. Hace que una cantidad muy pequeña de materia contenga una energía gigante. Un gramo de materia de cualquier cosa, de chorizo por ejemplo, contiene una energía superior a la que se desprende en la explosión de 1,000 toneladas de TNT. Es algo tremendo. Claro que este tipo tan concentrado de energía al cual llamamos materia es también muy difícil de liberar. **Si pudiéramos transformar chorizo en energía, así tan fácil, con un cerdo tendríamos para suministrar a toda España durante varias décadas.**

¡Ay, si hubiera alguna forma de liberar toda esa energía! Bueno, de hecho la hay: es lo que se hace en las centrales nucleares y en las bombas atómicas. Por esto es por lo que se considera a Einstein uno de los padres de esta arma. En cuanto se conocieron las aplicaciones

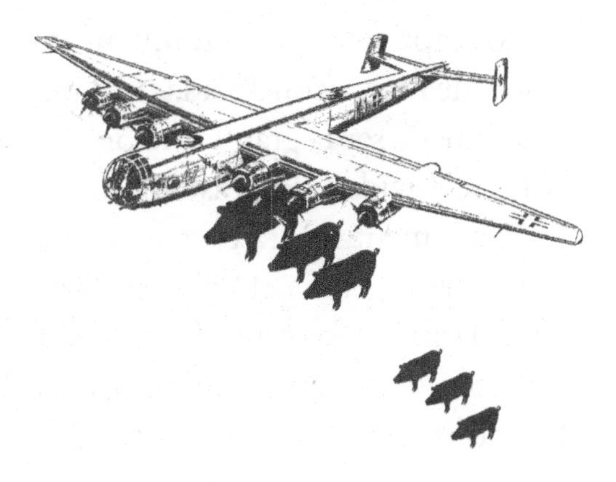

potenciales de su ecuación los gobiernos se lanzaron a una carrera armamentística sin precedentes que culminó con el estallido de dos cabezas nucleares que acabaron con la Segunda Guerra Mundial y la muerte de millones de inocentes en las ciudades de Hiroshima y Nagasaki. Aunque Einstein era un pacifista declarado, en este caso tuvo que hacer una excepción. Siendo emigrante en Estados Unidos firmó una carta cuyo objetivo era acabar con las aspiraciones de dominio mundial de su país de nacimiento, Alemania, entonces gobernada por los nazis. En esa carta, y muy a su pesar, alentaba al presidente Roosevelt para que se lanzara a la construcción inmediata de una bomba atómica antes de que el secreto de su fabricación fuera descubierto por los nazis. El plan para fabricar las primeras armas nucleares se puso en marcha, bajo secreto de Estado, en un laboratorio situado en Los Álamos, en el desierto de Nuevo México. Fue el Proyecto Manhattan, dirigido por otro gran físico, Robert Oppenheimer. En el proyecto trabajaron grandes científicos como Von Neumann, Fermi y otros. La bomba atómica desencadena sin control el poder del núcleo de los átomos, liberando kilotones de energía a partir de un poco de uranio o plutonio.

Pero no todo son aplicaciones bélicas. Con las centrales nucleares somos capaces de generar muchísima energía gracias a este mismo proceso y de forma controlada. El control del núcleo atómico con buenos fines puede ser la gran solución energética del planeta en el futuro.

La relatividad de Einstein es una teoría demostrada y consolidada. Es fundamental para entender muchísimos procesos. Por ejemplo, la energía que genera el Sol, las colisiones de partículas en los aceleradores, la fisión en las centrales nucleares o también el funcionamiento del GPS. Sí, ese sistema que usamos cuando nos perdemos. Para que el GPS funcione correctamente es fundamental la sincronización, es decir, que los relojes en tierra y en los satélites funcionen correctamente y con altísima precisión. Los satélites viajan a unos 14,000 km/h. Esta velocidad es muy alta, aunque está lejos de la de la luz. Sin embargo, dada la precisión requerida por el GPS, y aunque a esa velocidad el retraso debido a la relatividad es minúsculo, el efecto es observable y tiene repercusiones importantes en la precisión de la localización. En 1977, cuando se pusieron los satélites GPS en órbita, se observaba un desfase de unos 38 microsegundos por día. Esto lleva a errores de unos 10 kilómetros por día en caso de que no se corrija. Así que sin la relatividad de Einstein estaríamos perdidos. De hecho hasta con ella, pues con GPS y con todos los mapas del mundo, seguimos perdiéndonos. Pero eso es otra historia.

Einstein ha cambiado la forma en que vemos el espacio, el tiempo y la energía. La teoría cuántica ha desvelado los secretos del mundo microscópico abriendo a nuestros ojos un mundo que parece de fantasía. ¿Qué ocurriría si alguien consiguiera juntar estas dos teorías? La teoría de lo infinitamente pequeño, la cuántica, con la teoría de lo que se mueve a gran velocidad, la relatividad. Seguro que cambiaría por completo la manera en que entendemos el mundo.

Cuando la relatividad y la cuántica se juntan

A finales de siglo XIX, como vimos, los físicos se mostraban muy confiados y orgullosos de lo que habían conseguido: dos teorías que lo explicaban todo y que funcionaban muy bien: el electromagnetismo de Maxwell y la gravedad de Newton. Pero como todos saben... eso estalló. Para completar el panorama surgieron la relatividad y la mecánica cuántica, tipo *patch*. En cierto modo la teoría de la relatividad y la cuántica son dos casos límite, situaciones especiales que se corresponden con velocidades altas y tamaños pequeños (en física decimos "acciones pequeñas"). Pero ¿qué habría que hacer si tenemos un sistema pequeño (cuántico) y que se mueve muy rápido (relativista)? Habrá que fundirlas. COMO GOGETA, LA FUSIÓN DE GOKU Y VEGETA...

Quien consiguió la unión indisoluble de la cuántica y la relatividad en legítimo matrimonio fue Dirac. Partiendo de la ecuación de Schrödinger (el del gato) logró aplicarle la relatividad para obtener la primera ecuación cuántica y relativista a la vez. Esto parece sencillo, tanto como leerlo o escribirlo, pero fue un auténtico logro de un genio. Y es que mientras que la ecuación de la cuántica era lineal, la de la relatividad es cuadrática (la energía está elevada al cuadrado), algo que tiene muchas, muchas, muchísimas consecuencias.

No fue un camino fácil y requirió varios intentos, pero al final se llegó a la ecuación definitiva. La primera sorpresa es que en ella aparecía, sin haberlo esperado, una característica muy especial de las partículas: el espín. Es una propiedad cuántica de las partículas asociada al magnetismo y sobre la cual no es necesario extenderse. Lo sorprendente y agradable es que ahí estaba el espín, como una parte de la ecuación que surgía por sí misma. La segunda sorpresa, sobre la que hablaremos en otra parte del libro, es que la ecuación de Dirac daba lugar a un nuevo tipo de partículas: las antipartículas.

De la aplicación de la cuántica y la relatividad a las partículas y sus interacciones, la evolución de la teoría de Dirac, surge lo que se conoce como teoría cuántica de campos y sus dos famosas versiones: la electrodinámica cuántica y la cromodinámica cuántica. Lo que viene a ser el Modelo Estándar, que no es más que la unión de la cuántica y la relatividad, vamos, una ampliación del trabajo de Dirac.

Entre otras cosas la nueva teoría permite la creación de materia a partir de energía o el proceso contrario, la aniquilación de partículas que desaparecen en forma de energía. Veamos cómo, puesto que es un proceso que va a aparecer en repetidas ocasiones a lo largo de este libro. **DE IGUAL MANERA QUE DE UNA CHISTERA VACÍA UNO NO ESPERA QUE SALGA UN CONEJO, DEL ESPACIO VACÍO UNO NO ESPERA QUE SURJA UNA PARTÍCULA.** Lo primero, si lo ves ocurrir, no lo dudes: es magia. Para lo segundo sí hay una explicación: es ciencia. El principio de incertidumbre del que antes hablamos tiene un efecto muy particular: dos magnitudes conjugadas (como la posición o el momento) no se pueden conocer con exactitud de forma simultánea. Ya lo hemos visto: cuanto más sabes de una menos sabes de la otra (a cierta escala). Pues bien, esto permite durante un breve instante de tiempo que se viole el principio de conservación de la energía y que durante ese pequeño lapso se cree energía de la nada. Y como la masa es una forma concentrada de energía (recordemos: $E = mc^2$), este principio también permite la aparición espontánea de materia. Eso sí, durante un periodo muy corto. Así que el vacío hay que imaginarlo como un medio muy agitado, cargado de partículas que se crean y destruyen en una fracción mínima de segundo. Es lo que se conoce como partículas virtuales.

Cuando se concentra energía en el vacío se puede conseguir que estas partículas virtuales escapen y se hagan visibles. Es lo que ocurre en las estrellas de muchos tipos y en los aceleradores de partículas. Este concepto es muy importante, porque nos permite explorar el universo más allá de la materia tangible y crear elementos que no son parte de nuestro entorno físico. A un lector de este libro ya no le debería extrañar que un neutrón se desintegre dando lugar a un protón, un electrón y un antineutrino o que en una colisión de dos protones aparezcan como parte del producto final cuatro electrones. Al contrario de lo que se solía decir hace mucho tiempo, **LA MATERIA SÍ SE CREA Y SÍ SE DESTRUYE.** Es una de las magias de la física moderna, de la unión de cuántica y relatividad, de nuestro gran amigo el Modelo Estándar.

Y al fin el Modelo Estándar

El Modelo Estándar es la suma de dos grandes esfuerzos por conocer la naturaleza: las partículas y sus interacciones. Las partículas forman la materia, como los ladrillos de todo lo que nos rodea. Las interacciones serían el cemento que hace que se mantengan unidas, aunque también hacen lo contrario, que se separen.

De partículas tenemos unas cuantas. Las de materia son lo que se llaman fermiones, que se dividen en *quarks* y leptones, como ya vimos al principio, pero vamos a repetir algunos detalles, porque son fundamentales para comprenderlo todo. Los leptones no sienten la fuerza fuerte, mientras que juntando *quarks* obtenemos por ejemplo los protones y neutrones. En general se unen en grupos de tres *quarks* que llamamos bariones. Por otro lado completamente distinto tenemos los bosones, los mediadores de las fuerzas. Son las partículas mensajeras: fotones, bosones W y Z y el gluón.

Para definir las interacciones tenemos la fórmula que vimos al principio, el lagrangiano del Modelo Estándar. La teoría cuántica de campos une la relatividad con la cuántica y es capaz de predecir el comportamiento de cualquier partícula o fenómeno físico. Hasta aquí todo bien, pero varios científicos en la década de 1960 se dieron cuenta de que faltaba algo. La ecuación describe a todas las partículas del universo (*quarks*, leptones, bosones) pero... como si no tuvieran masa. Algo fallaba, porque las partículas sin masa, como los fotones, se mueven siempre a la velocidad de la luz. No podía ser, había que encontrar una forma de que las partículas se detuvieran, adquirieran masa. Hay una importante relación entre movimiento y masa, fenómeno que lleva directamente a uno de los enigmas del universo que llevaba más de trescientos años rondando la cabeza de los grandes físicos de la humanidad: ¿qué es realmente la masa?

Vamos a recapitular. En torno a 1670 un joven Isaac Newton describe la ley de la gravitación universal, uno de los mayores hitos científicos de la historia. Con esta ley Newton consigue describir matemáticamente la fuerza de la gravedad como una acción entre cuerpos con masa. Pero fue incapaz de encontrar cuál era el mecanismo que producía esta fuerza. Vamos, que respondía a la pregunta de ¿cuánto?, pero no a la de ¿cómo? En 1915 Albert Einstein desarrolla su teoría general de la relatividad, una ampliación de la teoría de Newton compatible con su relatividad especial y la teoría electromagnética. Einstein no sólo corrige las fallas —o mejor limitaciones— que la ley de la gravitación de

Newton presentaba, sino que además permite entender el mecanismo que hay detrás de la gravedad: la fuerza gravitatoria es producto de la curvatura del espacio-tiempo producida por la masa **(NO SUFRAS: EN OTRO CAPÍTULO LO ACLARAREMOS UN POCO MÁS).** Sin embargo, Einstein no dijo nada sobre los agentes de la gravedad, las fuentes de esa fuerza... La masa. ¿Qué es la masa? Ni Newton ni Einstein fueron capaces de dar una respuesta a esta fundamental pregunta.

Hoy creemos tener una respuesta. Un desarrollo conjunto de científicos entre los que se encuentran François Englert, Robert Brout, Gerald Guralnick, Carl Hagen, Tom Kibble y Peter Higgs dio con lo que se conoce como "mecanismo de Englert-Brout-Higgs-Guralnick-Hagen-Kibble" o "mecanismo de Higgs" para los amigos. La cuestión es encontrar una forma de incluir en el lagrangiano del Modelo Estándar algo que tenga un efecto equivalente a lo que conocemos como masa. Si observan la ecuación famosa de la segunda ley de Newton:

$$F = ma$$

Vemos que la masa es un factor relacionado con el movimiento, en particular con la aceleración. La masa nos dice cuán fácil o difícil es acelerar un cuerpo: cuanta más masa tiene un cuerpo, mayor tiene que ser la fuerza para acelerarlo. Esto es de sentido común: **es más difícil acelerar un piano que una silla** porque el piano tiene más masa. Así que una opción es incluir en el lagrangiano una especie de interacción de la materia con algo que dificulte el cambio de movimiento.

El problema es que el lagrangiano es como una buena pizza: le puedes poner tomate, queso, champiñones... **pero no le puedes** poner zanahoria, lentejas o piña, POR MUCHO QUE ALGUNOS SE EMPEÑEN. Hay muchas restricciones matemáticas y físicas a lo que se puede incluir en el lagrangiano. Los citados científicos (entre ellos el famoso Peter Higgs) dieron con una forma "sencilla" (de hecho la más simple posible) de producir un efecto equivalente al de la masa dentro del lagrangiano y que encaja perfectamente en el Modelo Estándar.

Imaginemos que por todo el universo hay presente un campo —como el electromagnético, aunque no es igual— que no podemos ver pero que está continuamente interaccionando con la materia, haciendo que a ésta le sea difícil cambiar su estado de movimiento. Es decir, si la materia no se mueve o se mueve a velocidad constante, este campo no actúa. Sin embargo, cada vez que quieres cambiar el movimiento de un cuerpo (acelerarlo o frenarlo), entra en escena. Este "campo de Higgs" habría que visualizarlo como una "fricción" o "rozamiento" que actúa dificultando el movimiento. Veámoslo con una analogía, que no es perfecta, pero ayuda a comprenderlo.

Imaginemos una piscina vacía, de esas olímpicas, que es nuestro universo. En ella situamos a cinco personas, cinco físicos de partículas, que se mueven sin dificultad por el fondo de la piscina. Ahora llenamos la piscina de agua hasta la cintura. Esas cinco personas ahora tendrán más dificultad para moverse. Es la viscosidad del agua la que les frena. Y es un agua que está presente en cada lugar de la piscina (nuestro universo). Esas cinco personas serían cinco partículas y el agua es el campo de Higgs. Y lo mismo que si golpeas la superficie del agua aparece una olita, si "golpeas" el campo de Higgs aparece una excitación de campo: un bosón de Higgs. Es esta partícula una predicción fundamental del Modelo Estándar y su detección reciente la demostración de que el universo está inmerso en un campo de Higgs.

Esta pequeña analogía tiene una ligera falla. En la piscina el rozamiento que produce dificultad frente al movimiento es un impedimento en sí mismo. En el caso del campo de Higgs no es al movimiento, sino a la aceleración, a los cambios de movimiento. Es ahí donde tiene lugar la acción. Además este "rozamiento" (la interacción con el campo de Higgs) es selectivo: no se produce igual con todas las partículas, sino que es diferente para cada una de ellas. Hay partículas que tienen mucho *feeling* con el campo de Higgs, es decir, que interactúan mucho con él. Pero otras apenas lo pueden sentir. Las que interaccionan más con el campo de Higgs son partículas más resistentes a los cambios de movimiento. Dicho de otra manera, es más difícil acelerarlas porque tienen más masa. Las partículas que "pasan" más del campo de Higgs sufren menos sus efectos y es más fácil acelerarlas y frenarlas. Vamos, que tienen menos masa. Es una preciosa relación directa entre masa y movimiento a través del campo de Higgs. Esto se puede visualizar con otra analogía.

Supongamos que se organiza una fiesta con muchos invitados en una gran sala. Luces apagadas, gente joven y **música de Shakira.** En ese momento llega un chico flaco, despeinado, con granos y muy feo... **CREO QUE ES UN INGENIERO INFORMÁTICO.** El chico se pasea por la fiesta y según camina la gente le va abriendo hueco, se mueve sin dificultad por la fiesta. En otro momento **irrumpe PIQUÉ EN LA SALA**. Las chicas se le tiran encima, y algunos chicos también, Piqué tiene problemas para moverse, porque además lo va twiteando todo: "Hola, miren mi linda barba"; "Miren qué pelo llevo"; "Vamos a hacer un Periscope"... **A Piqué le cuesta mucho MOVERSE.** En esta analogía los invitados a la fiesta son el campo de Higgs que dificulta el movimiento en la sala. Pero no lo hace igual para todos. Así el ingeniero informático representa una partícula sin masa: como un fotón, no encuentra dificultad para moverse e interacciona poco con el campo. Por el contrario Piqué y su tupé representan una partícula con masa, como un protón, que tiene más difícil moverse por la sala debido a la acción del campo de Higgs. De nuevo esta analogía no es perfecta porque el campo de Higgs no dificulta el movimiento de una partícula, sino, recordemos, tan sólo los cambios de movimiento: la aceleración y desaceleración de la partícula.

El campo de Higgs completa el Modelo Estándar, evita que éste se desmorone (sin el campo de Higgs la teoría de campos que describe la fuerza electrodébil no tiene sentido físico) y además explica de forma elegante cómo las partículas adquieren masa. Se cierra así el trabajo iniciado por Newton y mejorado por Einstein. El descubrimiento del bosón de Higgs después de más de cuarenta años de búsqueda es un grandísimo paso en la comprensión de la naturaleza. Ha afianzado el Modelo Estándar como la mejor teoría disponible hasta el momento para describir el comportamiento cuántico de nuestro universo.

$$
\begin{aligned}
\mathcal{L} = & -\tfrac{1}{4} F_{\mu\nu} F^{\mu\nu} \\
& + i \bar{\psi} \not{D} \psi + h.c. \\
& + \psi_i y_{ij} \psi_j \phi + h.c. \\
& + |D_\mu \phi|^2 - V(\phi)
\end{aligned}
$$

Y aquí vemos de nuevo la famosa formulita, el lagrangiano del Modelo Estándar, la ecuación última que describe el comportamiento de cualquier cosa que ocurre en el universo, la realidad final, el culmen de más de dos mil años de búsqueda de la comprensión de la naturaleza.

Hemos llegado al final del camino. Tenemos una teoría completa, simple, precisa, que con pocos elementos consigue explicar una gran variedad de fenómenos físicos. Una teoría perfecta. Bueno, si fuera así no seguiríamos haciendo física. Y es que hay preguntas que el Modelo Estándar no es capaz de responder...

3

MÁS ALLÁ DEL MODELO ESTÁNDAR: LA FÍSICA DEL FUTURO

La sal y el azúcar sólo se distinguen a escala atómica. Cuando los estofados enfrían y descansan, se armonizan los aromas. Las papas fritas son un derecho universal, pero las papas cocidas suponen un deber. La salsa romesco y el bizcocho de huevo recién hechos saben a rayos aunque cuando enfrían son una delicia. Pero cómete la sopa caliente, que fría no vale nada. Y la mejor tortilla española, cocinada al momento, fría o recalentada, es una maravilla. Son fenómenos que entenderíamos mejor si los enfocáramos desde la mecánica cuántica.

Alberto Vivó, biotecnólogo y buen comensal (Big Van)

Una ecuación para gobernarlos a todos

La física fundamental tiene como objetivo entender mejor el funcionamiento del universo. Quizá sea "¿por qué?" la pregunta que más se repite en esta rama de la física fundamental, y se dirige a cada una de las cosas que observamos en nuestro mundo. Lo cierto es que parece que lo que nos falta por saber se multiplica cada vez que aprendemos algo nuevo. Da la sensación de que cuanto más sabemos, más ignoramos. Pero... ¿hay un límite a esta ignorancia? ¿Habrá algún día que digamos: "**YA LO SABEMOS TODO**"?

No estamos seguros, resulta difícil de prever. Sin embargo, hay un pensamiento compartido por gran parte de los físicos, y es que tiene que haber una explicación sencilla para todo lo que ocurre en el universo. Una explicación final y completa. Puede que esto sea una intuición o una mera creencia, pero la mayoría piensa que debe haber un principio básico del que surgen todos los fenómenos que se observan. Se cree que el universo ha de ser bello, que la naturaleza responde a principios simples. Se cree en la armonía y elegancia de nuestro mundo. Es filosofía pura y resulta difícil definir lo que es bello y lo que no lo es, muy en especial en ciencia, pero muchas veces éste ha sido un principio discriminador a la hora de optar por una teoría u otra. Y no sólo en nuestros tiempos: también en la cuna de nuestra civilización los grandes filósofos griegos, de los que tanto hemos heredado, creían en la simplicidad y la belleza.

De que el universo muestra su lado más armónico, unificado y sencillo tenemos algunas pruebas. Por ejemplo las múltiples unificaciones que se han producido a lo largo de la historia de la ciencia. Unificar es simplificar: tienes dos cosas que se explican de dos maneras y al final resultan ser sólo una con una única explicación. Así nos queda algo más sencillo, más elegante. Esto sucedió con la gravitación universal y la gravedad terrestre, a través de las leyes de Newton; con la electricidad y el magnetismo, por medio de las leyes de Maxwell; o con el electromagnetismo y la fuerza débil en el Modelo Estándar. Parece que avanzamos hacia un conocimiento más simplificado y completo de la naturaleza. Buscamos una "ecuación" única que describa todo, como en El Señor de los Anillos: una ecuación para gobernarlo todo. Algo así.

Es, sin embargo, increíble que toda la diversidad que se observa pueda reducirse a un principio básico. Miremos por la ventana, la variedad de cosas que se aprecian: las nubes, el viento, la luz, el Sol, el agua, los coches, los colores, el sonido, las piedras, los cristales... Que todo se pueda explicar, entender e incluso predecir con una única ecuación parece una locura. Pero una locura, por suerte, realizable.

Si no se cree, no hay más que mirar el Modelo Estándar. Es bueno, muy bueno, a este respecto. Con él hemos llegado a entender la electricidad, el magnetismo, la fusión del átomo y también sus desintegraciones... Muchas cosas. Cualquier fenómeno descrito en un libro de texto se puede explicar en última instancia usando el Modelo Estándar. Pero aun así no es perfecto. En nuestra búsqueda de la teoría completa y final, el Modelo Estándar es un buen pasito adelante, pero no es el último paso. Aún queda mucho camino. Veamos algunas de las cosas que siguen sin encajar completamente en nuestra teoría.

La gravedad

Es la fuerza que nos mantiene pegados a la Tierra, y resulta curioso que de las cuatro fuerzas que hoy en día conocemos fuera la primera que se analizó y plasmó en ecuaciones y, a la vez, sea la que más misteriosa nos parece. La primera persona que explicó con acierto la gravedad fue Isaac Newton. Con su ley de la gravitación universal pudo expresar la gravedad como una fuerza de atracción entre dos masas que decrece a medida que esas masas se separan. Ya sabemos por qué la manzana cae: la masa de la Tierra la atrae. Pero también por qué la Luna gira alrededor de la Tierra: es la atracción mutua la que la mantiene en órbita.

Sin embargo, había algunas cosas que no encajaban bien en la teoría de Newton. La "acción a distancia", que la gravedad funcione sin que los cuerpos se toquen, sin fricción, SIN PERREO. Eso era extraño. ¿Cómo podía ser? ¿Cómo se comunica esta fuerza? ¿Cómo sabe la Tierra que ahí está el Sol? Isaac no tenía una solución a este problema, pero era consciente de que había algo raro. A falta de más datos, su teoría explicaba bien lo que pasaba, el qué e incluso el cuánto, pero nunca el porqué. Y esto es algo que en ciencia siempre se busca.

La solución sólo estaba al alcance de un genio a la altura del propio Newton: Albert Einstein. Como hemos visto, su trabajo comenzó a principios del siglo XX, con la elaboración de la teoría de la relatividad, que partía de un principio básico y poco intuitivo: la velocidad de la luz es un invariante, es igual para todo el mundo. Einstein era una persona obsesiva y que vivía de la ilusión de vencer nuevos retos. Apenas estaba saboreando el éxito de la relatividad especial cuando quiso embarcarse en un viaje aún más escabroso. Su objetivo era definir una nueva teoría de la gravedad compatible con su relatividad especial y que explicara el movimiento de todos los cuerpos, pero esta vez resolviendo el problema de la acción a distancia. Como él mismo había indicado, nada puede viajar más rápido que la luz, así que la gravedad tampoco. Es lo que acabó conociéndose como teoría de la relatividad general. Muchos grandes científicos lo alertaron de la dificultad de lo que pretendía y él mismo era consciente de ello.

Tardó algo más de diez años en dar con la respuesta. En parte porque requería de unas nuevas matemáticas apenas usadas en física y que tuvo que aprender para desarrollar su teoría. Le ayudó un gran amigo matemático, Marcel Grossmann, y de este modo alcanzó una teoría mucho más compleja, más completa y más bella que la relatividad especial. De hecho se dice a menudo que es la creación científica más hermosa dentro de la física. Pero ¿en qué consiste la relatividad general?

Einstein resolvía los problemas físicos a través de imágenes simples. Si con la relatividad especial fue la imagen de él mismo corriendo junto a un rayo de luz, para la relatividad general se vio cayendo al suelo. Literal. La solución al problema de la gravedad le vino a Einstein como una intuición, experimentando la sensación de ingravidez momentánea al caer de una silla. Dijo que ésta fue su idea más feliz y seguramente lo sea. En términos más técnicos es lo que se conoce como "principio de equivalencia". Veamos cómo funciona. Imaginemos que estamos en un ascensor completamente cerrado. ¿Somos capaces de distinguir cuándo sube y cuándo baja? Pero sin ver los números en la pantallita, ***no seas tramposo.*** Si nunca has hecho esta experiencia, pruébala. A mí (de acuerdo, es cierto que soy muy friki) cada vez que lo hago se me dibuja una sonrisa y pienso que estoy poniendo a prueba una de las ideas más brillantes de la ciencia. Mis vecinos piensan que estoy loco. Pero me da igual: **MI VECINO DE ABAJO PONE VILLANCICOS EN JULIO, QUE ES PEOR**. En fin, si alguna vez te has fijado en esto, sabrás la solución: cuando el ascensor sube sientes como que pesas más. Y cuando baja parece que vas a flotar, como si pesaras menos. En realidad pasa algo parecido en los coches: cuando aceleras sientes que te pegas contra el asiento, y al revés. No es ningún descubrimiento maravilloso: lo que está pasando se llama inercia y se conoce desde hace mucho tiempo.

Lo que igual sí es nuevo para ti es el siguiente paso que dio Einstein. Observó que esa extraña fuerza que surgía al moverse en el ascensor era sospechosamente parecida a la fuerza de la gravedad. Ahí surge el principio de equivalencia que da origen de la teoría de la relatividad general. De hecho se puede simular la gravedad de esta manera. Imagínate que te encuentras en el espacio exterior, en una nave, y estás ingrávido. En ese momento activas la propulsión y aceleras. El empuje que vas a sentir en dirección contraria al movimiento, similar al caso del coche cuando se acelera, es imposible de distinguir de la gravedad. Colonias espaciales como la que se ve en la película *Interstellar* (las llamadas "colonias de O'Neill") usan este principio para crear gravedad artificial similar a la de la Tierra con el fin de que un día podamos vivir en el espacio. Y aquí surge la gran cuestión: si el efecto de la gravedad es como el de un movimiento acelerado, ¿podremos estudiar la gravedad usando este movimiento? Pues sí, así es. Es posible. Porque los efectos y propiedades del movimiento ya los entendemos gracias a la relatividad especial. **¡Bravo!** Ésa fue la idea feliz de Einstein.

La gravedad es equivalente a un movimiento acelerado, pero ¿qué ocurre con la relatividad en un movimiento acelerado? Esto es más difícil de ver y dejo para el que quiera profundizar en el tema algunas referencias. Lo que ocurre en un movimiento acelerado en relatividad es que el espacio y tiempo se curvan. ¿Qué quiere esto decir? Pues que se distorsionan, cambian de forma, se contraen o dilatan, como ya vimos en otro capítulo. Y como la gravedad es indistinguible de un movimiento acelerado, podemos concluir que éste es el efecto que tiene la gravedad sobre el espacio, el tiempo (en física se prefiere decir espacio-tiempo, puesto que en relatividad están ligados) y el movimiento. Veámoslo con un poco más de detalle.

La distorsión del espacio-tiempo

Quitemos una dimensión e imaginemos el espacio como una lona estirada y plana. No hay materia. Ahora situamos una estrella, con mucha masa, en el centro. La lona se va a hundir en el punto donde hemos situado la estrella. Decimos que ha distorsionado el espacio-tiempo. Ahora las cosas en el entorno de la estrella van a suceder de forma diferente. Tanto el tiempo como el espacio allí ya no son iguales que en el resto de la lona.

Ahora lanzamos un planeta, de menor masa, hacia la estrella. Es la propia hendidura de la lona causada por la estrella la que va a hacer que el planeta gire alrededor de la estrella. La atracción no es cosa de la estrella ni del planeta, sino un resultado de la deformación de la lona. Como consecuencia, el planeta ya no se mueve en línea recta, sino que comienza a dar vueltas alrededor de la estrella. Esta analogía hay que tomarla con precaución. Es muy visual y cercana, pero no es perfecta, principalmente porque el espacio está representado en este símil por una superficie, la lona. Pero el espacio es tridimensional. Nuestro universo se distorsionaría en las tres dimensiones del espacio y también en el tiempo. Esto es algo difícil de imaginar e imposible de representar en un papel.

Ahora está el problema de demostrar que esta teoría es cierta. Para ello recordemos cómo funciona el método científico: tenemos que confirmar la teoría por medio de las predicciones que hace. Y en este punto Einstein consiguió demostrarlo por partida doble. En primer lugar usando un viejo problema de la gravitación de Newton. Se había observado una anomalía en la precesión del perihelio de la órbita de Mercurio. **Esto, dicho en palabras técnicas.** Lo que ocurría es que no se entendía muy bien un pequeño efecto en la órbita de este planeta, hasta tal punto que algunos astrónomos llegaron a predecir la existencia de otro planeta aún más cerca del Sol. Incluso le pusieron nombre: Vulcano. Este fenómeno era todo un defecto de la gravedad de Newton, pero con la nueva teoría de Einstein se podía explicar fácilmente. Adiós a Vulcano y PRIMER PUNTO PARA EINSTEIN.

Aunque la victoria en el partido y la fama mundial las conseguiría con el segundo golpe de efecto. En la teoría de Einstein no sólo la materia —la masa— deforma el espacio-tiempo y produce un efecto en el resto de los cuerpos, como planetas o estrellas. También la energía curva el espacio-tiempo y su movimiento está sujeto a la curvatura de éste. Entonces es posible que un cuerpo muy masivo curve la trayectoria de la luz. Los fotones no tienen masa, pero… tienen energía. Desviar la luz en un campo gravitatorio es algo imposible en la teoría newtoniana. Si se demostraba, la teoría de Einstein ganaría muchísimos puntos. La idea era la siguiente: observar la desviación de la luz al pasar ante un cuerpo muy grande y masivo. Como luz podemos usar la de una estrella. Y como cuerpo masivo… ¡el Sol! Según Einstein, en un momento en que el Sol se colocara entre esa estrella y la Tierra, la masa solar debería desviar la luz de la estrella de forma que la veríamos desplazada con respecto a donde debería estar en realidad.

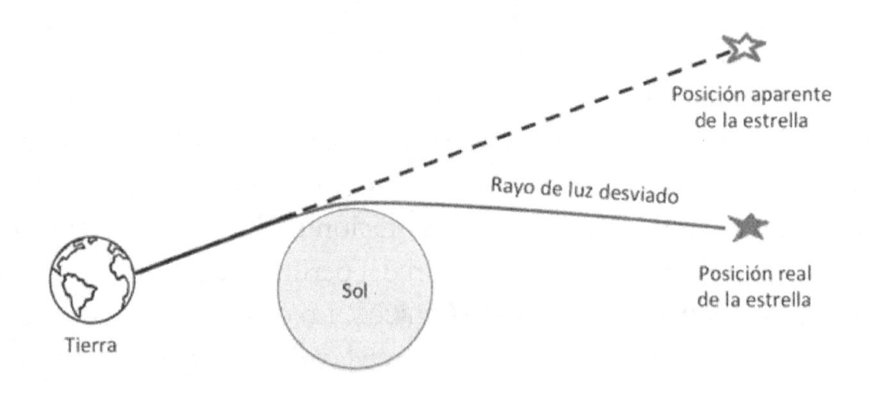

Ahora bien: hay un problema que seguro que ya se ha detectado: ¿cómo vamos a ver una estrella de día? Pues fácil: habrá que esperar a un eclipse total de Sol. Einstein era un tipo listo y sabía que en 1919 habría un eclipse total. Además tenía buenos admiradores, entre ellos ilustres científicos. Arthur Eddington, gran científico y muy fan de Einstein, viajó en 1919 hasta la isla del Príncipe, cerca de África, no porque quisiera pasar unas vacaciones, sino porque era el lugar ideal para observar el eclipse. Tuvo suerte, porque se podía haber tocado algo menos exótico, como Islandia o Soria. Fue, realizó el experimento y a su vuelta contó lo que había visto. No habló de las playas de la isla, pero sí del eclipse y del efecto del Sol en la luz de las estrellas en su entorno. Y lo que vio encajaba perfectamente con lo que la relatividad general predecía, lanzando a Einstein al estrellato y confirmando la validez de su teoría de la gravedad. Desde entonces no se ha puesto en seria duda la teoría de la relatividad y todos los efectos que ha predicho se han observado en múltiples ocasiones. Muy en especial tras el reciente descubrimiento de las ondas gravitacionales, otra de las predicciones de la teoría de la relatividad general que ha tardado un siglo en observarse.

Confirmada la relatividad tocaba aprender de ella. Como vemos, con la relatividad se resuelven los problemas de la vieja teoría de Newton: ya no hay acción a distancia, es la distorsión del espacio y el tiempo lo que produce la atracción. Y es una distorsión que se propaga en el espacio de forma progresiva, a la velocidad de la luz. Así, si de repente un alienígena se llevara el Sol (como hacían en los minions con la Luna) esto haría que el espacio y el tiempo de repente se aplanaran en su entorno (es como quitar la bola de la lona: vuelve a su forma original, plana). Este cambio se propagaría por el espacio como una onda a la velocidad de la luz. Sólo ocho minutos después la Tierra "se enteraría" de que el Sol no está y comenzaría a vagar en línea recta por el universo.

La relatividad general tiene el atractivo de ser una teoría que trata el espacio, el tiempo y la materia de una forma muy armónica. Como dijo John Wheeler muy acertadamente: "La materia le dice al espacio cómo curvarse; el espacio le dice a la materia cómo moverse". Además ya entendemos el por qué y el cómo de la gravedad. La curvatura del espacio-tiempo causada por la materia produce lo que percibimos como atracción. Y por si fuera poco Einstein lo hace con una teoría matemática completa (muy complicada), además de bella y elegante. **TRESCIENTOS AÑOS DESPUÉS DE NEWTON ENTENDEMOS LO QUE ES LA GRAVEDAD.**

El problema de la unificación

Entonces... ¿dónde está el misterio? ¿Qué problema hay con la gravedad? Hemos dicho que estamos buscando una teoría única que englobe todo. Hemos unido la electricidad y el magnetismo; hemos entendido las fuerzas nucleares débil y fuerte y hemos integrado todo en el Modelo Estándar. ¿Qué pasa con la gravedad? Ése es el problema: **LA GRAVEDAD VA POR LIBRE.** Aunque tenemos una teoría cuántica unificada para las fuerzas eléctrica, magnética, fuerte y débil, la gravedad está completamente descolgada. No hay forma de integrarla, no se consigue de ninguna manera. **Y no es BULLYING.** La gravedad no está incluida en el Modelo Estándar porque es... diferente. No rara, sólo diferente. Ello se debe a su propia naturaleza.

La gravedad queda descrita por la relatividad general que es una teoría geométrica del espacio-tiempo. El resto de las fuerzas quedan descritas en el Modelo Estándar por medio de la cuántica, que es una teoría caótica y frenética, de probabilidades y fluctuaciones. Juntarlas es como intentar cruzar un husky con un chihuahua o una hormiga con un elefante. Misión imposible. Parecen dos bandos, como los Latin Kings y los *skinheads*. Cada vez que se intentan unir acaban, pues... **¿Cómo acabaría una merienda entre *latins* y *skins*?** Pues eso, más o menos.

Entonces, ¿por qué no abandonar la relatividad general y hacer una teoría cuántica de la gravedad? Esto parece una buena idea y se ha intentando, pero de nuevo... ¡fracaso! Y es que la raíz del problema está en la propia gravedad, que es muy especial. Es una fuerza que no tiene nada que ver con las demás. La gravedad, aunque no lo parezca, es extremadamente débil. Para comprobar esto no hay más que hacer un experimento sencillísimo: toma un imán y un clip. Pega el clip al imán y ponlo boca abajo: el clip no cae al suelo. Están compitiendo por llevarse el clip toda la masa de la Tierra y un mísero imán de refrigerador. ¡Y gana el imán! Es como poner a competir al juego de la soga a cien mil millones de personas contra un niño, y que gane el niño. Como mínimo esas personas tienen que tener anemia. Pues sí, la fuerza de la gravedad es anémica. ¡Atención! La gravedad es algo así como 10^{36} veces (un uno seguido de 36 ceros: prueba a escribirlo para darte cuenta del tamaño de este número) más débil que la fuerza electromagnética. Entonces, si es tan débil, ¿por qué la sentimos tanto? Porque es aditiva. Es decir, siempre suma. Poquito a poquito, grano a grano, pero siempre suma. **Como el Cholo Simeone partido a partido**. No existe algo así como una masa negativa que compense o cancele la gravedad. La masa siempre atrae. Y la Tierra tiene tanta masa que aunque un pedacito de Tierra te atraiga poco, sumando todo el planeta la atracción se hace apreciable. La fuerza eléctrica, por el contrario, tiene cargas negativas y positivas, unas atraen y otras repelen, según los casos. Pero en su conjunto la materia tiende a ser neutra, lo que hace que la fuerza electromagnética total sea cero.

Que la gravedad sea tan débil hace que tenga que estudiarse a gran escala, en sistemas enormes y masivos como estrellas, planetas o **cantantes de ópera**. Cuando vamos al mundo cuántico la gravedad se hace tan ridícula que es imposible hacer experimentos con ella. Sin experimentos no hay teoría y sin teoría toca llorar. La verdad es que no estamos ni remotamente cerca de una teoría cuántica de la gravedad. Así que tenemos dos bandos: por un lado la gravedad, vía relatividad general; por el otro el resto de las fuerzas, que van más a lo cuántico. Y por más que se intenta integrar a la gravedad, ésta se hace la loca. Bueno, pues si esto es así ¿cómo le hacemos?

En principio el problema no parece tan grave porque relatividad y cuántica pueden coexistir de forma independiente. Es como en un taller: si necesitas clavar un clavo usas un martillo; si necesitas apretar un tornillo utilizas un destornillador. En física de partículas, en colisionadores, en física atómica, en todos esos laboratorios frikis, la gravedad es tan sumamente pequeña que podemos trabajar sin considerarla. Usamos la cuántica e ignoramos la relatividad porque trabajamos con sistemas pequeños, cuánticos, TIPO HORMIGA. Los que trabajan en cosmología, estudiando las galaxias y las estrellas, lo que es la astrofísica, que tiene laboratorios también muy frikis, los efectos cuánticos son tan pequeños que se pueden ignorar por completo. Se usa la relatividad y se ignora la cuántica. Son sistemas muy masivos, tipo oso. Pero ¿qué ocurre si tenemos sistemas muy pequeños, tan pequeños que los efectos cuánticos sean importantes, pero lo bastante masivos como para que no se pueda ignorar la relatividad? **UN OSO HORMIGUERO...** ¿Qué hacemos con él? ¿Usamos la cuántica? ¿Usamos la relatividad? La respuesta es no. Y no. Son sistemas que hoy en día no se pueden estudiar porque necesitan de una teoría combinada que no existe. Nos hace falta una gravedad cuántica.

¿Y qué es ese oso hormiguero? ¿Algo así existe? La respuesta quizá ya la han adivinado. Se trata de sistemas muy importantes para comprender el universo, algo tan bonito y apasionante como los agujeros negros y el mismísimo Big Bang, el origen de todo. Pues bien, son sistemas que hoy en día no se pueden estudiar bien porque no tenemos ninguna teoría que encaje. Y mientras esa teoría de la gravedad cuántica se nos resista seguiremos sin entender bien el origen del universo y los agujeros negros. Todo seguirá siendo un gran enigma.

Integrar la gravedad en el Modelo Estándar tiene un interés más allá de lo meramente estético. Es verdad que resulta más bonito o más elegante tener una teoría que dos, pero es que además nos hace falta para comprender mejor nuestro universo.

Materia oscura

Nos introducimos en el lado oscuro DEL UNIVERSO. Una de las cosas que mejor se han hecho en física es la elección de los nombres. Creo que todos están de acuerdo conmigo en que denominaciones como agujero negro, materia oscura, Big Bang, agujero de gusano, supernova...

tienen un gancho indiscutible. Es un producto de marketing excelente. Se podría comparar con los nombres que le ponen a bacterias y bichos raros, pero tampoco vamos a entrar en cuestiones delicadas de celos profesionales. No tiene sentido. Todas las áreas de la ciencia son interesantes e importantes. Sólo que la física es más *cool*. Los nombres de materia oscura y energía oscura son incluso más llamativos. Con *Star Wars* y el lado oscuro los chistes son GENIALES. Pero más allá de tener un nombre tan sugerente, empecemos por el principio: ¿qué es realmente la materia oscura?

Primero hay que indicar, para evitar confusiones, que materia oscura y antimateria son cosas muy diferentes. Tampoco tiene nada que ver con la energía oscura o los agujeros negros. De hecho la respuesta correcta a la pregunta "¿qué es la materia oscura?" sería simple y llanamente "no lo sabemos". Pero no porque no se haya estudiado, es que es uno de los enigmas más interesantes y bonitos de la física moderna.

Las primeras décadas del siglo XX fueron absolutamente frenéticas para la física. Con la llegada de la relatividad general y las mejoras técnicas en la observación del cielo vino una auténtica revolución en la manera de ver el universo. Sí, así, sin exagerar. De lo que hoy sabemos sobre el cosmos la mayor parte se descubrió en apenas treinta o cuarenta años del siglo pasado. Locura absoluta. Entre los hallazgos, la existencia de ese nuevo tipo de materia que hoy conocemos como materia oscura.

Todo comenzó una preciosa y cálida mañana de sábado... Bueno, eso no lo sé, pero es que **quedaba muy poético**. Lo que sí se sabe es que era el año 1933. Fritz Zwicky, un científico del Caltech, observa algo raro en un cúmulo de galaxias. Dado que el movimiento de los cuerpos en una galaxia es producido por la gravedad y la gravedad está causada por la masa, observando cómo se mueve algo se puede saber mucho sobre la masa del sistema. Además esta masa también se puede obtener a través del brillo de las estrellas. Por lo tanto tenemos dos medidas, ¿qué hacemos con ellas? Pues las comparamos. Al hacerlo, hay una sorpresa. La masa obtenida con el movimiento y la masa resultante de contar estrellas debería ser la misma o parecida. Pero no: se vio que era unas cuatrocientas veces mayor la primera. Así que o la teoría que se estaba aplicando no era correcta o había mucha masa en ese cúmulo que no se veía. Ir en contra de la teoría de la relatividad de Einstein no parecía muy alentador, y así es como empezó esta búsqueda de la materia faltante, o como decimos hoy, materia oscura. Una búsqueda que dura ya casi un siglo.

¿O sea, que estamos buscando algo que ni siquiera se ve? ¿CÓMO SE COME ESO? Bueno, tampoco es tan raro. ¿Acaso tomando una caja de pizza no sabrías decirme si está la pizza dentro o ya se la han comido? ¿No podrías distinguirlo por su peso, sin ver la pizza? Pues algo así ocurre con la materia oscura. Además, esto de la predicción es algo común en física. Que no veamos algo no significa que no lo podamos medir o estudiar, sólo que lo hacemos de forma más limitada. Podemos sentir sus efectos de forma indirecta e intuir su existencia. De hecho es así como se descubrió el planeta Neptuno. Se había observado un comportamiento extraño en la órbita de Urano que no se podía entender. Era como si hubiera algo ahí que estuviera jalándolo. Sin verlo, solamente observando sus efectos, dos astrónomos, Le Verrier en Francia y Adams en Inglaterra, fueron capaces de predecir la existencia de Neptuno e indicar dónde estaba. Con la materia oscura ocurre algo similar.

Obviamente la observación de Zwicky, por sí misma, era demasiado débil para considerarla en serio. Tuvieron que pasar cuatro décadas para que la materia oscura se pusiera en verdad de moda. En 1975 Vera Rubin anunció un increíble descubrimiento sobre la rotación de las estrellas en las galaxias: observó que giraban como si hubiera mucha más masa de la que se podía ver. Una masa invisible a nuestros ojos y nuestros aparatos. A partir de ahí las medidas se fueron haciendo más numerosas y precisas y las pruebas iban siempre apuntando a lo mismo: hay algo ahí que no podemos ver. Poco a poco surgieron más indicios, como el efecto de las lentes gravitacionales (lo explicaremos con más calma en el capítulo dedicado al lado oscuro) o la importancia de la materia oscura en los primeros instantes del universo y su huella en el fondo de microondas (no el de la cocina: ese fondo seguramente estará manchado de tomate y queso. Hablamos de otro "fondo" que también veremos más adelante). En fin, todo apunta a que en el universo existe más materia de la que nuestros ojos e instrumentos pueden ver. Y por eso hoy en día casi todos los científicos apoyan la existencia de esta materia, aun sin haberla visto. ¿Es fe? **No, es ciencia**.

Sin la materia OSCURA **el universo no sería igual.** Es fundamental para que se pudieran formar las galaxias por agregación de materia (la normal, la de toda la vida, hecha de protones, neutrones y electrones). También es necesaria para mantener la unidad de las galaxias (sin que las estrellas escapen) y los cúmulos de galaxias. Desempeñó un papel importante durante las primeras fracciones de segundo del universo, en el periodo que se conoce como inflación. Así que dale gracias a esta materia oscura: sin ella no habría vida, parques, nubes ni reguetón. Esta materia no se ve porque ni emite ni refleja luz. La luz la atraviesa. Y la materia oscura, a su vez, atraviesa todo a su paso. Está por todas partes formando una bola enorme alrededor de las galaxias (el halo). Es frustrante saber que está aquí mismo, según escribo, pasándome al lado, incluso atravesándome y, sin embargo, no puedo hacer nada. Ni tocarla ni verla. "Por ahí va un premio Nobel, y otro, y otro...", pienso a veces, porque descubrir esta materia sería uno de los mayores hitos de la ciencia moderna.

Se estima que más de 80 por ciento de la materia del universo es materia oscura. El resto son protones, neutrones, electrones... Ese 80 por ciento nos golpea fuertemente en la cabeza, sobre todo a los físicos, haciéndonos ver lo poco que sabemos de este universo. Porque lo cierto es que la palabra *"oscura"* **QUIERE DECIR EN REALIDAD: "NO TENEMOS NI IDEA"**.

Claro, que hay candidatos sobre lo que podría ser. Lo primero que se pensó es que podrían ser cuerpos ordinarios que no emiten luz, como estrellas apagadas (enanas marrones) o polvo interestelar, estrellas de neutrones... También se pensó que podrían ser agujeros negros. Incluso estaba la opción de que fueran neutrinos, esas partículas casi sin masa que viajan a toda velocidad por el universo. Todas estas opciones están hoy casi descartadas como únicas fuentes de materia oscura. Debe de haber algún tipo de materia desconocida: partículas supersimétricas, axiones, neutrinos estériles... Todos son candidatos a materia oscura que no forman parte del Modelo Estándar.

Por la importancia que tiene en cosmología y en física de partículas se hacen muchos experimentos para cazar partículas de materia oscura, intentar notar su paso o incluso producirlas en un colisionador. Ofrece, además, una posibilidad muy hermosa de unir la física de partículas con la cosmología y mejorar y ampliar nuestra teoría sobre la composición del universo, el Modelo Estándar. Sería un paso más para entender el universo en una nueva revolución. Desde Copérnico sabemos que la Tierra no es el centro del universo. Ni siquiera lo es el Sol ni tampoco nuestra galaxia, la Vía Láctea. El ser humano no es el centro de la creación, sino una pieza más en la evolución de la vida en la Tierra. Y finalmente ni siquiera los átomos que nos componen son especiales, tan sólo una fracción mínima de toda la materia que hay en el universo y que sigue tan oscura ante nuestros ojos.

Energía oscura

Cuando metemos la pata ya sabemos lo que pasa: se complica la cosa. Pero ¿qué pasa cuando un genio se equivoca? Un error puede a veces convertirse en una intuición. Es lo que ocurrió con esta gran historia de la energía oscura.

Esta energía poco o nada tiene que ver con la materia oscura que acabamos de comentar. Es más, por su efecto en el universo podrían ser casi contrarias. De hecho lo único que tienen en común es ese adjetivo, "oscura", que como ya he comentado lo que quiere decir realmente es que no tenemos ni idea. Así que lo que comparten la materia y la energía oscuras es que son dos elementos del universo sobre los que sabemos muy poco. Menos aún de la energía oscura.

En 1915, cuando Einstein termina su teoría de la relatividad general, se abre ante sus ojos un nuevo mundo. Casi de forma literal, porque con esta teoría llega una nueva herramienta para estudiar el cosmos sin necesidad de mirar al cielo, sólo con un lápiz y un papel. Permitió adentrarse en dominios que antes eran inalcanzables para nosotros, nos dio la clave para entender la naturaleza abriendo un nuevo campo: la cosmología. Pero lo más interesante de todo esto es que la relatividad de Einstein era una herramienta, sí, y también una ecuación que describía el cosmos. Pero no era la solución. Igual que en *Minecraft*, el desarrollador da los elementos y tú construyes el mundo, **O CON LAS PIEZAS DE LEGO**, que te permiten crear algo nuevo, la relatividad general da el entorno para describir el universo. Es un conjunto de reglas básicas sobre las cuales se puede trabajar. La ecuación que planteó

Einstein era tan rica y compleja que se tardaron décadas en encontrar sus soluciones y el tipo de universo que mostraba.

La primera para Einstein fue que su relatividad predecía un universo inestable. La gravedad es una fuerza atractiva y, sin oposición, todo en el universo tendería a concentrarse, contrayéndose hasta el colapso total. Esto a él le horrorizaba. El universo no podía ser algo así, cambiante: tenía que ser eterno e infinito. No debía tener un comienzo y menos aún un fin. Einstein, ante esta situación, tomó una determinación. Metió mano **(¡señor Einstein, eso es trampa!)** en su ecuación un término que hacía que el universo fuera constante, eterno. Una pequeña aclaración: cuando uno hace una ecuación como la de la relatividad, cada término que escribimos en ella responde a algo de la realidad. No nos inventamos nada. Pero Einstein incluyó un término que, aunque encajaba, no parecía tener una base real, más allá de querer que el universo fuera a su gusto: eterno. Fue su pequeño capricho. Ese término artificial es lo que se conoce como "constante cosmológica". Sería una especie de energía del vacío que compensaba la gravedad. La gravedad hace que todo tienda a unirse, con lo cual el universo debería ir contrayéndose poco a poco. La constante cosmológica sería una especie de gravedad negativa o repulsiva que permitiría un universo estático.

Años más tarde Alexander Friedmann encuentra una solución de las ecuaciones de Einstein que muestran un universo en expansión. Sin embargo, muere pronto, antes de darla a conocer con amplitud. Unos años más tarde un sacerdote belga, Georges Lemaître, encuentra esa misma solución (sin conocer el trabajo previo de Friedmann) y se atreve a ir más lejos: si el universo se expande como dicen las ecuaciones, es que antes estaba todo más juntito, y antes de eso más juntito todavía, y antes... Bueno, ya te puedes imaginar: si el universo no hace sino expandirse es que en un inicio estaba todo en un punto y luego... **¡bang!**

Un inicio así del universo, la verdad, es que para muchos tenía cierto tufillo a Dios todopoderoso, a creación, y de ahí que recibiera numerosas críticas. De hecho encontró muy duros opositores, como Fred Hoyle, que de hecho fue quien, intentando reírse de esta hipótesis, puso su nombre a la teoría rival: el Big Bang. Le salió el tiro por la culata. Y menos mal, porque Lemaître propuso llamarla "teoría del huevo cósmico".

Unos años más tarde Edwin Hubble estudiaba diferentes galaxias y observó que se alejaban de nosotros. Es más, se dio cuenta de que cuanto más lejos están, más rápido se alejan (esto se conoce como ley de Hubble, aunque el descubridor real tanto de la expansión del universo como de esta ley fue Lemaître). Esto, se puede comprobar con un bolígrafo y un papel, es lo que se puede esperar si el universo se expande uniformemente y sin necesidad de un centro. Dibuja en una línea varias galaxias, todas alejándose entre sí.

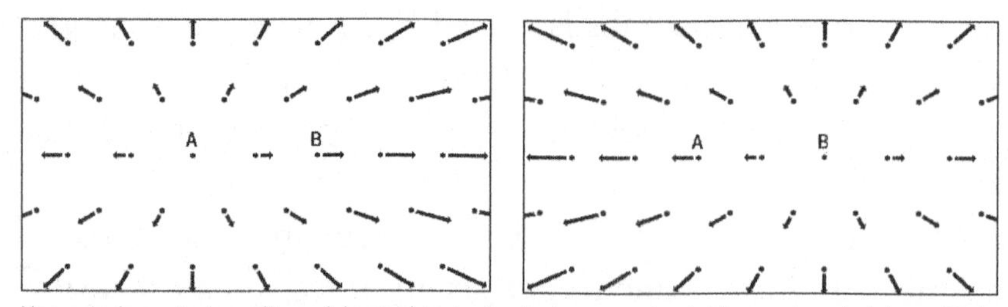

Una galaxia cualquiera (A) ve alejarse al resto de sí misma y más rápido cuanto más lejos está de ella. Otra galaxia (B) ve exactamente lo mismo. Esto es lo que se espera ver en un universo donde no hay un punto privilegiado y no existe un centro.

Lo que se verá es que no importa desde qué galaxia lo consideres, todas se alejan de la elegida, y más rápido cuanto más lejos estén. Esta observación de Hubble era una demostración de que el universo se está expandiendo. Y se expande todo a la vez, sin un centro. El espacio en sí mismo es lo que se está expandiendo. Fue uno de los más grandes descubrimientos de la historia.

Einstein lo tuvo que reconocer. Esa constante cosmológica que había metido a mano para que el universo fuera estático la tildó como "**EL MAYOR ERROR DE SU CARRERA**". Además dio a Lemaître el crédito por el descubrimiento. La constante quedó desterrada y este episodio pasó a la historia como la mayor metedura de pata de Einstein como científico.

En 1998 dos equipos científicos (Supernova Cosmology Project y High-Z Supernova Search Team) descubrieron de forma independiente, estudiando unas supernovas, que el universo no sólo se expande, sino que lo hace cada vez más rápido. Se dice que el universo está en expansión acelerada. Esto era totalmente inesperado: el universo se expande desde el inicio de los tiempos, pero dado que la gravedad es una fuerza atractiva, la expansión debería estar frenándose. Si no es así, tiene que haber alguna fuente de repulsión, una energía que haga que el universo siga expandiéndose y encima cada vez más rápido. Se necesita una energía negativa. ¿Habrá que rescatar la constante cosmológica?

No se sabe qué está causando la expansión acelerada del universo. **HAY ALGO QUE TIENE QUE ESTAR EMPUJANDO EL ESPACIO**, haciendo que todo se aleje cada vez más entre sí. Quizá se trate de una energía que ocupa todo el espacio, una energía invisible y muy pequeña, pero que sumada en todo el universo la convierta en el factor dominante. Según datos recientes se estima que 68 por ciento de la energía-materia del universo es energía oscura. Un 27 por ciento sería materia oscura y un ridículo 5 por ciento sería la materia y energía que conocemos, la materia de la que estamos hechos, la materia del Modelo Estándar.

Es decir, que 95 por ciento de la materia-energía del universo es de naturaleza completamente desconocida para nosotros: oscura... ESTO ES VERGONZOSO. Especialmente para un físico. Es como si un abogado sólo conociera 5 por ciento de las leyes que tiene que manejar, un médico 5 por ciento de las partes del cuerpo de sus pacientes o un informático sólo entendiera 5 por ciento de los códigos (este último caso creo que es más frecuente). En fin, sólo entendemos una parte ínfima de la composición del universo. El resto es parte del misterio, pertenece al lado oscuro.

Antimateria

La antimateria es de esas cosas de la física que más se han colado en la ciencia-ficción. Tenemos naves propulsadas por antimateria, como la *Enterprise* de *Star Trek*. También, cómo no, hay bombas de antimateria: en *Ángeles y demonios* un loco roba una bomba de antimateria en un laboratorio y la usa para volar por los aires la ciudad del Vaticano. Muy espectacular, pero conociendo Hollywood uno se pregunta: ¿qué hay de cierto en todo esto? **Pues es verdad que la antimateria suena a CIENCIA-FICCIÓN, pero es tan real como el aire que respiras**. Al contrario de lo que ocurre con la materia oscura (recuerden que no tienen nada que ver la una con la otra) este tipo de materia se ha estudiado durante casi un siglo y se conocen sus propiedades con mucho detalle.

Se ha observado en los rayos cósmicos (chorros de partículas en la atmósfera), se ha creado artificialmente en laboratorios e incluso se utiliza en hospitales de todo el mundo a diario. La existencia de la antimateria está fuera de toda duda.

En 1928 Paul Dirac logró fusionar la teoría de la relatividad especial con la cuántica para hacer una teoría cuántica-relativista de partículas como los electrones. Cuando fue a comprobar sus resultados se llevó una sorpresa. Observó que la teoría que creó para describir a los electrones permitía también la existencia de unas partículas idénticas a los electrones en todas sus propiedades excepto en su carga, que sería la contraria. Pero ¿dónde se encuentran esas partículas?

En 1932 Carl Anderson encuentra en los rayos cósmicos una extraña partícula, igual que el electrón en todo menos en su carga. Ahí estaba la partícula que había predicho Dirac con su ecuación. Hoy a esta partícula se la conoce como positrón, la antipartícula del electrón. ¿Sólo el electrón tiene antipartícula? Pues no. Cada partícula de la tabla del Modelo Estándar tiene su antipartícula. Así tenemos *antiquarks* con los que podemos formar antiprotones, antineutrones y cualquier otra partícula. Son iguales, pero de carga contraria. Extraño.

Tan iguales son, que de la misma manera que podemos juntar un protón y un electrón para formar un átomo de hidrógeno, podemos juntar un antiprotón y un positrón (antielectrón) para formar **antihidrógeno**. Esto no es ficción, se ha hecho en el laboratorio repetidas veces. Y esto no para aquí. Se podría hacer antihelio, ANTIBORO, ANTIOXÍGENO... cualquier elemento de la tabla periódica. Incluso crear **antimoléculas**. Juntando dos antihidrógenos y un ANTIOXÍGENO podríamos crear **ANTIAGUA**. Y sus propiedades serían exactamente iguales a las del agua: transparente, fluida, insípida... Podría existir un antirrío de antiagua donde crezcan **ANTIPLANTAS** y

antiflores, con sus **ANTIABEJAS** y demás **ANTIBICHOS**. Incluso podría haber ***ANTIHUMANOS*** que vivan en **ANTICIUDADES** y vayan a trabajar todos los lunes. Bueno, los **antilunes**. Da igual. Pero si todo esto es posible, ¿por qué no lo vemos?

Hay una propiedad interesante de la antimateria relacionada con la materia. Cuando ambas entran en contacto se destruyen mutuamente. Si un antielectrón se cruza con un electrón, ambos se aniquilan. Por eso no hay antimateria rondando por ahí, ni tampoco personas de antimateria o cosas así. Un positrón, en menos tiempo que tarda un chino en parpadear, se encuentra con un electrón y ambos desaparecen, dejando sólo energía. Cualquier antipartícula que circule por nuestro mundo desaparece rápidamente. Y también por eso no deberías beber antiagua si te ofrecen, ni tampoco dar un abrazo a una antipersona. De hecho el estallido de energía que eso produciría no sólo acabaría contigo, sino con todo el país. **Con tan sólo medio gramo de antimateria la energía liberada sería comparable a la de la bomba atómica de Hiroshima.** Y de una forma muy eficiente. Al contrario de lo que ocurre con otras fuentes de energía, la conversión en este caso es perfecta, cien por ciento. Por eso se piensa en la antimateria como una forma de mandar el mundo a la deriva, pero también como el futuro de la energía, muy en especial para hacer funcionar cohetes o naves espaciales. De hecho no hace falta viajar al futuro para encontrar aplicaciones de la antimateria. Se usa en hospitales, concretamente para lo que se conoce como PET, o tomografía por emisión de positrones, una técnica que nos permite hacer un escáner más detallado de los órganos internos. Por ejemplo, en el cerebro para buscar tumores. Quizá también valga para aniquilarlos: se está investigando la posibilidad de usar un cañón de antiprotones para destruir tumores reduciendo el daño que se hace al tejido sano.

Parece que la antimateria ha estado presente en el mundo científico casi un siglo. ¿Qué tiene de misterioso? Pues sólo un pequeño detalle. La antimateria y la materia son hermanos gemelos, como copias o reproducciones especulares (la imagen en el espejo). Y lo mismo que se destruyen en pares, se crean también en pares. Por cada electrón que se creó en el universo, junto a él debió de surgir un antielectrón. Por cada protón, un antiprotón, por cada neutrón, un antineutrón... Pero si estamos en un mundo de electrones, protones y neutrones... ¿dónde están los antiprotones, antielectrones y antineutrones? **¿No les recuerda un poco al misterio de los calcetines que entran a pares en la lavadora y salen desparejados? ¿O al misterio de los tuppers sin tapa y las tapas sin tupper?** De hecho, pensándolo bien, si se crearon en el Big Bang a pares, deberían haberse aniquilado también a pares y hoy en día no debería haber planetas ni estrellas... No debería quedar sino energía en un universo sin materia.

Mientras se sigue rebuscando a ver si aparece una antigalaxia o algo parecido, los científicos se preguntan si materia y antimateria no tendrán algún tipo de pequeña diferencia que haga que, en esa pelea donde continuamente se aniquilaban unos a otros, la materia ganara, haciendo que la antimateria desapareciera por completo. Esto parece **Juego de tronos** en versión inicio del universo. Sea como sea, lo que es seguro es que hay algo en el Modelo Estándar que no acabamos de entender completamente.

• • •

Éstos son algunos de los misterios de la física moderna que nos hacen ver que aún queda mucho camino por recorrer. El Modelo Estándar en un buen paso adelante, pero es incapaz de responder a todos los enigmas. Y ante esta situación en la que existen tantas preguntas por resolver surgen nuevas teorías. Como la teoría de cuerdas, que sí consigue aglutinar la gravitación con la teoría cuántica, además de describir todo lo que ocurre en el universo con un argumento muy simple: considerar a las partículas como formas de vibración de una "cuerda" diminuta. O la supersimetría, también conocida como SUSY, que establece que hay copias muy pesadas de las partículas que ya conocemos, las superpartículas, con las que se consiguen resolver muchos de los problemas del Modelo Estándar. Una hipótesis que también nos da algún candidato a materia oscura. Hay teorías que incluyen muchas dimensiones del espacio que no podemos sentir, pero que quizás ahí estén. Algún día igual conseguimos sentir estas dimensiones, incluso poder usarlas con algún fin. Y también tenemos la teoría de multiversos, según la cual habitamos sólo uno de los múltiples universos que existen.

Todas son teorías que van más allá del Modelo Estándar. Cubren alguna deficiencia de éste y responden a preguntas para las que aún no tenemos respuesta. Sin embargo, son teorías sin demostrar que requieren de experimentos en los próximos años para verificar su validez. Así que habremos de dar muchos pasos adelante para adentrarnos en lo que será la física del siglo XXI.

4

ESE LUGAR DONDE VIVIMOS

...y sin que nadie se diera cuenta, salió sigilosa de su casa, se dirigió a la parte más oscura del jardín, y se tumbó en el césped, mirando las estrellas. Era la noche de San Juan, los grillos cantaban apaciblemente, y el aire traía un vago perfume a heno recién cortado. Cerró los ojos, respiró profundamente, y los volvió a abrir. Ante ella se desplegó un espectáculo inaudito protagonizado por millones de estrellas, constelaciones, galaxias, nebulosas, estrellas fugaces... Entonces, un escalofrío recorrió su cuerpo, porque tenía ante sí algo que ni siquiera los sabios eran capaces de entender completamente: el inconcebible universo...

Manuel González, un físico inconcebible (Big Van)

El universo

Cuando miramos hacia arriba de noche no podemos dejar de impresionarnos con lo que vemos. Claro está, si miramos al aire libre y desde luego lejos de las grandes ciudades. El cielo ofrece un espectáculo maravilloso a nuestros ojos y a nuestro espíritu. Primero porque el cielo es bello, con toda esa colección de estrellas repartidas por el firmamento. Pero no sólo eso: también nos recuerda miles de historias de los primeros seres humanos que pusieron sus ojos en las estrellas. Como la constelación de Orión, que recuerda al gran cazador. El nombre que los antiguos dieron a las constelaciones está lleno de significados. También es importante saber cómo las usaban para orientarse en el espacio y el tiempo. El cielo nos ha acompañado desde la primera vez que los seres humanos alzamos la vista.

Sólo esto ya serviría para embelesarnos y pasarnos largas horas contemplándolo. Pero hay más: el cielo nos cuenta una historia, la historia de quiénes somos y qué hacemos aquí. Nos muestra cuál es nuestro hogar y el lugar que ocupamos. El cielo es nuestra casa. Bueno, una parte de nuestra casa (el universo) que vemos desde un rincón: la Tierra. Contemplar el cielo nos hace darnos cuenta de lo pequeños que somos y de todo lo que nos queda por descubrir.

Cuando uno repasa la historia de la ciencia se da cuenta de lo importante que ha sido mirar hacia arriba para moldear la forma en que entendemos todo. Los primeros modelos del cosmos ponían la Tierra en el centro de todo. El resto de las cosas giraban a nuestro alrededor. Más tarde fue el Sol el que ocupó la posición central. Y luego se supo que el Sol era una estrella más, sin posición especial dentro de una galaxia más entre los cientos de miles de millones que hay dentro del universo al que tenemos acceso hoy. Es una historia con muchos héroes y algunos mártires a lo largo de miles de años de curiosidad, observación, dedicación y anhelo por saber y comprender. Hoy la ciencia nos ha revelado el lugar que ocupamos, un rincón en una galaxia cualquiera en medio de un universo inmenso. Ya no somos especiales, no somos privilegiados, no somos la especie elegida de la creación. Hoy nos cuesta valorar la importancia de un pensamiento como éste, pero en el pasado quemaban a personas por pensar así. Todo nuestro avance lo hemos logrado empezando por mirar hacia el cielo.

La historia no para aquí. Quizá no estamos más que en un universo posible de los cientos de miles que pueden existir y éstos a su vez no son más que... ¿Quién sabe? Por eso conviene cada cierto tiempo mirar al cielo, contemplar su belleza y reflexionar, porque sólo mirando más allá de nuestros pies es como conseguimos entender la tierra que estamos pisando. Dejemos que el cielo nos hable y nos cuente su historia. Escuchándola tal vez lleguemos a aprender un poco más sobre nuestra propia historia como especie.

Claro que escuchar lo que nos dice el cielo no es fácil. El universo es en sí mismo un laboratorio, pero uno muy especial. En principio porque es único. No podemos hacer varios universos y compararlos, probar cosas en uno y ver qué ocurre. Eso podemos hacerlo con colisiones de partículas, con piedras o con ratones de laboratorio. En segundo lugar es importante darse cuenta de que somos parte del experimento: nosotros integramos ese elemento bajo estudio al que llamamos universo. Esto hace que las cosas sean un pelín más complicadas pero también que la astronomía y la cosmología sean dos ciencias tan apasionantes. Por cierto: CADA VEZ QUE ALGUIEN CONFUNDE LA ASTRONOMÍA *(que es una ciencia)* **con la astrología** *(que no lo es)* se apaga una estrella.

Una de las características fundamentales de este experimento tan curioso que es nuestro universo es que, comparado con las dimensiones del ser humano, de ti, de mí, INCLUSO DE PAU GASOL (no te digo ya Messi), es inmenso. Esto ha propiciado que mientras otras ramas de la ciencia, como la biología o la geología, hayan avanzado de forma suave y continua, los astrofísicos han estado básicamente perdidos todo este tiempo. Ya los cosmólogos ni te digo. Y es que se ha requerido de instrumentos avanzados y teorías científicas modernas para empezar a entender la historia y funcionamiento del universo, un material que no ha estado disponible hasta hace relativamente poco tiempo.

Pero empecemos por el principio. Cuando uno mira el cielo, ¿qué ve? Hay un astro que domina el cielo de tal manera que nos permite dividir cada jornada en dos partes: día y noche. Es el astro rey, el Sol. Y su reino, el Sistema Solar.

El Sistema Solar

Nuestro hogar en el universo no es más que un departamento en un edificio situado en una barriada del extrarradio de esa gran ciudad que es nuestra Vía Láctea. Ésta a su vez es parte de un gran país, nuestro cúmulo de galaxias, que se sitúa dentro de un gran mundo, el universo. Si el Sistema Solar es nuestra comunidad, no saber cómo es Mercurio o Marte sería como no saber dónde está el patio o el garaje de tu casa. No conocer la Tierra sería como no saber ni dónde está la sala o el dormitorio: UN DESASTRE.

Nuestro pequeño planeta es un departamento en esta comunidad. **Un departamento sucio, desordenado y un poco caótico últimamente, por cierto**. A nuestro mundo, a pesar de estar cubierto mayoritariamente por agua en la superficie, lo llamamos Tierra. Gran error este nombre, viene a ser lo mismo que llamar guapo a Sandro Rey. Quien preside el Sistema Solar, el verdadero rey de reyes —**si me disculpa Sandro**—, no es otro cuerpo que el Sol.

El Sol es una bola de gas con un diámetro más de cien veces mayor que el de la Tierra. En esta estrella tiene lugar una reacción termonuclear conocida como fusión. Es la unión de dos átomos de hidrógeno, debido a la presión interna, para producir uno de helio (el proceso es algo más complejo y ya lo explicaré mejor en otra parte), lo cual genera energía. La fusión es la que produce la luz y el calor que nos llega desde el Sol. Nuestra estrella sería como la sala de máquinas que genera la energía para calentar las casas y la electricidad para cocinar, iluminarnos y jugar al *Minecraft*.

El Sol consume hidrógeno a un ritmo de 4,700,000 toneladas por segundo. Y hay más: aunque parezca increíble, la luz que se genera en su interior tarda hasta ciento setenta mil años en escapar del interior y llegar a la superficie. La pregunta es rápida: ***¿qué pasa, que se va por tabaco y nunca regresa?*** ¿Es que esa luz no viaja a la velocidad de la luz? Pues sí, lo hace. Si tarda tanto es porque el camino hasta la superficie no es directo. Como haría uno en su fiesta de cumpleaños, otro en su fiesta de defensa de tesis, o el rey de España en cualquier fiesta, ocurre que de la puerta de entrada hasta la mesa con comida no se puede ir recto: uno va saludando a todo el mundo, se desvía de la trayectoria, se para un momento... En total, para recorrer veinte metros se tarda una hora y el camino es de todo menos recto. Cuando uno llega a la mesa ya no quedan nachos con queso y los sándwiches de Nutella se han enfriado. Pues bien, a la luz originada por la fusión le pasa algo parecido. Sus fotones van siendo absorbidos y reemitidos por los átomos del interior del Sol, lo que frena su avance.

La temperatura del Sol va de los miles de grados centígrados en su superficie a los millones de grados en su interior. En el núcleo la presión y la temperatura son suficientes para producir la fusión de los átomos de hidrógeno. En total el Sol lleva brillando unos cuatro mil quinientos millones de años y lo seguirá haciendo mientras le quede hidrógeno para fusionar. Tal vez otros cinco mil millones de años más. Pero hablaremos más del Sol en el capítulo dedicado a los agujeros negros. Veamos ahora los planetas.

El más cercano al Sol es Mercurio. Recibe su nombre del dios romano del comercio y mensajero de los dioses. Es el planeta más pequeño, como dos veces y media menor que la Tierra y se encuentra a un tercio de nuestra distancia al Sol, unos 60 millones de kilómetros. Es un planeta muy curioso por sus condiciones tan extremas. Por ejemplo, al estar tan cerca del Sol orbita muy rápido. Cualquier planeta sigue una órbita porque la inercia de su movimiento rectilíneo (fuerza centrífuga) compensa la atracción gravitatoria del Sol. Es por esto por lo que el planeta no cae (como hace la manzana del árbol) y se mantiene girando. Cuanto más cerca esté el planeta de su estrella, mayor será la fuerza gravitatoria producida por ésta. El planeta girará más rápido para que su órbita sea estable. Esto ocurre con todos los planetas: es la famosa tercera ley de Kepler, que indica que un cuerpo gira más despacio cuanto más lejos está de la estrella. Esto hace que los años no duren lo mismo en todos los planetas. De hecho, un día en Mercurio (definiendo día como una vuelta sobre sí mismo) dura casi como su año (definido como una vuelta completa alrededor del Sol). Un día en Mercurio equivale a 59 días terrestres, mientras que su año dura 88 días terrestres.

También son extremas las temperaturas. Muy altas cuando pega el Sol, hasta 430 °C, vamos, como en Madrid en verano; y muy frías en invierno, -185 °C, lo que viene a ser un febrero típico en Burgos. Otra curiosidad que seguro nos deja boquiabiertos está relacionada con los amaneceres. Dada su forma de giro, el Sol sale, se detiene, se esconde y vuelve otra vez a salir. Algo así en la Tierra nos dejaría mareados. Y también nos pondríamos gordos como vacas, **POR DESAYUNAR PASTEL DE CHOCOLATE DOS VECES AL DÍA.**

El siguiente planeta es Venus. Tiene un tamaño similar a la Tierra y se encuentra a unos 100 millones de kilómetros del Sol, dentro de lo que podría ser la "franja de habitabilidad". Esto viene a ser la región donde las condiciones son en principio propicias para la vida. Vamos, que no está demasiado cerca del Sol y no te achicharras tipo pollo asado, ni está demasiado lejos, por lo que **TAMPOCO TE QUEDAS COMO LEONARDO DICAPRIO EN TITANIC**. Así que se parece a la Tierra en tamaño, está en la franja de habitabilidad... ¿Vacaciones en Venus? Va a ser que no. Vivir en Venus sería un infierno. Tiene el día más largo del Sistema Solar: 243 días terrestres. ¿Te imaginas un lunes en Venus? Horrible. Curiosamente un año de Venus dura menos que un día: son 225 días terrestres, lo que haría que los venusianos tuvieran que celebrar fin de año cada día. Sería insoportable y tendrías que comprar un vestido de fiesta todos los días. Eso no hay bolsillo que lo aguante, **ni el de Paris Hilton**. Y no hablemos de la resaca. Pero no hay que preocuparse por eso: Venus tiene una atmósfera tóxica y muy pesada que hace que la presión en su superficie sea noventa veces la terrestre. Es como estar a un kilómetro bajo el mar. Tiene que ser muy duro, como sabemos los que hacemos submarinismo, los que viven en submarinos y Bob Esponja. Esta atmósfera, además de pesada (te tiene que dejar unos trapecios como los de Schwarzenegger), es imposible de respirar porque contiene ácidos como el sulfúrico, el que desfigura la cara a Harvey Dent (Dos Caras) en el cómic de Batman.

Pero eso no es todo: la atmósfera de Venus también tiene efectos horribles en la temperatura del planeta. Su atmósfera contiene altas cantidades de dióxido de carbono, lo que hace que se multiplique el efecto invernadero. Éste se produce cuando las moléculas de ciertos gases dejan entrar la radiación pero no salir. La luz queda atrapada en el planeta, lo que hace que se caliente. Como una discoteca en sábado noche: todo el mundo entra, nadie sale, y llega un momento en que el calor de la sala sube hasta la asfixia. Así que Venus, aunque no sea el planeta más cercano al Sol, sí es el más caliente. Aunque le llega un cuarto de la luz que recibe Mercurio, su temperatura es superior, llegando a los 464 °C a la sombra, la temperatura más elevada de un planeta del Sistema Solar, incluida la Costa del Sol. En este paisaje desértico y completamente agresivo para la vida muchos ven el futuro de la Tierra o de Murcia. Es verdad que si no lo cuidamos algún día nuestro mundo podría acabar siendo totalmente inhóspito.

Mirando el lado positivo de Venus, los amaneceres allí tienen que ser **alucinantes**, con el Sol gigante, porque al estar más cerca, se vería considerablemente más grande al salir por la mañana. Y sería especialmente bonito para los despistados como yo. Un día, de adolescente, fui a ver el amanecer sin darme cuenta de que me puse a mirar hacia el lado contrario al que sale, hacia el oeste. Cosas de madrugar demasiado y de ser adolescente. Pero en Venus habría tenido suerte, porque **este planeta va a su aire, cual hipster**. Para Venus girar en el mismo sentido que el resto de los planetas del Sistema Solar es muy *mainstream* y no le va. Así que gira en sentido contrario y el Sol sale por el oeste (en Urano tampoco sale por el este, pero es por otra razón divertida, como veremos enseguida). Este cambio de giro podría deberse a algún impacto con otro cuerpo hace mucho tiempo. Por otra parte, el símbolo de Venus, que era la diosa romana del amor, se usa hoy para representar al sexo femenino. A mí me encanta mirar al cielo y ver Venus. Es el segundo cuerpo más luminoso en el cielo nocturno después de la Luna. Y me hace recordar lo frágil que es el equilibrio en un planeta y lo delicada que es la vida. Tenemos que cuidar nuestra Tierra.

Precisamente nuestro planeta azul, la Tierra, es el que sigue. Para nuestro tamaño, digamos en torno a 1.8 metros de altura, la Tierra parece muy grande con sus montañas, sus ríos, etcétera. Su radio es de 6,370 kilómetros, lo que parece enorme para nuestra escala. Sin embargo, no deja de ser un pequeño chícharo en la inmensidad del cosmos. Esta comparación entre el radio terrestre y nuestro tamaño como seres humanos hizo que durante mucho tiempo se pensara que la Tierra era plana. Por suerte hoy conocemos bastante bien nuestro planeta. Un mundo muy especial, porque de todos los que hemos observado es el único en el que hasta ahora hemos encontrado vida. Ello es debido al delicado equilibrio que existe entre una gran cantidad de factores.

La energía que viene del Sol, cuyos rayos nocivos filtra la atmósfera, es el motor. La atmósfera, además, regula la temperatura para que sea apropiada a la vida y permite que el agua se mantenga líquida debido a las condiciones de presión y temperatura globales. Al haber agua líquida se genera un ciclo de absorción y precipitación que alimenta a todo el planeta. Nos alimenta a todos, y la base es la energía del Sol, que combinada con el agua que fluye y la materia orgánica permite que haya vida. Muchos consideran este fenómeno, la vida en la Tierra, un milagro. Quitando todos los matices religiosos de esta palabra (y de los que me quiero mantener al margen) lo que se quiere decir es que la vida es realmente frágil y las condiciones que se dan en la Tierra parecen muy especiales. Por suerte para nosotros, son así. La vida es frágil porque cualquier mínimo desequilibrio machacaría la existencia de todo bicho viviente de un plumazo, como ya ocurrió con los dinosaurios o en otras muchas ocasiones en la historia de nuestro planeta. Nuestro mundo es nuestra casa. Y como ocurre en un departamento desordenado y sucio, se está empezando a complicar la vida en él. Contaminación, superpoblación, sobreexplotación de los recursos... Estamos castigando nuestro departamento como si pensáramos que hay un seguro que lo cubre y que puede resolver los problemas. Pero no es así. Hay una preciosa teoría, que no es ni mucho menos científica, que considera a la Tierra como un ser vivo llamado Gaia. Según esta idea nuestro planeta "respira" y se autorregula, siendo capaz de evolucionar y adaptarse al entorno, como si de un animal se tratara. Sea como fuere, ojalá algún día dejemos de maltratar nuestro planeta de la forma en que lo hacemos.

La Tierra gira, dando una vuelta sobre sí misma cada 24 horas aproximadamente. También orbita alrededor del Sol en 365 días más o menos. Piensa que cuando tomas las uvas en fin de año estás celebrando que pasas por el mismo sitio otra vez. ¿TE IMAGINAS HACER LO MISMO CON LA LÍNEA 6 DEL METRO DE MADRID, LA CIRCULAR? La inclinación del eje de giro de nuestro mundo, unos 23 grados con respecto al plano orbital, hace posible que haya cuatro estaciones, al menos en gran parte del planeta (en Madrid sólo hay dos: invierno e infierno). Ojo: es esta inclinación la que provoca las estaciones, no la distancia al Sol. Y por cierto, la órbita de la Tierra no es perfectamente circular, lo que hace que no siempre estemos igual de lejos del Sol. La distancia mínima es de unos 146 millones de kilómetros y la máxima de 152 millones. Si alguna vez pensaste que es la distancia lo que marca la diferencia entre el verano y el invierno, ten en cuenta que en enero, cuando más frío hace en el hemisferio norte, es cuando la Tierra y el Sol están más cerca.

Viajamos a toda velocidad por el espacio, a unos 30 kilómetros por segundo (no me ocupo del movimiento del Sol, sólo considero el de la Tierra alrededor de nuestra estrella). Una velocidad que no notamos porque todo en la Tierra viaja a la misma velocidad. Es como cuando vas en un tren, que parece que todo está quieto a menos que frene o acelere. Espero que a la Tierra no le dé por frenar. **¡Que nadie pulse el freno de emergencia!**

En su camino repetitivo alrededor del Sol a la Tierra la acompaña de cerca otro cuerpo, su Sancho Panza particular, el Robin de su Batman, el Rigby de su Mordecai: la Luna. Chiquita, pero matona, es el quinto satélite en tamaño del Sistema Solar. Juntos la Tierra y la Luna hacen la pareja más compensada de todo el Sistema Solar: son los Brad Pitt-Angelina Jolie de este rincón del universo. El radio de la Luna es un cuarto del de la Tierra y acompaña infatigablemente a nuestro planeta como un perro fiel. Se encuentra a unos 300,000 kilómetros de la Tierra, como un "te veo pero no agobio". Con un punto metrosexual, la Luna siempre da su mejor perfil: sólo es visible desde la Tierra una de sus caras. Esto es debido a que rota de forma síncrona, es decir, que tarda lo mismo en dar una vuelta a la Tierra que en girar sobre sí misma, unos 28 días. La Luna es el cuerpo más luminoso del cielo nocturno, aunque no emite luz propia, sino sólo la que refleja del Sol. Por eso se presentan diferentes fases, desde la luna nueva a la llena, efecto de las posiciones relativas del sistema Sol-Tierra-Luna.

La gravedad de la Luna es la causante de las mareas en la Tierra, dos ciclos al día, lo cual produce que cada vez los días sean más largos en la Tierra, pues las mareas frenan la rotación. ¡Sí! Dentro de ciento cuarenta millones de años los días serán de 25 horas, ¡podremos dormir una hora más! O trabajar una hora más... quién sabe. Al frenarse la rotación de la Tierra la Luna se aleja, unos 4 centímetros por año. Hoy se cree que la Luna, nuestra compañera inseparable, se creó por el impacto de un gran cuerpo del tamaño de Marte contra la Tierra primitiva. De los restos surgió la Luna. Tierra y Luna siempre juntas, incluso en su propia destrucción. Dentro de cinco mil millones de años, cuando el Sol comience a expandirse, acabará por engullir y abrasar los dos cuerpos a la vez.

Después de la Tierra el siguiente planeta es Marte. Recibe el nombre del dios romano de la guerra, pero también se le conoce como planeta rojo, por su color, que es debido al óxido de hierro en su superficie. Vamos, que parece oxidado. El radio de Marte es la mitad del de la Tierra. Tiene una atmósfera muy fina que contiene dióxido de carbono. Insuficiente, por cierto, para generar la tormenta que se ve en la película *Marte* (ejem). Lo más alucinante de Marte es lo parecido que es a la Tierra. Su día dura casi igual que el nuestro. Además en Marte también hay estaciones, ya que su eje de giro está inclinado unos 24 grados, como el de la Tierra. "Ya es primavera en el Corte Marciano". Los años son más largos, casi el doble de los terrestres. Aunque si hay algo por lo que Marte destaca es por sus paisajes. **Ya estoy viendo a las agencias de viajes organizando *tours* a Marte para jubilados.** Tiene la montaña más alta de todo el Sistema Solar, el monte Olimpo, un volcán de 25 kilómetros de altura, unas tres veces más alto que el Everest, que parece una colina a su lado. Además, la base de esta montaña tiene el tamaño de toda la península ibérica. Algo similar pasa con el valle Marineris, un cañón de 2,700 kilómetros de largo, una anchura de 500 kilómetros y una profundidad de entre 2 y 7 kilómetros.

Lo que hace más difícil la vida en Marte es su fina atmósfera, con la milésima parte de ozono que la Tierra, lo cual no es suficiente para detener los rayos ultravioleta. También su temperatura, que es en promedio de -55 °C, resulta inadecuada. Sólo en el ecuador y en verano hace una temperatura decente para un canario como yo: entre 20 y 30 grados. Yo ya digo que ni Mars One ni nada por el estilo: **yo a pasar frío a Marte no voy, que para eso ya tuve Ginebra**. Marte será seguramente el siguiente planeta que el ser humano pise, y muy posiblemente ocurra dentro de poco tiempo. Es un paso necesario en la exploración del espacio y esto es fundamental para el futuro de la especie, puesto que tarde o temprano habrá que abandonar la Tierra. A mí a veces me preguntan si estoy a favor de que enviemos a personas a Marte. Yo normalmente respondo que depende de a quién envíen, ¿no? **Tengo una interesante lista de candidatos a ese viaje sin retorno** que harían que la Tierra sea un mejor planeta. Pero sigamos con nuestra exploración del Sistema Solar.

Hasta aquí llegan los llamados planetas interiores o rocosos. Antes del planeta siguiente encontramos el cinturón de asteroides. Es una banda en órbita de cuerpos muy pequeños. En total todo el cinturón tiene una masa que es algo así como 5 por ciento de la masa de la Luna. Vamos, que hay poca cosa.

Tras este cinturón se encuentra el rey de los planetas, el gigante gaseoso Júpiter. Su nombre de nuevo se refiere a la mitología romana. Es el principal dios de su panteón, padre de hombres y dioses. Como planeta, Júpiter es una gigantesca bola de gas, principalmente hidrógeno y helio. Es una composición similar a la de una estrella, y de hecho con algo más de masa podría iniciar reacciones nucleares que le harían brillar como una estrella. Por eso algunos dicen que Júpiter es *una estrella fracasada*, un Royston Drenthe de la vida, un Dmitro Chygrynskiy, **un Macaulay Culkin**. ¿Y si hubiera tenido Júpiter un poco más de masa? ¿Se imaginan que tuviéramos dos soles? Sería como en algunos mundos de *Star Wars*, como Tatooine. Y aunque parezca que eso sería genial, sería un descontrol, con unos días más largos que otros y noches interrumpidas... Un desastre. Júpiter es pequeño para ser una estrella pero enorme para ser un planeta. Él sólo tiene más del doble de masa que el resto de los planetas juntos. Su radio es unas 10 veces el de la Tierra y está unas 5 veces más lejos del Sol. Y como ocurre con los viejitos, cada año se hace más pequeño. Encoge unos 2 centímetros al año, lo que hace que emita más calor del que recibe.

Tiene 67 satélites, algunos muy famosos como Io, Calisto, Ganímedes y Europa, los llamados satélites galileanos porque quien los vio por primera vez fue Galileo con su telescopio.

Sin embargo, Júpiter también destaca por su rotación. Es el planeta que más rápido gira sobre sí mismo: su día dura sólo diez horas. TE LEVANTAS, DESAYUNAS, SIESTA Y A VOLVER A DORMIR. No seríamos muy productivos en Júpiter. Este giro tan rápido hace que tenga fenómenos atmosféricos que dejan en ridículo los monzones en la Tierra y los inviernos en Galicia, con tormentas que duran cientos de años y vientos de unos 400 kilómetros por hora. Uno de estos fenómenos es la Gran Mancha Roja, una tormenta de mayor tamaño que la propia Tierra y que lleva al menos trescientos años activa. ¿Te imaginas una tormenta así en la Tierra? Las clases y el trabajo suspendidos por vientos fuertes durante tres siglos, encerrados en casa viendo *Juego de tronos* todo el día. Y leyendo física, también. No es mal plan.

Si seguimos alejándonos del Sol nos encontramos con el siguiente planeta, Saturno, el señor de los anillos. Nada que ver con los que forjaron los elfos, no. Se trata de otro tipo de anillos. Su nombre proviene de la mitología romana. Saturno era el padre de Júpiter. Es el segundo planeta mayor y más masivo del Sistema Solar, como unas 9 veces mayor que la Tierra. También, como Júpiter, está formado por helio e hidrógeno. Curiosamente es el menos denso de todos los planetas. Es incluso menos denso que el agua, por lo que Saturno flotaría en el mar. Imagínatelo ahí, en Gandía, flotando como una pelota de Nivea. Sería divertido. Su año dura 29 años y medio terrestres y tiene 61 satélites. Uno de ellos, Titán, es el único con atmósfera en el Sistema Solar.

Aunque si hay algo extraordinario en Saturno no son ni sus tremendas tormentas, que las tiene, ni nada por el estilo: son sus glamorosos anillos. Yes, baby. Saturno tiene unos preciosos anillos que lo rodean y que son visibles desde la Tierra. Se trata de formaciones concéntricas a base de millones de granos de polvo, pequeñas piedras y trocitos de hielo. Los anillos le dan a Saturno un toque especial, de distinción.

Cuando uno observa las fotos que la sonda *Cassini* tomó de este planeta no puede evitar quedar estupefacto (siempre quise escribir esta palabra). Forman una composición en perfecta armonía. Muchas veces se comparan con una sinfonía, una música celestial. Quietud y equilibrio, el silencio del espacio exterior, la armonía de las formas en el espacio con esa esfera perfecta y los círculos concéntricos de sus anillos. Saturno nos recuerda la belleza del universo, la grandiosidad de la naturaleza, lo especial que es nuestro hogar. Y desde luego, si algo de verdad te gusta, *you should put a ring on it*. **Saturno y BEYONCÉ**, dos **grandes bellezas sobrenaturales**. Pero no nos detenemos aquí, hay que seguir con nuestro viaje. Siguiente destino, Urano.

Recibe su nombre por el dios griego Urano, padre de Cronos (Saturno) y abuelo de Zeus (Júpiter). Además da nombre al elemento químico uranio. El planeta tiene un diámetro unas 4 veces mayor que el de la Tierra. Por la distancia a la que se encuentra (recordemos la relación entre distancia y velocidad orbital, la tercera ley de Kepler) se lo toma con calma respecto a los años. Un año de Urano son 84 años terrestres. Como me ocurría a mí con las clases de latín, madre mía: parecía que pasaban años en cada clase. Así que en el tiempo de vida de una persona normal sólo vas a ver una órbita completa de Urano como mucho. El planeta es visible a simple vista, aunque muy tenue. Se le conocía ya en la Antigüedad, aunque como se mueve tan despacio todos pensaron que era una estrella. Fue descubierto oficialmente por William Herschell en 1781.

Por estar tan lejos no sólo se mueve muy despacio, sino que también está muy frío. "**PONTE UN ABRIGO, QUE ESTA NOCHE VA A REFRESCAR.**" Madres de Urano, tienen toda la razón, porque Urano tiene la atmósfera planetaria más fría del Sistema Solar, con una temperatura mínima de -224 °C. Esto son apenas 49 °C por encima del cero absoluto. Su atmósfera está formada por hidrógeno, helio y metano. Sí, el gas de los pedos. ¿Sería entonces como vivir en un culo? No, no sería para tanto, aunque así lo indique su nombre en inglés, Uranus, que suena igual que "*your anus*" (tu culo). El metano es el gas que le da al planeta su precioso color azul.

Aunque si hay algo peculiar en Urano es la forma en que gira. Urano sí que sabe: se pasa el día tumbado despreocupadamente. Su eje de rotación está tan inclinado como si acostáramos la Tierra hasta que el polo norte mirara directo al Sol. Esto hace que en cada polo de Urano haya cuarenta y dos años seguidos de luz, lo que vendría a ser su "verano", y cuarenta y dos años seguidos de oscuridad (*winter is coming*). Imagínate nacer en Urano y en invierno, eso sí que sería mala suerte. Bueno, menos para Edward Cullen y demás vampiros.

En 1841 se observaron unas anomalías en el movimiento de este planeta con respecto a lo predicho por las leyes de Newton. O el inglés estaba equivocado o algo estaba pasando ahí fuera. Se propuso la existencia de un nuevo planeta que fuera el culpable de lo observado. Dos astrónomos, uno francés, Urbain Le Verrier, y otro inglés, John Couch Adams, indicaron dónde habría que mirar para observar el planeta. En 1846 el astrónomo Johann Galle encuentra finalmente el planeta, oculto a los ojos, desde su observatorio. Se trata de Neptuno, nuestra última parada.

Neptuno, además de ser **la plaza donde los aficionados del Atlético de Madrid celebran sus triunfos** una vez cada veinte años, es un planeta que recibe su nombre por el dios del mar. Su tamaño es similar al de Urano y es el planeta más alejado del Sol. Alguno dirá: "¡No! El planeta más alejado del Sol es Plutón". Bueno, Plutón ya no es oficialmente un planeta. En el año 2006 la Unión Astronómica Internacional decidió que pasaba a ser considerado "planeta enano". Esto tuvo que ser muy duro para él. Tener un título y que luego te lo quiten tiene que doler mucho, Y SI NO QUE SE LO DIGAN A URDANGARIN. Como Plutón ya no es planeta, queda Neptuno como el más distante.

Y como ya hemos visto, estar lejos significa años largos y frío, mucho frío. Un año en Neptuno dura 165 años terrestres. Como para ir allí de Erasmus a terminar la carrera. La tesis ya ni te digo. Tanto tarda en girar alrededor del Sol que no fue hasta 2011 que Neptuno completó una órbita completa desde su descubrimiento. Tiene una atmósfera muy revuelta y se han observado huracanes con vientos de hasta 2,000 kilómetros por hora. Aunque seguramente lo que más te pueda sorprender de Neptuno no son sus vientos ni que sea colchonero.

Lo mejor de Neptuno, como ocurre con las personas menos agraciadas y los pasteles rellenos de crema, está en su interior. Allí se dan las condiciones de presión necesarias para la descomposición del metano en cristales de carbono. Y ***UN CRISTAL DE CARBONO, AMIGO MÍO, ES UN DIAMANTE.*** Sí, es una de las curiosidades del carbono que recuerda al cuento del patito feo. Una masa amorfa de átomos de carbono da lugar al carbón, como el que traen los Reyes Magos. Pero una red ordenada de átomos de carbono da lugar a un diamante. Los átomos son los mismos. Así que si te gusta el orden y tienes un Quiminova, cuando te regalen carbón ya tienes tarea para esa semana. Sólo necesitas colocar bien las piezas. Aunque mejor no lo intentes: necesitas las condiciones de presión que se dan, por ejemplo, en el interior de un planeta gaseoso y grande. Esta circunstancia abre la posibilidad de que en Neptuno lluevan diamantes, haya lagos de diamantes, océanos de diamantes, tal cual. Esto no se sabe con certeza: Neptuno es un planeta muy alejado de la Tierra, de modo que hay muchos misterios aún por resolver acerca de él.

Incluso siguen descubriéndose nuevos satélites de este planeta, como ocurrió en 2013. Recordemos que no se conoce perfectamente el interior de la Tierra, ni siquiera el fondo de los océanos, así que es fácil imaginar la de cosas que quedan por aprender de planetas como éste. Eso sí, **parece más que posible que allí, DE ALGUNA MANERA,** *se pueda complacer a Audrey Hepburn y su desayuno con diamantes.*

Más allá de Neptuno tenemos a Plutón, y luego el cinturón de Kuiper y la nube de Oort. El cinturón de Kuiper es de nuevo un conjunto de rocas que orbita al Sol en la distancia, como el de asteroides. Algunas rocas muy grandes, de unos 1,000 kilómetros de radio, y otras más pequeñas. De la nube de Oort poco se sabe y nunca se ha podido observar. Según se piensa es la fuente principal de los cometas que vemos en la Tierra de vez en cuando. Se trataría de una nube esférica formada por rocas de diferente tamaño y en cantidad desconocida, que se encontraría en promedio a 1 año-luz de distancia del Sol. Así que viajando a la velocidad de la luz (cosa imposible, por cierto) se tardaría un año en llegar. Esto es muy, muy, muy lejos.

En resumen, nuestro Sistema Solar no sólo nos asombra, sino que también nos presenta numerosos enigmas. Seguramente te hayas quedado sorprendido con las maravillas de nuestro lugar en el universo. Cada planeta es especial y único, como la Tierra. Es nuestra casa, nuestro vecindario, el lugar donde vivimos. Y al igual que sería absurdo no saber dónde está el ascensor, a dónde hay que bajar la basura o dónde echa el cartero las cartas, sería incomprensible no saber nada sobre nuestro hogar cósmico, el Sistema Solar.

La Galaxia

Si nuestro Sistema Solar es como una comunidad de vecinos, nuestra galaxia, la Vía Láctea, sería nuestra ciudad. Una galaxia es una agrupación de cuerpos (estrellas, planetas y vete tú a saber qué más) en torno a un centro de gravedad. La nuestra aparece como un manchurrón luminoso que cruza el cielo despejado por la noche (veremos por qué más adelante), de ahí lo de Vía Láctea, que significa "camino de leche". Este nombre proviene de la mitología griega. Según creían, la leche salió del pecho de la diosa griega Hera. En realidad la palabra *galaxia* viene del griego y también significa "leche". O sea, que decir "la galaxia Vía Láctea" es referirse dos veces a la leche. Algún tipo de obsesión debían de tener estos griegos con la leche. **¿Por eso tanto rollo con los yogures griegos?** Dejémoslo ahí. Normalmente en las ciudades no se ve, pero si eres suficientemente afortunado de poder ir al campo en una noche clara seguramente la veas.

Las galaxias se forman por una acumulación de gas al inicio del universo. Este gas, por el efecto de la gravedad, comienza a comprimirse y en consecuencia a girar rápido. Todo cuerpo que gira rápido se achata por los polos, como la Tierra, haciendo que finalmente la nube esférica inicial forme un elipsoide y finalmente un disco plano (así ocurre en las galaxias similares a la nuestra). Este gas va formando pequeñas agrupaciones que luego dan lugar a estrellas —en el caso de que la masa sea suficientemente grande— o planetas de gas como Júpiter, que no llegan a brillar. Los planetas rocosos, como la Tierra, se forman por agrupación de elementos más pesados.

La Vía Láctea contiene entre 200,000 y 400,000 millones de estrellas. El Sol es una de ellas, una estrella normalita, del montón, nada especial. COMO LA CANCIÓN DEL VERANO, UNA MÁS PERO CON *punch*. Las estrellas de la Vía Láctea forman dos brazos espirales principales. El Sol se encuentra en uno de estos brazos, tirando hacia el borde, a veintisiete mil años-luz del centro galáctico. Sí, nuestro Sol es una estrella normalita situada en lo que sería un barrio periférico de una gran ciudad. Podríamos decir que nuestra estrella es de la clase obrera, de las que se levantan todos los lunes a las seis para ir a trabajar. Una estrella humilde, no es de "la casta".

Para los que aún piensen que el Sol está parado, de eso nada. Gira alrededor del centro de la Galaxia, al igual que sus compañeras, a unos 200 kilómetros por segundo. Vamos, a toda velocidad. Además, cuando

miras arriba parece que estás observando el universo profundo, pero en realidad sólo se ve una mínima porción de lo que ocurre ahí fuera. Lo que vemos son sólo las compañeras más cercanas a nuestra estrella dentro de la Vía Láctea. Próxima Centauri, la más cercana, forma parte de un trío de estrellas iguales.

Como las Sweet California o Los Panchos. El grupo se llama Alfa Centauri. Un buen nombre para un trío musical adolescente, y gratis.

El disco de la Vía Láctea tiene unos cien mil años-luz de diámetro. En su centro hay una mayor concentración de estrellas que forma un "pequeño" elipsoide al que llamamos "bulbo". En el centro del bulbo hay ¡un agujero negro supermasivo! Sí, así es, y se llama Sagitario A*. NO MIREN LA NOTA A PIE DE PÁGINA, **PORQUE NO LA HAY**: el asterisco es parte del nombre. A mí me pasó alguna vez al principio. Novato que era uno.... Hablaremos más en detalle sobre el tema más adelante, pues numerosos estudios han confirmado la presencia en el núcleo galáctico de un agujero negro de una masa de 2.6 millones de veces la del Sol. El agujero no se puede ver, pero se han observado numerosas estrellas orbitando a gran velocidad en torno a ese monstruoso cuerpo que no para de engullir materia, como hace ese hueco entre el asiento del piloto y el freno de mano... Más o menos. ¿Caeremos en ese agujero negro? No, en principio. La influencia que tiene sobre nosotros desde tan lejos no le da para engullirnos.

Es el disco plano de la Galaxia lo que vemos cuando tenemos la suerte de estar ante un cielo nocturno limpio y despejado. La mancha blanca que se forma se debe a la gran acumulación de estrellas y nubes de polvo que hay en el plano galáctico. Cuando se mira en otra dirección hay menos estrellas. El Sol y el Sistema Solar forman parte de esa mancha blanca, aunque desde nuestra posición es difícil apreciarlo. Si estás en una manifestación verás más cabezas si miras en horizontal que si miras hacia arriba o abajo. Igual ves alguna cabeza suelta en algún edificio al mirar hacia arriba, alguien asomado en un balcón o alguien haciendo parapente. Igual si miras al suelo veas alguna cabeza aislada, algún chico hecho bola con un antidisturbios dándole porrazos. Pero verás pocas, normalmente: la mayor parte de las cabezas estarán en el plano horizontal. Igual pasa con el cielo, pero con estrellas en vez de cabezas.

En realidad la Galaxia es más que sólo este disco y su bulbo. Tiene lo que se conoce como "halo galáctico", una región en forma de elipsoide que contiene el disco y el bulbo y que está formado por estrellas viejas (enanas marrones o rojas) algunas de ellas agrupadas en cúmulos globulares. Estas estrellas orbitan alrededor del centro de la Galaxia atravesando el disco de vez en cuando. Supuestamente este halo cuenta también con materia oscura, pero de esto hablaremos en otro capítulo con más calma.

Qué trauma no ser el centro del universo, **¿verdad?** Eso de estar en el extrarradio de una galaxia con más de 200,000 millones de estrellas como la nuestra... Bueno, quizá queda el consuelo de pensar que nuestra galaxia es única o está en el centro... ¡Pues no! Hay tantas galaxias en el universo como estrellas en nuestra galaxia. Es decir, cientos de miles de millones, repartidas por todo el espacio.

Lo contado hasta ahora respecto a la estructura de una galaxia se refiere a una determinada, la Vía Láctea. En realidad la nuestra es un tipo particular de galaxia, de las llamadas espirales, que son muy numerosas, pero no es la única clase. Hay otras, como las elípticas (no forman disco, sino que tienen sus estrellas distribuidas en un elipsoide) o las irregulares (sin forma definida). Los tipos de galaxias fueron clasificados por Edwin Hubble en lo que se conoce como "diagrama de tenedor".

Estas galaxias se unen en cúmulos y supercúmulos. En un cúmulo puede haber decenas, centenas o miles de galaxias. Nuestro cúmulo se llama el Grupo Local. Disculpen por el nombre, los hay más originales, cierto. Este grupo contiene unas treinta galaxias de diferente forma y tamaño. Las reinas son Andrómeda (no puedo evitar pensar en los **Caballeros del Zodiaco** cada vez que lo leo) y la nuestra, la Vía Láctea. Ambas son galaxias espirales, son las de mayor tamaño y se encuentran cerca del centro del grupo, a dos millones de años-luz una de otra. Y están aproximándose. ¿Podrían llegar a colisionar? Pues sí: las colisiones de galaxias son bastante frecuentes en el universo. Cuando decimos "frecuente" no es como los anuncios en Antena 3, pero pasa. Y sí, Andrómeda y la Vía Láctea colisionarán. Se estima que esto ocurrirá dentro de tres mil a cinco mil millones de años. ¿Moriremos? Tú y yo ya habremos muerto hace mucho, así que no te preocupes. Habrá otras cosas más importantes por las que inquietarse para entonces, como la extinción del Sol. Aun así, la Galaxia es tan grande y está tan vacía (la distancia entre cuerpos es gigantesca) que es poco probable que el Sol o la Tierra choquen contra algo en Andrómeda. Lo más seguro es que ambas se mezclen formando una nueva supergalaxia. Hay animaciones preciosas de esta colisión galáctica en internet que merece la pena buscar. Luego borra el historial, no vea tu padre que estás usando la computadora para buscar cosas de ciencia y le dé un infarto de alegría. Por cierto, otra galaxia famosa dentro de nuestro grupo es la Gran Nube de Magallanes.

Como antes mencioné, las galaxias se agrupan en cúmulos y éstos en supercúmulos. Nuestro Grupo Local pertenece al supercúmulo de Virgo. Es un disco plano de unos doscientos millones de años-luz de diámetro con el cúmulo de Virgo cerca de su centro. Allí se encuentra lo que se llama el Gran Atractor, que como su nombre indica... Pues eso, un centro de atracción gravitatoria, un Brad Pitt galáctico. Nosotros, en nuestro Grupo Local, nos encontramos en un borde del supercúmulo. ¡Cómo nos gustan los bordes! En el universo hay millones de supercúmulos como el nuestro formando filamentos separados por espacio vacío.

Así pues, hay cientos de miles de millones de estrellas en nuestra galaxia y cientos de miles de millones de galaxias en el universo. ¡Qué espectáculo tan bonito sería verlo todo desde fuera. Antes de pasar a otra cosa me gustaría mencionar algo que me estremece y espero no se malinterprete, y es la conexión que hay entre el mundo de lo pequeño (átomos y partículas) y de lo grande (galaxias y cúmulos). Y también la conexión entre áreas como la biología y la física. Por ejemplo, el parecido de muchas nebulosas a un ojo humano; o de la red de filamentos de supercúmulos a la red neuronal de un cerebro; o que el número total de estrellas en el universo sea similar al de átomos en nuestro cuerpo. De alguna forma cada uno de nosotros es un universo en sí mismo.

Midiendo el universo

A mí esto me pasaba mucho cuando estaba en el colegio. Cuando decían "La masa del Sol es..." yo me imaginaba a **un científico poniendo el Sol en una báscula**. O cuando se decía "Marte está a...", me imaginaba a otro con una regla enorme. O cuando decían "La luz tarda en llegar...", ahí estaba otro con un cronómetro. Báscula, regla y cronómetro son instrumentos que usamos para medir masas, distancias y tiempo. Pero sólo las podemos utilizar a escalas cotidianas: kilogramos, metros y segundos. Cuando intentamos medir algo que se escapa de esto, tanto por encima como por debajo, estos instrumentos dejan de ser útiles. Cuando queremos pesar una estrella o toda una galaxia, o saber la masa de un protón, cuando queremos saber la distancia a una galaxia lejana o el tamaño de un átomo, cuando queremos saber la edad del universo o el tiempo que tarda un átomo radiactivo en desintegrarse, hay que utilizar otros instrumentos. ¿Cuáles?

A lo largo de la historia unos seres superiores al resto de los mortales, los científicos, han encontrado formas ingeniosas de medir todo lo que queda lejos de nuestro alcance normal. Si es imposible poner la Tierra en una báscula, la clave será encontrar una relación, algo como una ecuación que conecte lo que *queremos* medir, con lo que *podemos* medir. Por ejemplo, sabemos que el periodo de un péndulo, el tiempo que tarda en ir y volver, depende de la longitud del péndulo y de la masa y el radio del planeta donde estás. Hacer un péndulo y medir el tiempo que tarda en completar un ciclo nos permite medir la masa de la Tierra si sabemos su radio, simplemente resolviendo la ecuación que relaciona todas las magnitudes. En este ejemplo tenemos todos los elementos mencionados: una magnitud que no podemos medir directamente (la masa de la Tierra), y dos que podemos medir con nuestros aparatos de medida (el periodo del péndulo y su longitud), por medio de un cronómetro y una regla. Usando esa ecuación que nos permite relacionar todo, medimos la masa de la Tierra sin necesidad de tocarla ni de ponerla en una báscula, sólo usando nuestros conocimientos.

Te planteo un reto: intenta pensar cómo podrías medir la altura de un farol con una cinta métrica y sin subirte al farol. TIENE QUE SER EN UN DÍA CON SOL (pista). ¿Te atreves? Mientras te lo piensas voy a presentar a algunos de los mayores cerebritos de la historia, personas que han medido lo imposible haciendo uso de la herramienta más valiosa que tenían a su alcance: el ingenio.

El primer ejemplo es Eratóstenes de Cirene. Yo mismo me llevé una sorpresa cuando me enteré de que los griegos no sólo se habían adelantado siglos con la teoría atómica y con ciertos conceptos de materia y vacío, sino que habían hecho lo mismo en astronomía. Ya en aquel entonces se había planteado que la Tierra giraba alrededor del Sol. La idea fue propuesta por Aristarco diecisiete siglos antes de que Copérnico lo hiciera. También pensaban que la Tierra no era plana, hasta tal punto que incluso habían medido satisfactoriamente su radio. Y no se quedaron ahí. Fueron capaces de medir no sólo el tamaño de la Tierra, sino también el del Sol, la Luna y sus distancias respectivas, aunque no en todos los casos con el mismo éxito. Es increíble pensar que más de mil años después la gente siguiera pensando que la Tierra era plana y se encontraba en el centro del universo. La pregunta es: ¿cómo demonios, con la tecnología de la época, se las podían arreglar para medir el tamaño de la Tierra?

Fue Eratóstenes de Cirene quien realizó esa medida. No tuvo más que colocar un palo **(¡un palo!)** en vertical y medir la sombra que proyectaba. Bueno, antes de esto tuvo que pensar mucho. El caso es que sabía que en el día del solsticio de verano (21 de junio) en la ciudad egipcia de Siena, a mediodía, un palo no proyectaba sombra (es decir, el Sol estaba en el cénit). Había observado que en su ciudad, Alejandría, situada más o menos en el mismo meridiano, ese mismo día a esa misma hora el palo sí proyectaba una sombra apreciable. Esto era un indicio de que la superficie de la Tierra está curvada. Así que sólo le faltaba un dato: la distancia entre las dos ciudades. Para medir esto contó con la ayuda de un esclavo, LO QUE VIENE A SER UN PASANTE, que hizo el viaje y midió esa distancia. Sabiendo el ángulo que proyectaba la sombra en Alejandría (en Siena era perpendicular al suelo), tenía todo lo que necesitaba para, con un par de multiplicaciones, calcular la circunferencia de la Tierra y, con ello, su radio. Eratóstenes fue capaz de dar un valor al radio de la Tierra muy cercano al que conocemos en la actualidad con sólo un palo, la medida de una sombra y los pies del esclavo. Y mucho ingenio. Este experimento lo puedes hacer tú mismo, en la calle, delante de tu casa. Es muy sencillo y recomendable. Eso sí, para hallar la distancia entre ciudades no se usan ya esclavos: **ES MEJOR EL GOOGLE MAPS**. El de Eratóstenes es un genial ejemplo de cómo medir lo inalcanzable, por grande o demasiado pequeño (como el tamaño de un planeta o de un átomo) midiendo primero algo alcanzable (como una sombra o un pie). Sólo necesitamos una forma ingeniosa de hacerlo.

Los griegos fueron también capaces de medir el tamaño del Sol y la Luna, aunque no con excesiva precisión. Para encontrar las primeras medidas precisas de los tamaños y distancias de los planetas en el Sistema Solar hay que remontarse al siglo XVII, y ello gracias a importantes avances como el telescopio o un ingenio interesante que introdujo William Gascoigne: el micrómetro. Es una especie de regla que se introduce en el telescopio y que permite hacer medidas más precisas. Gracias a estas mejoras Cassini dispuso de las condiciones perfectas para realizar la medición de las distancias en el Sistema Solar. Para ello aprovechó que en 1672 Marte se encontraba en la posición más cercana a la Tierra en su órbita. ¿Cómo midió la distancia a Marte? De una forma también muy ingeniosa que no inventó él: lo que se conoce como paralaje estelar. Es un sistema de calcular distancias que a menudo utilizamos de forma inconsciente. Puedes hacer un experimento. **AUNQUE LA GENTE TE MIRE RARO** (igual estás en el metro, en un bar o en la iglesia), estira el brazo en horizontal y levanta el pulgar, como en un *like* de Facebook. Ahora cierra el ojo derecho dejando abierto el izquierdo. Enseguida hazlo al revés, cierra el izquierdo y abre el derecho. Verás que tu dedo parece moverse con respecto al fondo. Pero tu dedo no se está moviendo. Lo que ocurre es que tienes dos ojos y cada uno está en un lugar de la cara diferente, por lo que cada ojo tiene un punto de vista distinto.

Repite la operación pero en vez de fijarte en tu dedo gordo observa algo que tengas más lejos, como a tres o cuatro metros, un bote de basura o un bolígrafo. ¿Ves que al hacer lo del ojo ahora no cambia tanto de posición? Es así como el cerebro interpreta las distancias, gracias a que tenemos dos ojos y que están separados. También es la razón por la que cuando nos tapamos un ojo nos cuesta mucho más acertar a agarrar cosas o no chocar con muebles. El cerebro toma la imagen de cada ojo y calcula las distancias: si los objetos presentan una visión muy diferente, es que está muy cerca; si la visión es casi igual, es que están más lejos. Así funciona también el efecto 3D de las películas. Tu cerebro es capaz de triangular de forma muy precisa. Y tú vas y repruebas el examen de trigonometría básica, **ingrato**.

Con este procedimiento podemos medir distancias a planetas o estrellas. Necesitamos: dos "ojos" separados cuanto más mejor (así la medida será más precisa), el objeto cuya distancia queremos medir y un fondo sobre el que podamos tener referencias (recuerda el ejemplo del dedo gordo: necesitas compararlo con algo situado detrás y que esté más o menos fijo). Cassini usó como ojos dos telescopios y como distancia la mayor que podía: un observatorio en París y otro en la desembocadura del río Cayenne, en la Guayana francesa. El objeto a observar era Marte, y el fondo fijo, las estrellas. Éstas, con respecto a Marte se encuentran tan, tan, tan lejos que su posición apenas cambia mirándolas desde dos puntos de la Tierra cualesquiera. Es como si fueran fijas. Había una dificultad técnica: la observación habría de hacerse en los dos telescopios a la vez. **Se podrían llamar**, *pensarás*, O ENVIAR UN WHATSAPP. O mirar el reloj. Pero recuerda, estamos en 1672 y no hay teléfono, ni WhatsApp, ni relojes precisos, ni nada por el estilo. Pero Cassini y su pandilla eran chicos listos y decidieron usar para sincronizarse las lunas de Júpiter. Con este experimento pudo calcular la distancia de la Tierra a Marte, lo cual abría la puerta a medir todas las distancias en el Sistema Solar.

Cassini estableció la medida más precisa de su época de la distancia Tierra-Sol, situándola en 140 millones de kilómetros. La distancia que se considera hoy como válida es de 150 millones de kilómetros en promedio. Fue un paso importantísimo para comprender la verdadera escala de nuestro Sistema Solar. En tiempos antiguos la distancia al Sol se había estimado en 3.2 millones de kilómetros (Copérnico); Tycho Brahe había calculado 8 millones y Kepler 22.4 millones. La medida de Cassini ampliaba mucho el tamaño del universo.

Para medir distancias mayores, a estrellas cercanas de nuestra galaxia, el método de paralaje estelar se puede usar e incluso mejorar. En vez de tomar medidas en dos puntos de la Tierra diferentes se puede aprovechar el movimiento de traslación de la Tierra y tomar medidas en dos puntos contrarios de la órbita alrededor del Sol. Con ello la distancia entre los dos "ojos" es mayor y podemos alcanzar mayor precisión.

Sin embargo, para estrellas que no están en nuestro entorno o que están en otra galaxia, el método de la paralaje no es suficiente, ya que apenas se percibe cambio en la posición por mucho que separemos los dos "ojos". Hay que buscar otro método de medida. El héroe en este caso es una mujer, **una heroína**, cuestión que merece una mención especial. En la historia de la ciencia hay relativamente pocas mujeres que hicieran grandes aportaciones. El motivo es que no les estaba permitido estudiar y mucho menos trabajar las disciplinas científicas. Hoy por suerte las cosas han cambiado mucho, aunque las mujeres siguen encontrando problemas puntuales en un mundo, el científico, dominado por los hombres. Ojalá pronto las mujeres no encuentren ningún tipo de barrera para dedicarse profesionalmente a la ciencia en iguales condiciones al hombre. El caso presente es, como el de Marie Curie y otras tantas mujeres en ciencia, el de una mujer que consiguió pasar a la historia a pesar de las grandes dificultades que encontró.

Henrietta Swan Leavitt, nacida en 1868, era una de las **"calculadoras"** que trabajaban para el astrónomo Edward Pickering. Las llamaban así porque su trabajo era puramente mecánico: consistía en observar placas fotográficas y hacer cálculos. Observó entre tanto dato un interesante patrón: había un tipo de estrellas —que ahora conocemos como Cefeidas— que parpadeaban. Y su brillo variaba con el tiempo. Algunas lo hacían en ciclos cortos, de un día o similar, y otras en periodos más largos, de casi un mes. Lo que observó Leavitt fue genial: pudo ver que las que tenían periodos más largos eran más brillantes y las que tenían periodos más cortos lo eran menos.

Seguramente estarás pensando: **"¿Y ESO QUÉ MÁS DA?".** Pues es que esto era algo que los científicos de la época llevaban buscando muchos años. Este comportamiento tan especial de algunas estrellas podía servir para medir distancias. Una forma de medir la distancia a una estrella lejana es por su brillo. Cuanto más lejos está la estrella, menos brillante parece, ¿no? Mides el brillo de una estrella y ya tienes su distancia... ¡Para! No es tan fácil. Una estrella que brilla poco en el cielo puede ser en realidad muy brillante pero parecer débil porque está muy lejos. Del mismo modo, una estrella más apagada podría parecernos muy brillante sólo porque está cerca. El problema es que tenemos muchos tipos de estrellas, de diferente tamaño y de diferente brillo, lo que hace imposible, en principio, usar el brillo que observamos para medir distancias. Pero entonces llegan al rescate... ¡las variables Cefeidas! Sí, unas estrellas cuyo brillo varía en relación con su periodo. Si tienes dos Cefeidas del mismo periodo, y que por lo tanto brillan igual de forma intrínseca, ya tienes un medio de calcular distancias. De la más cercana puedes saber su lejanía por paralaje;

para la otra... La situación es similar a tener dos focos de la misma luminosidad en un pasillo muy largo y oscuro. Si están a la misma distancia brillarán igual. Cuanto más lejos pongamos el segundo foco, menos brillante lo veremos. Pero como podemos compararlo con el primero, que sabemos a qué distancia está, podemos calcular también su propia lejanía. Así, si su brillo aparente es la mitad que el del primer foco, entonces su distancia será el doble (no es exactamente así, ojo, pero evitaremos entrar en más detalles); si su brillo es un tercio, la distancia será triple, y así sucesivamente. **¿Verdad que es genial?** La receta para calcular una distancia estelar es sencilla: buscas una Cefeida que esté "cerca" y mides su distancia por paralaje. Buscas otra Cefeida dentro de un grupo de estrellas lejanas, mides el periodo y así conoces su brillo real. Con unos simples cálculos puedes saber la distancia a la Cefeida lejana. Y como esa Cefeida está en un grupo, conoceremos aproximadamente la distancia a todo el grupo, porque más o menos estarán cerca entre ellas.

¡Milagro! Ya podemos explorar el cosmos usando estas estrellas denominadas "candelas estándar". Este hallazgo supuso un avance muy importante para la comprensión del universo. Porque a principios del siglo XX aún no estaba muy claro en qué consistía el universo. Se pensaba que el Sol estaría en el centro de la Vía Láctea y que nuestra galaxia ocuparía todo el universo, no habría nada más. Sin embargo, había un conjunto de nubes de gas que los científicos de aquella época no llegaban a comprender del todo, las nebulosas. Había una en particular que parecía estar especialmente cerca, Andrómeda. Gracias a los avances, con cada vez mayores y más precisos telescopios, se pudo estudiar Andrómeda y ver que estaba formada por estrellas. Sin embargo, el debate sobre el verdadero tamaño de la Vía Láctea y la naturaleza de esas nubes seguía abierto.

Por un lado estaba Harlow Shapley, que trabajaba en el famoso observatorio del Monte Wilson, en Estados Unidos. Publicó unos resultados en 1918 que generaron mucho revuelo. En ellos se mostraba que la Vía Láctea era inmensa, de trescientos mil años-luz de diámetro, y que el Sol se encontraba muy alejado del centro. Según este cálculo, nebulosas como la de Andrómeda parecían quedar dentro de la Vía Láctea de acuerdo con los datos conocidos. Por otro lado Heber Curtis defendía la teoría de los "universos-islas", según la cual las nebulosas eran otras galaxias como la Vía Láctea. En el caso de Andrómeda este astrónomo determinó que se encontraba a centenares de miles de años-luz y por lo tanto fuera de nuestra galaxia. Esta discusión no se cerró hasta que un joven científico, Edwin Hubble, llegó a Monte Wilson en 1919 para operar un nuevo telescopio, el más grande de su época. En observaciones que hizo en 1923 pudo identificar variables Cefeidas en dos nebulosas que estaba estudiando (Andrómeda y NGC 6822). Con sus medidas demostró que, en efecto, estas nebulosas estaban a varios cientos de miles de años-luz y por lo tanto no formaban parte de la Vía Láctea. Hubble pudo medir galaxias más lejanas y ampliar el tamaño del universo hasta al menos quinientos millones de años-luz. En este espacio cabían varios cientos de millones de galaxias.

Aunque se quedó muy corto (Andrómeda está a más de dos millones de años-luz y el universo tiene miles y miles de años-luz) fue la primera vez en la historia que nos dimos cuenta de la inmensidad del universo. Hubble nos abrió los ojos a un cosmos muy diferente. Ya no cabía una sola galaxia, sino varios millones. Nuestro universo se había multiplicado en todos los sentidos unos cuantos millones de veces: en tamaño, en número de estrellas y en número de galaxias. Nuestro universo era mayor de lo que nunca se había siquiera imaginado.

¿Ya has pensado cómo medir la altura del farol? Igual puedes medir su sombra y con eso es suficiente, ¿no es mucho más fácil? Sabiendo la relación altura-sombra de cualquier otro objeto, como una regla o un bote de basura, podrás obtener la altura del farol... **¡Y sin tocarlo!** ¡De cuántos líos nos podemos librar con sólo usar un poco nuestro ingenio!

Gracias a ésta y otras medidas hoy sabemos que hay cientos de miles de millones de galaxias en el universo, cada una con cientos de miles de millones de estrellas y cada una de estas estrellas con planetas como el nuestro (los exoplanetas). La Vía Láctea no es sino una galaxia más; el Sol, una estrella normal; y la Tierra, otro planeta más. Tan grande es el universo y tan pequeños somos nosotros que es normal que nos preguntemos... ¿estaremos de verdad solos en esta inmensidad?

Más allá de la Tierra

Si le preguntas a cualquier científico si cree que hay vida más allá de la Tierra su respuesta va a ser seguramente "sí". Y aquí es cuando la gente se agita con el tema de los extraterrestres y toda esa historia de los ovnis, los bichos verdes, etcétera. Esto pasa porque antes de dejar volar la imaginación hay que pensar un poco en qué podría entender un científico por vida. Ahí está la clave de la cuestión. Vida bacteriana es vida, por ejemplo. Cuando decimos que seguramente haya vida en otro planeta no imaginamos un planeta como el de Supermán, **con todos guapos y fuertes**, ni como los de *Star Wars*, con bichos de todo tipo. Bien podríamos hablar de vida bacteriana o cualquier tipo de vida no necesariamente inteligente, en condiciones infrahumanas, como las de un becario. Igual en las profundidades de un mar, bajo una capa de hielo... Sin tanto *glamour*.

Los científicos dicen que sí con motivos. Si hay cientos de miles de millones de galaxias cada una con cientos de miles de millones de estrellas y éstas tienen a su vez varios planetas, ¿no sería lo normal que alguno entre todos ellos tenga unas condiciones apropiadas para la vida? Se estima que hay algo así como cien planetas habitables por cada grano de arena en el nuestro. Raro sería que alguno de ellos no haya desarrollado vida. Incluso nos permite soñar con la existencia de vida inteligente. Y, sin embargo, hoy en día seguimos sin noticias de ninguna civilización como la humana o superior en inteligencia.

Tan extraña puede llegar a considerarse esta situación que ha llegado al punto de considerarse una paradoja. Lo que se conoce como paradoja de Fermi. Un día estaba Enrico Fermi en una comida en Los Álamos (el lugar donde se desarrolló la bomba atómica) pensando en todo esto cuando de repente suspira, sin venir especialmente a cuento, un "¿Dónde está todo el mundo?". Fermi había hecho cálculos mentales: número de galaxias, de estrellas, de planetas... Algo no encajaba. Es una paradoja porque se supone que deberían estar ahí, pero no sabemos nada de ellos. Quizá sea porque no hay nadie o puede que sea porque no se han puesto en contacto con nosotros o no sabemos interpretar sus mensajes. Lo cierto es que aunque el universo es enorme sigue pareciendo que estamos solos.

Ante la paradoja de Fermi hay muchas posturas que se agrupan en dos grandes categorías: o no recibimos nada porque no hay nadie y la raza humana es especial; o sí ha habido o hay otras civilizaciones pero por las razones que sea nunca hemos llegado a contactar con ellos. Si no hay nadie significa que la vida inteligente es muy rara en el universo. Es lo que se conoce como el "gran filtro": un nivel en la evolución de una especie hacia la superinteligencia que es muy difícil superar. Como un final malo de un videojuego que no hay forma de ganar. Si el ser humano ya ha superado el gran filtro quiere decir que hemos tenido una enorme suerte como especie y somos raros en el universo. El gran filtro podría ser, por ejemplo el paso de vida unicelular a pluricelular. Pero si aún no hemos superado el gran filtro quiere decir que en algún momento, más pronto que tarde, acabaremos como especie. Podría ser algún tipo de barrera evolutiva que no se puede superar y que nos espera en un futuro cercano. Éste sería un motivo por el que nadie se ha puesto en contacto con nosotros: todas las civilizaciones, como la humana, llega un momento en que se destruyen.

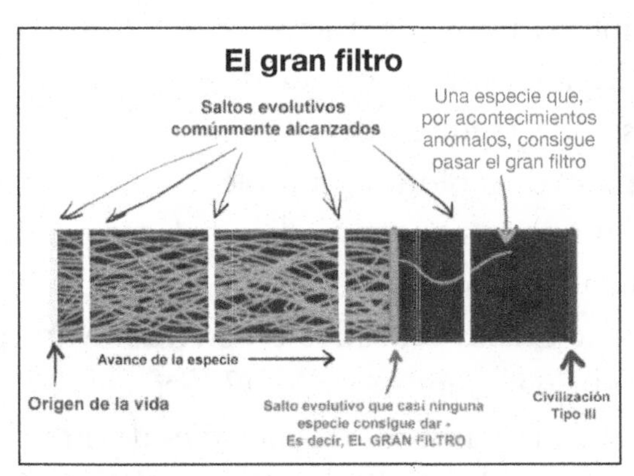

Si la teoría del gran filtro es correcta y el filtro se encuentra detrás de nuestra línea de evolución como especie quiere decir que el ser humano es muy especial, alcanzando un desarrollo que muy pocas especies en el universo consiguen alcanzar.

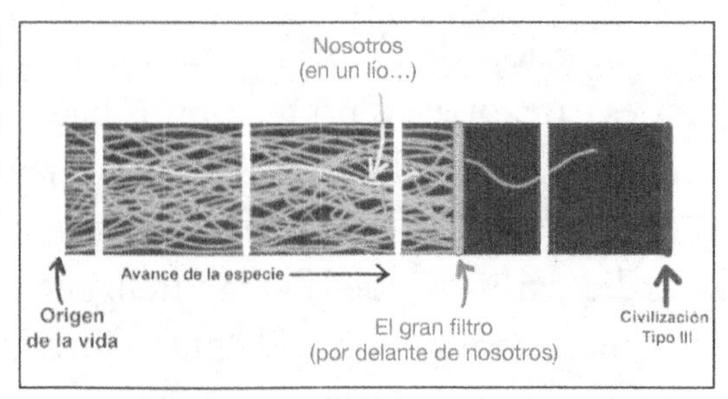

También podría ser que el gran filtro esté por delante de nosotros. En ese caso a la humanidad le espera un futuro poco esperanzador.

El gran filtro podría ser también tecnológico. Por ejemplo, el descubrimiento de algo que haga que una civilización se extinga. Tal vez la energía nuclear: igual todas las civilizaciones desaparecen al poco de descubrirla porque acaban autoaniquilándose.

La otra posibilidad, la de que haya otras civilizaciones ahí fuera pero no hayamos sabido de ellas, tiene muchas variantes. Ya sea que no somos capaces de detectarlas, que **NOS EVITAN**, que nos observan simplemente o que cuando existieron no éramos maduros como especie y no pudimos detectarlos.

Nadie sabe si hay vida inteligente en otro lugar. El universo es gigantesco y apenas estamos comenzando a aprender sobre él. Piensa que el ser humano es un recién llegado, con menos de doscientos mil años de existencia en un universo que ya cuenta más de trece mil millones de años de edad. Somos incapaces de explorarlo completamente y encima unos novatos. Mientras, el universo sigue escondiendo la respuesta a la pregunta de si verdaderamente estamos solos.

Pero no nos quedamos de brazos cruzados esperando. Múltiples iniciativas que se engloban bajo el nombre de SETI (Search of Extra-Terrestrial Intelligence) están a la búsqueda de mensajes de otra civilización. Como el telescopio de Arecibo, en Puerto Rico, o el ATA (Alien Telescope Array) en California. Y no lo hacemos sólo de forma pasiva, escuchando, sino que incluso nos atrevemos a mandar mensajes al espacio. Como ocurrió con las sondas Pioneer y Voyager, hace más de cuarenta años, que se dirigen al interior de nuestra galaxia con un mensaje de parte de la humanidad. Varios científicos, entre ellos Carl Sagan, diseñaron estos mensajes que incluyen música (Mozart, Beethoven), sonidos (mar, viento), imágenes (un ojo, una casa) y nuestra posición en la Galaxia, por si acaso algún día una civilización extraterrestre encuentra alguna de las sondas.

La verdad es que es francamente improbable que algo así ocurra. Hay miles de millones de estrellas en el universo. La más cercana está a cuatro años-luz, que es una distancia enorme. Realmente el universo es inmenso y nosotros somos tan, tan pequeños. Sin embargo, es fundamental que el ser humano siga mirando al cielo si quiere sobrevivir. Tarde o temprano tendremos que abandonar nuestra casa y buscarnos la vida más allá de la Tierra. Sí, sí, no estoy siendo apocalíptico ni tirando de dramatismo. Si no nos cargamos la Tierra antes —que vamos por ese camino—, el Sol sí lo hará, tragándosela dentro de cinco mil millones de años. Ojalá para entonces ya hayamos encontrado otro hogar para vivir.

En tan sólo dos mil años de ciencia y pensamiento hemos pasado de ser el centro de un pequeño universo en el que todo giraba a nuestro alrededor, a ser **una pequeña excepción en una recóndita esquina de un cosmos enorme**, frío y aparentemente muy solitario. Y la frustrante sensación que tenemos continuamente es que cuanto más sabemos, más nos queda por saber.

5

TODO EMPEZÓ CON UN GRAN ESTALLIDO

Por tanto, la teoría casi unánimemente aceptada por la comunidad científica establece que el principio de todo lo que existe, del cielo y de la tierra, del agua de los océanos, de los animales y las plantas, de ti y de mí, de nuestro cerebro que piensa y nuestro corazón que ama, del mundo, de los planetas, de las galaxias, el principio de todo... fue una explosión de mil pares de narices. Pero ¿las explosiones no destruían todo lo que pillaban por medio? Esto de una explosión que crea cosas... ¿qué carajo es?

MIGUEL ABRIL, físico que no entiende nada (Big Van)

El Big Bang

Nuestros sentidos nos engañan. Nuestra intuición muchas veces también. Cuando miramos al cielo tenemos la sensación de ver algo finito, muchas estrellas repartidas por el espacio y poco más. También nos parece algo estático, inmutable, eterno, no sujeto al cambio. Las estrellas están ahí y siempre seguirán ahí. Sin embargo, las observaciones que se realizaron a partir de 1920 con telescopios modernos nos permitieron ver que el universo es inmenso, mucho mayor de lo que se pensaba, y el cielo nocturno que vemos no es más que una mínima fracción de todo lo que existe. Hoy sabemos que en el universo hay cientos de miles de millones de galaxias con cientos de miles de millones de estrellas cada una.

Del mismo modo que la observación detallada del cosmos nos abrió los ojos sobre su verdadero tamaño y dimensión, su escala, estudiar el universo también nos mostró la realidad sobre su evolución temporal: aunque nos parece estático, eterno, inmutable... no lo es. La historia de cómo llegamos a esta conclusión es de las más apasionantes de la ciencia. Y en ese sentido no se puede culpar a aquellos científicos que apostaron por un universo fijo, sin cambio. Cuando uno mira al cielo claro, en una noche despejada y lejos de una gran ciudad, no puede evitar dejarse seducir por la imagen de un universo estático que es, ha sido y siempre será así, tal cual lo vemos. Las estrellas no parecen moverse, no hay "actividad" evidente y... creo que a todos nos produce cierta sensación de alivio pensar que las cosas siempre serán como son ahora. Ya hay suficientes cambios en la Tierra, en los bosques, en los casquetes polares **y en el programa de *"Cámbiame"***. Podemos pensar: "Dejemos que las estrellas, al menos, siempre estén ahí". Una vez más nuestra intuición apunta en una dirección equivocada.

Al igual que ocurre con la verdadera dimensión del universo, los científicos andaban casi completamente a ciegas sobre su evolución temporal hasta la llegada de la relatividad general en 1915. Newton lo supuso infinito y uniforme, bien repartido, puesto que era ésta la única forma que permitía que, a causa de la gravedad, no acabara toda la materia acumulada en una misma región. También surgieron importantes paradojas como la formulada por Heinrich Wilhelm Olbers en 1823, quien planteó que en un universo infinito y estático, el cielo nocturno debería ser tan brillante como el día puesto que, miremos donde miremos, debería haber alguna estrella que nos diera luz. Sin embargo, la creencia general era que el universo no presentaba grandes cambios a lo largo del tiempo. La llegada de la relatividad general habría de cambiarlo todo.

En 1915 Einstein publica la teoría general de la relatividad que, como hemos visto varias veces a lo largo del libro, establece el comportamiento a gran escala del universo. La relatividad general es una teoría de la gravedad, la fuerza dominante a estas escalas, las cósmicas, donde los efectos del resto de las fuerzas son inapreciables. La realidad es que la relatividad es muy compleja. Es un conjunto de ecuaciones cuya solución no es para nada inmediata. Einstein había dado con la visión acertada del universo y era hora de que empezara el juego: buscar la interpretación escondida en sus fórmulas. Y como padre de su propia teoría era normal que fuera el mismo Einstein quien diera el primer paso. Al estudiar las ecuaciones de la relatividad general **Einstein se llevó un pequeño susto.** En un universo donde la gravedad no tiene ningún oponente las ecuaciones mostraban que tendería a comprimirse. Esto era inadmisible: para Einstein un universo que no fuera eterno no tenía ningún sentido. Así que alteró sus ecuaciones introduciendo un elemento que compensaba exactamente a la gravedad y la llamó la constante cosmológica. Este elemento producía un efecto opuesto a la gravedad, una energía de repulsión que hacía que el universo finalmente fuera completamente estático.

ESTO, LA VERDAD, ES QUE SUENA MAL. Meter algo a mano para que las cosas cuadren bien con lo que uno espera **SUENA A HACER TRAMPAS, O PEOR, CHANCHULLO,** como los políticos. Aunque no es tanto así. No es que tuviera una ecuación y pusiera cualquier cosa. No sé, un 4 o una raíz de π. En física, por muchos motivos, en ciertas ecuaciones no se puede introducir un término sin más. Sólo se puede hacer con aquellos que cumplan ciertas condiciones (dimensiones, simetría). Éste era el caso. En la ecuación había lugar para un término así, una constante que dejaba el resto igualmente válido. Tanto que a Einstein le pareció natural hacerle un hueco.*

La popularidad que alcanzó la relatividad general desde que se publicó, y muy en especial a partir de 1919, cuando se hicieron públicos los resultados de los experimentos que apoyaban su validez, ya se conoce. La fama de Einstein era comparable a la de Chaplin y la relatividad era tan célebre como la Coca-Cola. Einstein lo llamaba **"el circo de la relatividad"**. Esto hizo que grandes científicos como De Sitter o Schwarzschild tardaran poco en lanzarse a estudiarla. Sin embargo, fue un científico ruso, Alexander Friedmann, quien en 1922 se topó con algo muy interesante. Estudiando las ecuaciones de la relatividad llegó a la conclusión de que el universo no podía ser estático de ninguna manera. Cuando lanzas una pelota de tenis al aire ésta subirá hasta un punto máximo y luego caerá. Eso si la lanzas tú, con tu bracito enclenque. **Si la lanza Chuck Norris o un vasco**, LA PELOTA LO MISMO ESCAPA DE LA GRAVEDAD DE LA TIERRA **y desaparece de nuestra vista**. En

* Estrictamente hablando, aunque no se ponga, ese término sí que está, pero con el valor particular de cero. No ponerlo es asignarle el valor arbitrario de cero.

todo caso, vuelve a nosotros o se va, pero no hay situación intermedia, nadie ha visto una pelota flotando en el aire para siempre. Lo mismo le pasaba a las ecuaciones de Einstein: o bien daban lugar a un universo que nacía y se iba haciendo grande para luego volver a comprimirse, o bien a otro que se expandía para siempre.

Tendríamos un universo u otro en función del valor de la constante cosmológica. Si la constante cosmológica era mayor que un valor crítico, el universo se expandía para siempre; si era menor, se acabaría contrayendo. Eso sí, no había lugar para un universo estático como el de Einstein. Esto además se correspondía, como mostraba Friedmann, con tres formas distintas para el universo. La primera dice que el universo es cerrado. Tras una primera fase de expansión acaba contrayéndose. Este universo tiene forma de esfera (o más riguroso, geometría esférica), como la Tierra. En este caso tiene un inicio (hoy lo llamamos Big Bang) y un fin (se conoce como Big Crunch). La segunda posibilidad, un universo abierto, muestra una expansión que no sólo nunca se detiene, sino que va cada vez más rápido. Este universo posee geometría hiperbólica, o para aquellos a los que les gustan más las chucherías que las matemáticas, tiene forma de Pringle. El tercer caso es muy particular, el universo plano. En esta situación el universo se expande también indefinidamente pero sin acelerarse.

Los trabajos publicados por Friedmann en 1922 y 1924 no tuvieron mucha repercusión. Entre quienes no resultaron ser precisamente fans de esta visión del universo estaba el propio Einstein, quien se mostró reacio a aceptar el universo dinámico de Friedmann. Su trabajo cayó en el pozo del olvido y la indiferencia, entre otras cosas porque desgraciadamente Friedmann murió poco después, en 1925, con tan sólo treinta y siete años de edad, de fiebre tifoidea, y no pudo defender su visión de universo dinámico que las ecuaciones de Einstein mostraban. Una de las ideas más impactantes de la historia, que el universo no es eterno e inmutable, parecía morir al poco de haber nacido. Sin embargo, la realidad no puede estar oculta eternamente, al menos no en la ciencia.

Unos años más tarde, en 1927, un astrónomo, matemático y sacerdote belga, Georges Lemaître, iba a llegar a una conclusión similar a la de Friedmann. Supuestamente sin conocer el trabajo de Friedmann, Lemaître obtiene una solución similar y muestra que el universo no puede ser estático. No obstante, Lemaître no se queda ahí. En aquella época el mundo de la cosmología observacional estaba en estado de *shock*. Mientras los astrofísicos debatían sobre si el modelo "universo-isla" de Kant, aquél en el que hay muchas galaxias repartidas por el espacio más allá de la Vía Láctea, era correcto, Vesto Slipher acababa de medir el movimiento de hasta doce de esas supuestas galaxias y once de ellas aparecían alejándose de nosotros, cosa que más tarde Edwin Hubble confirmaría. Fue Lemaître el primero en darse cuenta de que ese hecho encajaba perfectamente con la idea de un universo en expansión. Y fue lo suficientemente valiente como para atreverse a rebobinar la película: si ahora toda la materia se aleja entre sí es que antes estaba todo más junto. Lemaître propuso y defendió la idea de un inicio del universo donde toda la materia se encontraría concentrada en una minúscula región, lo que él llamaba "átomo primitivo". **Lemaître es el verdadero padre de la teoría del Big Bang**.

Como Lemaître observó, era ese universo dinámico el que hacía que esas galaxias parecieran estar alejándose de nosotros, aunque este modelo tan simple y bello parecía tener dificultades para ganar seguidores por varios motivos. En primer lugar el modelo del átomo primitivo tenía un intenso olor religioso que los científicos detestaban. Claro, este modelo venía de un físico... **¡Y SACERDOTE!** Y hacía referencia a un momento de "creación", palabra que él siempre quiso evitar. Esto obviamente no ayudaba. En segundo lugar parecía mostrar la existencia de un centro, un punto que da origen al universo y a partir del cual todo se crea y aleja. De nuevo aparecen los fantasmas del pasado, cuando se consideraba que la Tierra era el centro del universo. Aunque Lemaître siempre intentó separar su fe de sus investigaciones, ser científico y religioso no le ayudó mucho. Sin embargo, la visión del cosmos de Lemaître no necesitaba un centro, un punto desde el que surge todo. Fue éste uno de sus mayores logros. Veamos cómo.

Cuando uno imagina un universo en expansión lo primero que imagina es que el universo ocupa un espacio y lo que hace es avanzar y ocupar otro espacio que antes estaba vacío. Si mi habitación es el universo, lo que uno piensa inmediatamente cuando imagina el Big Bang es que tenemos en el centro de la habitación toda la materia del universo bien junta y que con el comienzo del universo empieza a expandirse hasta ocupar todo el cuarto, la ropa tirada, los papeles por el suelo, los mocos pegados a la pared, etcétera. Para nada. No es así, y quizá pensar en esto otro que voy a explicar puede hacer que te explote la cabeza: no existe el espacio más allá del universo. El espacio y el tiempo nacen a la vez que el universo y cuando el universo se expande no ocupa espacio que antes existía. No es así: el espacio se crea según el universo se expande. De hecho el Big Bang no surge en un punto, sino que surgió en todos los lugares a la vez. Es decir, **no hay un centro del universo**. Sé que esto es difícil de imaginar, pero vamos a hacer un esfuerzo. Supongamos que la península ibérica es el universo. Madrid y Barcelona hoy se encuentran distanciados unos 620 kilómetros. La expansión de nuestro universo, la península ibérica, no significa que todas las ciudades, Barcelona, La Coruña, Murcia... estuviesen juntas en el centro de la península ibérica y que con el tiempo fueran separándose hasta ocupar el lugar donde están hoy. Muy al contrario, habría que imaginar que la península ibérica en sí misma se habría expandido. Es el propio espacio el que se estira, aumentando las distancias entre las ciudades. Siendo esto así habría que imaginar una península ibérica mucho más pequeña en su inicio, pero con sus ciudades realmente separadas. El Big Bang de nuestro universo, la península ibérica, tendría lugar en todo el espacio, en cada ciudad, haciendo que el espacio mismo se expandiera, sin un centro particular. La expansión ocurre en todos y cada uno de los puntos.

Si aún no te ha explotado la cabeza y desparramado los sesos por todo el espacio vamos a seguir con esto de la expansión. Que el universo se expanda desde todos los puntos a la vez, que no haya centro, que no exista el espacio fuera del propio universo, son ideas difíciles de visualizar imaginando nuestro propio mundo, pero puede resultar más sencillo si lo simplificamos un poquito. Imaginemos que en vez de vivir en un espacio de tres dimensiones (alto, largo y ancho), estamos en otro de dos. Somos seres planos viviendo en un mundo plano. La tercera dimensión para nosotros no existe, no sabemos lo que es, no tiene sentido. Gracias a nuestros telescopios planos podemos mirar más allá y observamos que todas las galaxias se alejan de nosotros. Muy bien, pensamos que nuestro mundo plano está en expansión. Podríamos pues, imaginar que nuestro mundo es como la superficie de un globo y NUESTRAS GALAXIAS SON COMO MUCHAS CALCOMAÑIAS DE SMILEYS PEGADAS POR LA SUPERFICIE DEL GLOBO. Elige la tuya propia. Esta analogía funciona bastante bien. Al inflar el globo todas las calcomanías se separan entre ellas. Además la superficie del globo al expandirse no ocupa un espacio que ya existía, simplemente se está estirando: es su propio espacio el que se expande. Porque, recordemos, esa tercera dimensión del globo, para los seres de dos dimensiones no existe. Y lo mismo pasa con el centro de ese universo. Nosotros podemos pensar que el centro está en el interior del globo porque somos tridimensionales, pero para los seres de dos dimensiones no existe ese centro: todo el espacio se expande según el globo se infla y parece plano.

Con esta analogía hay que tener un poco de cuidado. Cuando pasamos de dos dimensiones a tres la cosa se complica un poco, pero si se hace un esfuerzo mental se puede entender. Y no, todo esto no confirma que haya una cuarta dimensión que no podemos ver: simplemente es una forma de visualizar cómo puede algo expandirse sin necesidad de que exista un centro y sin que tenga que ocupar un espacio preexistente.

Entonces, ¿al expandirse el universo nuestro planeta se expande, nuestra casa se expande, yo me expando? No, amigo. **ESTO TAMPOCO PUEDE SERVIR DE EXCUSA PARA SEGUIR COMIENDO PASTELES**: "No he engordado, es el universo, que está en expansión". La expansión es implacable a grandes escalas, más allá de las galaxias, a escala cósmica. Sin embargo, a nuestra escala las fuerzas nucleares y eléctricas son mucho más fuertes y vencen a esta expansión. El espacio se infla, aumenta, pero las dimensiones de átomos y moléculas se mantienen, no consiguen estirar la materia.

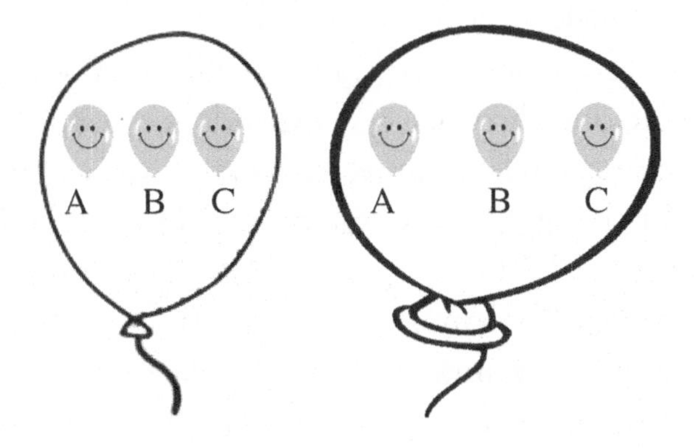

Ver en el alejamiento de las galaxias, medido experimentalmente, una prueba de la expansión del universo fue uno de los grandes méritos de Lemaître. Sin embargo, él fue un poco más allá. Volvamos al globo que se infla y pongamos tres calcomanías en línea. Si inflo el globo hasta dejarlo al doble del tamaño, las dos primeras calcomanías se habrán situado al doble de distancia, al igual que la segunda de la tercera. Esto hace que la distancia entre la primera y la tercera sea cuatro veces mayor. Es decir, las distancias crecen más deprisa cuanto más separados están dos puntos. Esto parece obvio, ¿verdad? Es una consecuencia de la expansión de la superficie del globo, y también lo observó Lemaître. Cabría esperar que las galaxias más alejadas se alejaran más rápido que las que están más cerca. Es así, y hoy se conoce como ley de Hubble, debida al astrofísico norteamericano Edwin Hubble, quien observó este hecho en 1929, dos años después de que Lemaître lo predijera. La ley de Hubble establece que la velocidad de retroceso de una galaxia depende de la distancia a la que se encuentre: cuanto más lejos está, más rápido se aleja. Este hecho es extraordinario, puesto que apunta a un universo que se expande sin centro, como había predicho el científico belga. Cualquier galaxia que escojamos, no importa cuál, va a ver al resto de las galaxias alejarse de igual manera.

Aunque parece que los datos eran suficientemente claros para que nadie dudara de que el universo se expande, no todos los científicos parecían apoyar la idea de un universo con un inicio, lo que hoy conocemos como Big Bang. Las observaciones de Hubble de 1929 se unieron a los cálculos de Eddington, uno de los científicos más respetados en aquella época, quien demostró que el modelo estacionario de Einstein era inestable: una mínima variación hacía que se expandiera o se contrajera. Como se puede ver, hasta que alguien con gran reputación y renombre no apoya una teoría novedosa es difícil que sea generalmente reconocida. Algo similar a lo que pasa ahora, pero en vez de Einstein o Eddington esa persona reconocida es **Mariló Montero**. Eddington había mostrado que, como una pelota en lo alto de una colina, que al mínimo viento cae, lo mismo le pasaba al universo estático: sería inestable y no tendría cabida. Esto hizo que finalmente Einstein renegara de su constante cosmológica, aquella que había introducido para compensar la gravedad y dar lugar a un universo estático. Posteriormente Einstein lo calificaría como el mayor error de su vida, como vimos en un capítulo anterior.

Aun así, a Lemaître le quedaba mucho trabajo para que él y su teoría ganaran el reconocimiento que merecían. En primer lugar porque, a pesar de que fue el primero en mencionar lo que hoy se conoce como ley de Hubble, el mérito y el nombre de la ley recayeron en el científico norteamericano. Y en segundo lugar porque le salió un competidor: la teoría del estado estacionario. Según ésta, el universo es eterno, infinito y homogéneo. Aunque las galaxias se alejen se crea espontáneamente nueva materia que compensa el vacío que la separación deja. Como consecuencia, la densidad de materia en el universo es constante; el universo es, en definitiva, inmutable. Y su contrincante no era cualquier persona, sino un científico muy respetado, el británico llamado Fred Hoyle. Con una fuerte personalidad, era controvertido y tenaz a la hora de defender la teoría del estado estacionario.

Es curioso que fuera Hoyle quien por primera vez hablara de "Big Bang", pero lo hizo en forma de burla para referirse a la teoría de Lemaître. A la teoría del Big Bang le faltaba algo para vencer a su rival y ser completamente aceptada: alguna confirmación experimental, alguna medida que apoyara esta idea sobre el inicio del universo. Ahí es donde entra en la historia el físico de origen ruso George Gamow, un científico brillante que además destacó por su gran sentido del humor. En 1948 publica un estudio donde muestra que si el universo se inició en un estado de alta densidad, el Big Bang, debería existir un resquicio de ese momento, una especie de ceniza cósmica que hubiera quedado después de la gran explosión. Estos restos tendrían la forma de una radiación homogénea y fría que estaría en todo el espacio, viajando en todas las direcciones y a una temperatura de cinco grados por encima del cero absoluto. Esa radiación existe: es lo que se conoce como fondo cósmico de microondas (Cosmic Microwave Background, o CMB), el eco del Big Bang.

El descubrimiento del CMB

Se llama fondo cósmico de microondas y nada tiene que ver con ese aparato con el que calientas la leche **(bueno, algo sí)** y es el protagonista de esta historia. Estamos en un momento especial del universo. Si miramos galaxias lejanas vemos cómo están en retroceso, alejándose todas mutuamente, como en la analogía del globo. Imagina que tenemos una película de una hora y media sobre la historia del universo y estamos en el final, viendo cómo las galaxias se alejan. Si rebobinamos esta película veremos cómo estas galaxias se pegan, se van juntando cada vez más y más... Y si seguimos rebobinando veremos las galaxias cada vez más cerca hasta... Hasta que la cinta se para, no vemos nada más, sólo las moscas esas de las televisiones antiguas, ruido. ¿Qué está pasando? El video funciona correctamente durante todo el tiempo pero los últimos minutos es sólo ese ruido molesto. ¿Qué ocurre? ¿Censura? Retroceder la historia del universo es un ejercicio muy útil para imaginar cómo pudo ser en su inicio.

Según la teoría del átomo primitivo, que posteriormente derivaría en la teoría del Big Bang, el universo nació como un punto de altísima densidad de masa y energía que posteriormente fue expandiéndose. Entre el momento de creación del universo y la formación de las primeras galaxias, durante esos momentos de ruido que vemos en la película cósmica, ¿qué fue lo que ocurrió? Gamow, junto con sus colaboradores Ralph Alpher y Robert Herman, fue el primer científico que dio una respuesta aproximada a esta gran pregunta. Si el universo nació como un gran brote de partículas revueltas chocando entre sí y viajando en todas las direcciones, ¿cómo fue el proceso que dio lugar a la acumulación de partículas en átomos y éstos a su vez en gases para luego dar lugar a estrellas y planetas? La energía ni se crea ni se destruye, sólo se transforma. Qué gran verdad. Es una de las leyes más sólidas, hasta hoy, en física. Al igual que si tienes dinero y tienes que repartir, a cuanta más gente repartas, menos dinero tiene cada uno, cuanto más espacio hay en el universo, menos energía toca para cada región del mismo. Vamos, que según el universo se expande el espacio disponible aumenta y la energía es la misma. O lo que es lo mismo, según el universo se expande, la densidad de energía disminuye. Decimos que el universo se enfría. Vale, pues pongamos que el universo nace con muchísima energía, la temperatura es muy alta y empieza a expandirse. Se empiezan a generar un montón de partículas de mil tipos y sigue expandiéndose de tal forma que después de un tiempo muy corto la mayor parte de partículas (las más inestables) ha desaparecido y **SÓLO NOS QUEDAN LAS NUESTRAS**, **las más geniales**: electrones, protones, neutrones y fotones, formando una gran sopa cósmica. Y comienza la fiesta.

Literal: vamos a imaginar una fiesta cósmica con tres tipos de invitados (de momento vamos a ignorar a los neutrones). Por un lado tenemos a los chicos, los protones. Por otro lado tenemos a las chicas, los electrones. Y finalmente tenemos a los **pesados**, **losers**, **frikis**, **NERDS**, **friendzoners**, ***"TÚ NO, BICHO"*** **Y DEMÁS SERES QUE SOLEMOS RESERVAR MESA PARA UNO EN San Valentín**. Sí, somos los fotones. Además vamos a imaginar que la fiesta es absolutamente heterosexual. No es por nada en particular: es que si dejo entrar en la fiesta a gays y lesbianas me quedo sin ejemplo. Que un chico o chica se sienta atraído por otro chico o chica está bien, pero si un protón se ve atraído por otro protón el mundo se acaba. El electromagnetismo es así. Pues eso: comienza la fiesta. Suena la música y se apagan las luces. Los chicos, las chicas y los **NERDS** están repartidos por toda la discoteca. Cosas de la noche, una chica mira a un chico, un chico mira a una chica, empiezan a sentir atracción mutua (qué linda la tercera ley de Newton) hasta que finalmente se ponen a bailar y forman un "enlace". Resulta que la ***FIESTA ESTÁ LLENA DE NERDS.*** De hecho, parece que es la fiesta de inauguración del Comic-Con, la convención internacional del cómic, porque está llena de frikis. Hay muchos, muchos más que chicos y chicas. De forma que, apenas se pone a bailar la parejita, llega un nerd a romper ese "enlace" con alguna tontería, un chiste malo o se tropieza y le tira el vaso encima a la pareja. Chico y chica se separan y se va cada uno por su lado. Y así ocurre cada vez que un chico encuentra una chica y se atraen (esta fiesta es una maravilla, a todas las chicas les atraen todos los chicos y viceversa). Los nerds van rompiendo todas las parejas que se encuentran. La noche es joven y la fiesta se alarga. DEJAN DE PONER A **Pablo Alborán** y empieza a sonar reguetón. Los frikis están cada vez más cansados y, aunque siguen pululando por la fiesta, les cuesta más entrometerse en la pareja y romperla. Justo hay un momento de la noche en que de repente ningún nerd es capaz de romper ninguna pareja. Están todos muy cansados y no tienen la energía suficiente para estropear el momento. Son las cinco de la madrugada y desde ese momento los nerds empiezan a vagar por la discoteca, libremente, sin interrumpir a nadie más durante el resto de la noche.

Algo así, dedujo Gamow, debió de pasar al inicio del universo. En ese momento los fotones dominaban la fiesta, con mil millones de fotones por cada protón o electrón. Además, en un universo con una gran densidad de energía, los fotones tenían mucha energía. Así, cada vez que un electrón y un protón se acercaban y por atracción eléctrica formaban un átomo (de hidrógeno, por cierto), llegaba un fotón de mucha energía que chocaba con el átomo y rompía el "enlace". Los fotones no fluían, continuamente se topaban con un átomo haciendo que el universo en esta época fuera opaco: la luz no podía viajar libremente. Poco a poco, según el universo se expandía, estos fotones iban perdiendo energía hasta que después de un cierto tiempo ya no tenían la suficiente como para romper los átomos. El universo se hizo transparente, los átomos estables y comenzó una nueva era.

A esta fase en la que electrones y protones finalmente se unieron para formar átomos se le conoce con el nombre de "época de la recombinación". Los fotones que dejaron de romper átomos siguieron vagando por el universo formando una especie de sopa de luz. Hasta hoy, cuando el universo se ha expandido tanto que estos fotones han perdido mucha energía, queda una radiación de baja energía o lo que es lo mismo, de microondas. La luz es a la vez, como ya vimos, una onda y una partícula. Recordemos que la onda, la radiación electromagnética, es como una ola con picos y crestas, y cuanto más juntas están las crestas, más energía tiene la onda. En la radiación de alta energía, como los rayos gamma o los rayos X, estas crestas pueden estar separadas por pocos nanómetros (un nanómetro es una millonésima de milímetro). En la radiación de microondas la distancia entre crestas es del orden del centímetro. Esta radiación es la que usa el aparato de la cocina con el que calientas la pizza, y es muy similar a esta radiación fantasma que forma las cenizas de la gran explosión, ese eco del Big Bang conocido como radiación de fondo de microondas.

Esto fue lo que Gamow describía en un artículo en 1948. Si su idea del universo primitivo era correcta debería haber una radiación cósmica vagando por el espacio, de baja temperatura (-268 °C según sus cálculos, o lo que es lo mismo, cinco grados por encima del cero absoluto) y homogénea, igual en todas las direcciones del espacio. Sin embargo, esta idea se perdió en el olvido. Una vez más nadie pareció tomarla realmente en serio y el debate sobre si el universo tenía inicio o no permaneció abierto unos veinte años más. El desenlace de esta historia no podría ser más espectacular y es un cúmulo de casualidades e ironías.

Arno Penzias y Robert Wilson trabajaban en 1964 para los laboratorios Bell Telephone en Nueva Jersey cuando empezaron a usar una antena de comunicaciones para estudiar las ondas de radio emitidas por nuestra galaxia, la Vía Láctea. Cuando comenzaron sus medidas observaron un ruido inexplicable, una radiación de una temperatura de entre 2.5 y 4.5 grados por encima del cero absoluto, en la región de microondas, que no eran capaces de comprender. No variaba ni con la hora del día, ni con la estación del año, ni venía de nuestra galaxia ni de la atmósfera terrestre. No encontraban ninguna explicación sensata. Excepto por unas palomas que habían anidado en la propia antena. Capturaron a las palomas, limpiaron completamente la antena de sus excrementos... y el ruido persistía. ¿Qué podría ser? En ese momento Penzias llamó a un amigo, Bernard Burke, para hablar de otras cosas. Resulta que Burke tenía un amigo que había oído una charla acerca de una radiación cósmica, de unos diez grados sobre el cero absoluto, que podría ser una especie de remanente del universo primitivo. Como Burke sabía que Penzias estaba realizando observaciones de radio le preguntó para saber cómo iban sus medidas. Al mencionarle el extraño ruido Burke supo de qué se podía tratar.

Penzias y Wilson habían dado con la radiación de fondo de microondas, el eco del Big Bang, por pura casualidad. Una radiación que suponía el fin de la teoría de estado estacionario, ya que ésta no era capaz de explicarla. Se trataba del mayor descubrimiento cosmológico desde la expansión del universo, fruto de la casualidad y por dos científicos que, además, eran partidarios de la teoría del estado estacionario. Por este descubrimiento Penzias y Wilson recibieron el premio Nobel de Física en 1978.

Éste fue el último empujón que necesitó la teoría de la expansión del universo, que hoy conocemos como Big Bang, para que fuera generalmente aceptada. Unos cincuenta años después Friedmann, Lemaître y Gamow reciben el crédito que se les negaba y que tanto merecían como padres de esta teoría. Curiosamente Lemaître fue avisado sobre el descubrimiento del fondo de microondas, el ansiado eco del Big Bang, pocos días antes de su muerte. Un eco al que él denominaba poéticamente como **"el resplandor desaparecido de la formación de los mundos"**.

Hoy, con importantes modificaciones, la del Big Bang es una de las teorías científicas más asentadas. Forma parte del conocimiento general básico de un estudiante de secundaria, de la cultura popular, se menciona en programas de radio, en televisión, en la prensa, y hasta hay una exitosa serie de televisión, protagonizada por cuatro científicos **(bueno, tres doctores y un ingeniero)** con el título de *The Big Bang Theory*. Gracias a esta teoría hoy comprendemos bastante mejor el funcionamiento de nuestro universo.

Escuchando el eco del Big Bang

El descubrimiento del CMB es uno de los más importantes de la historia de la ciencia puesto que supuso el empujón final para que el modelo del Big Bang fuera aceptado por los científicos. Por fin sabíamos que el universo tenía un inicio y así entramos en una nueva era: la de entender el origen del universo. Y para ello era fundamental medir con precisión el CMB, entender su composición al detalle, puesto que es la información más antigua que poseemos del universo, cuando tenía tan sólo trescientos mil años de edad. Sí, dicho así suena a mucho tiempo, pero veremos que para el universo ese tiempo es un simple parpadeo.

Para estudiar el CMB necesitamos una antena, como la que usaron Penzias y Wilson, pero... algo más especial. Es necesario salir de la atmósfera terrestre. Si bien para el resto de los mortales es muy beneficiosa, pues protege a los habitantes de la Tierra de radiaciones peligrosas, **para los astrónomos y cosmólogos es un fastidio.** La atmósfera bloquea y distorsiona las ondas electromagnéticas en muchas frecuencias, haciendo necesario el envío de antenas y telescopios al espacio. Es el caso del instrumento elegido para estudiar el CMB, el Cosmic Background Explorer, conocido como COBE. Fue lanzado en 1989 y obtuvo los primeros resultados en 1992: una imagen de la temperatura del universo correspondiente a la era de la recombinación. Los datos del COBE recogen la temperatura de la radiación tal y como fue emitida cuando el universo se hizo transparente. O sea, **cuando los nerds ya no tenían forma de romper parejas y empezaron a vagar por el cosmos.** Esto convierte a esta imagen del COBE en la más antigua que jamás hemos obtenido en la historia, mucho anterior al primer *selfie*, a la primera fotografía, al primer cuadro, a la primera pintura rupestre. Muy anterior a cualquier cosa que jamás hiciera cualquier ser, humano o animal, en la Tierra. Hablamos de una imagen con la que viajamos más de 13,000 millones de años hacia el pasado, antes de que ninguna galaxia o estrella se hubiera formado. Una imagen que se corresponde con **UN UNIVERSO EN PAÑALES**. Para muchos científicos es la imagen más bonita que ha producido nunca la física. Están observando, señoras y señores, nada más y nada menos que el eco del Big Bang.

Sí, ya sé, a primera vista no parece nada espectacular. MÁS BIEN PARECE UN HUEVO PINTADO, como esos horribles que hacen en Pascua. Sin embargo, una vez que lo entiendas seguro que te parece más bonito. Y es que esta imagen fue fundamental para la cosmología. Tanto que los investigadores principales del proyecto COBE obtuvieron el premio Nobel en 2006. Era de esperar que su labor fuera posteriormente mejorada, para lo cual se lanzaron los satélites WMAP y más recientemente el Planck.

¿En qué consiste exactamente esta imagen y por qué es tan importante? Representa la distribución de temperaturas de la radiación de fondo de microondas tal y como la recibimos hoy en día en todas las direcciones del espacio. Es, por lo tanto, un mapa del cielo. Cada punto de color de la imagen representa la temperatura de una región particular del universo según la vemos desde la Tierra. Es la temperatura que tiene esta radiación hoy. No olvidemos que esa energía se liberó hace muchísimo tiempo, cuando el universo era más denso y caliente, y fue enfriándose según el cosmos se fue expandiendo. La radiación ha llegado a la actualidad con una temperatura muy fría, de sólo 2.7 grados por encima del cero absoluto.

Ésta es parte de la información que el CMB nos da, pero nos permite averiguar muchas más cosas. De hecho dio lugar a dos grandes misterios que tras resolverlos nos han llevado a conformar la teoría moderna de la creación del universo, el Big Bang. En primer lugar, una de las cosas que más sorprende del CMB es la terrible uniformidad de temperaturas que hay en todo el espacio. La imagen es asombrosamente uniforme: la temperatura en cualquier región del espacio no varía en más de una diezmilésima parte de grado con respecto a cualquier otra región. Esto es muy positivo, puesto que confirma una antigua idea sobre el universo, lo que se conoce como "principio cosmológico": el universo es esencialmente uniforme (se dice que es homogéneo e isótropo), no importa desde qué galaxia mires ni en qué dirección lo hagas: siempre verás y medirás lo mismo. **Esto suena raro,** ***puesto que no es lo que vemos en el cielo.*** Por ejemplo, en un cielo nocturno despejado se puede apreciar la Vía Láctea, y en ese sentido lo que se ve es completamente diferente a lo que vemos si miramos en cualquier otra dirección. Lo que ocurre es que el principio cosmológico opera a grandísimas escalas, mucho mayores que el tamaño de una galaxia. Sí es cierto que a nuestra pequeña escala parece que el universo no es del todo uniforme, pero si lo pudiéramos ver desde fuera veríamos una red de galaxias distribuidas de manera homogénea por el espacio. Es algo similar a lo que ocurre con el agua: si miramos una molécula de H_2O no parecerá nada homogénea, pero si somos capaces de alejarnos y ver el agua en conjunto, apreciaremos un líquido uniforme.

Esta uniformidad es un gran alivio porque encaja bien con un universo "democrático", sin preferencias o predilecciones por ningún lugar en particular. Un universo sin centro y donde la Tierra, el Sol o la Vía Láctea no tienen nada de especial o particular con respecto a cualquier otro lugar. **Desde que dejaron de quemar científicos** por haber dicho que el ser humano no ocupaba un lugar especial en la creación hasta nuestros días **(Y ESPERO QUE DURE MUCHO MÁS),** este tipo de pensamiento ha sido la gran tendencia en ciencia. Además, hay otra razón de alivio: esta uniformidad implica una gran simetría y ello a su vez simplifica mucho los cálculos y nos da mucha información extra, como veremos.

Sin embargo, se plantea un gran inconveniente, lo que se conoce como "el problema del horizonte". ¿Cómo es posible que dos regiones muy alejadas del espacio, que ni siquiera pueden verse de lo lejos que están, puedan tener exactamente la misma temperatura? ¿Cómo se pusieron de acuerdo? **Es como si vas a la boda de la Puri Y TODAS LAS CHICAS LLEVAN EL MISMO VESTIDO.** ¿Cómo puede ser si no se han puesto de acuerdo? En especial Marta y Pino, que ni se hablan... Tengamos en cuenta que para que dos cosas puedan estar a igual temperatura han tenido que estar en contacto: así es como se transmite el calor. Dos cuerpos en contacto térmico igualan su temperatura: el frío se calienta y el caliente se enfría, como sabemos que ocurre cuando abres la ventana del salón en invierno o echas un trozo de hielo en agua caliente. Sin embargo, como vemos en las imágenes del CMB, regiones del espacio tan distantes que nunca han tenido la opción de entrar en contacto tienen a todos los efectos prácticamente la misma temperatura... ¿Cómo podría un vaso de agua caliente fundir un hielo que está en otra habitación? **¿No parece absurdo?**

Un segundo problema es lo que se conoce como "problema de planitud". Medidas precisas del CMB muestran que el universo es plano o tiene una curvatura muy ligera, es decir, que está muy cerca de ser plano. ¿Y qué?, se preguntará alguno. Esto no es un problema en sí, pero es molesto para un físico. Para que el universo sea plano la cantidad de materia y energía por metro cúbico, es decir, su densidad, tiene que ser justo un valor determinado, conocido como "densidad crítica". Parece muy casual que, de los infinitos valores que puede tener esa densidad de materia, tenga justamente el valor exacto para que sea plano. **Pero la cosa es aún peor:** cálculos sobre el efecto de la expansión en la curvatura del universo muestran que una mínima desviación hacia arriba o hacia abajo de la densidad crítica habrían llevado a un universo con una enorme curvatura, inmensa. Curvatura que no tiene, como se puede ver. Esto es como colocar un bolígrafo de pie, apoyado por la punta, y esperar que no se caiga nunca: el más mínimo desequilibrio le hará caer. O como en esas duchas que el agua sale bien sólo si ajustas mucho: un poco a un lado te hielas, al otro ardes en el infierno. ¿Qué mecanismo está detrás de esto? Es decir, ¿por qué encontramos ese valor tan cercano a la densidad crítica que además se ha mantenido durante la expansión? Algo así parece poco natural y requiere de una explicación.

Antes de esto hay un tercer problema. Hemos dicho que el universo a gran escala es muy uniforme. Esto es algo que esperábamos y que nos da gran gusto ver que se cumple (como cuando te acarician la espalda con suavidad, eso sí que da gusto). Sin embargo, si nos acercamos y vemos el universo más de cerca observamos galaxias separadas por mucho espacio vacío, aglomeraciones de materia que muestran que no es completamente uniforme. Es decir, deseamos que el universo sea muy homogéneo pero sin pasarse: en un universo excesivamente uniforme no habría lugar para acumulación de materia por gravedad, es decir, galaxias, estrellas... En un universo así no habría tampoco planetas ni vida. Un universo con galaxias, con estos grumos de materia, requiere un fondo de microondas que no sea perfectamente uniforme, es decir, que tenga variaciones, arrugas. Esas variaciones en el CMB, esas pequeñas alteraciones de temperatura, son lo que luego conformarán las galaxias que vemos por todos los lados. Podríamos decir que esas arrugas son como la semilla que se planta en ese fondo y que hace que luego germinen las galaxias. Con medidas precisas del CMB se pudieron ver esas pequeñas variaciones que estamos buscando pero... ¿qué fue lo que produjo esos grumos? ¿En qué momento el universo dejó de ser perfectamente simétrico y uniforme?

La confirmación de la validez de la teoría del Big Bang que supuso el descubrimiento del CMB abrió paso a una nueva era en la cosmología, la del estudio de este fondo. La imagen del CMB conmocionó positivamente al mundo científico confirmando muchas de las ideas que por entonces empezaban a consolidarse. Sin embargo, también planteaba nuevas preguntas, nuevos misterios y muchas dudas. Entender lo que había sucedido en el inicio del universo se convirtió en el gran reto científico para la cosmología moderna. Y la resolución de estos grandes misterios daría lugar a una nueva teoría del Big Bang, refinada y renovada para darles respuesta.

La moderna teoría del Big Bang

Los primeros pasos hacia esta nueva teoría los daría un científico norteamericano, Alan Guth, un físico de partículas que estudiaba el campo de Higgs (los físicos de partículas servimos para todo). Guth observó que si el universo hubiera sufrido una fase de expansión a lo bestia, un auténtico "Bang", muchos de los problemas de la vieja teoría quedarían resueltos. Es lo que se conoce como inflación. **NADA QUE VER CON LA QUE SUFRIMOS LOS CONSUMIDORES AÑO CON AÑO**: a diferencia de esta última, la inflación cósmica se sintió en todo el universo, independientemente de tu país y de tu clase social.

Si esta teoría es cierta, la inflación debió de producirse al poco de aparecer el universo. ¿Cuánto es poco? ¿Un día? ¿Una hora? ¿Un minuto? No, mucho menos. Piensa que esas escalas son humanas. Un día es el tiempo en el que te vuelve a entrar sueño; una hora es el tiempo en el que te echas una siesta; un minuto es el tiempo en el que dices sesenta veces Mississippi (un Mississippi, dos Mississippi...). Como ves, son tiempos hechos a medida para el hombre. Piensa que para una mosca que vive un día, el concepto de semana podría ser inútil. Igual necesitaría hablar en términos de segundos o milisegundos mucho más que en horas. Imagina a una mosca hablando y mirando su reloj. Ahora deja de imaginar esto y vuelve al universo: "late" a otro ritmo.

Las unidades "naturales" para el universo son lo que se conoce como escala de Planck. Así tenemos el "tiempo de Planck", la "distancia de Planck", la "masa de Planck"... **TAN ACAPARADOR ES Planck que, como ven, tiene de todo.** Son tiempos, distancias y masas que se basan en las constantes de la naturaleza, como la velocidad de la luz (c), la constante de Planck (h), la constante de gravitación (G), etcétera. Pues resulta que el tiempo de Planck es algo así como $5{,}4 \times 10^{-44}$ segundos, es decir, un uno seguido de cuarenta y cuatro ceros más pequeño que un segundo. Claro, para el universo un minuto es una eternidad, le caben muchísimos latidos de éstos. Ya no digo una semana o un año. Por eso para entender las cuestiones relativas al inicio del universo hay que ir a fracciones mínimas de segundo, a la escala de Planck.

En un tiempo razonable para el universo, digamos una pequeñísima fracción de un segundo, pero que aún desconocemos, comenzó, por motivos que también desconocemos, una fase de expansión a lo bruto. ¿A lo bruto como inflar un globo? No, a lo bruto de verdad. No se sabe cuánto exactamente, pero fue mucho más a lo bestia de lo que nos podamos imaginar: en una fracción de tiempo tan pequeña creció de tamaño algo así como 10^{30} veces, un uno seguido de treinta ceros. Tal vez más, incluso en un factor de 10^{100}. No se conoce con exactitud. Para hacernos una idea, **SERÍA AÚN MÁS BESTIA QUE INFLAR UN GLOBO HASTA EL TAMAÑO DE TODA UNA GALAXIA.** Para eso hay que tener un buen pulmón y un buen globo. Esta fase de expansión a lo loco duró unos 10^{-35} segundos. En ese pequeño lapso de tiempo el universo creció más de lo que lo ha hecho en el resto de su historia, en los restantes trece mil ochocientos millones de años de expansión. Esta inflación inicial hizo que cada región del espacio se alejara del resto, quedando "incomunicadas". Hoy sólo podemos ver una pequeña fracción del universo, aquella que está tan "cercana" que la luz ha tenido tiempo de alcanzarnos después de un viaje de más de trece mil millones de años. El resto del universo, debido a esta repentina expansión, queda oculto a nuestros ojos. Otra analogía para hacernos una idea: si todo el universo fuera del tamaño de la Tierra, sólo podríamos alcanzar a ver el espacio equivalente al tamaño de un grano de sal. El resto estaría oculto, COMO LOS MAPAS DE *Age of Empires* CUANDO EMPIEZAS. O LOS NIVELES AVANZADOS DE **Candy Crush**. Totalmente aislados de nosotros.

La inflación, aunque no ha sido confirmada con observaciones, es una teoría con mucha aceptación en cosmología porque resuelve de golpe los tres grandes problemas de la teoría clásica del Big Bang. El problema del horizonte queda resuelto porque antes de la inflación el universo habría tenido tiempo para que todo el espacio estuviera en equilibrio, es decir, a la misma temperatura. La violenta expansión de la inflación alejaría cada región del universo, pero como previamente habrían estado en contacto, todos los lugares del universo desconectados físicamente habrían compartido un mismo pasado. La temperatura es uniforme en todo el universo porque antes de la inflación el universo había sido uniforme. Primer punto para la inflación.

También resuelve el problema de planitud. La fase alocada de expansión que supone la inflación ajusta de forma precisa la densidad de materia al valor crítico. Es una consecuencia de la propia expansión acelerada en la inflación, ya no es un valor casual. El bolígrafo se mantiene erguido apoyado por su punta debido a que algo evita que caiga: es la inflación la que lo mantiene en equilibrio. Segundo punto para la inflación.

Finalmente, también resuelve el tercer problema, el de las arrugas del CMB que darían posteriormente lugar a las estrellas y galaxias. **La teoría cuántica, ya lo hemos visto, es una teoría de probabilidades y de sucesos... extraños.** Se podría decir que la incertidumbre propia de la teoría cuántica genera cierto tipo de caos, de aleatoriedad. Es tal cual, ya que el principio de incertidumbre de Heisenberg da cierta libertad a que se produzcan sucesos espontáneos y aleatorios que igual están prohibidos normalmente pero que, debido a que suceden muy rápido, el principio de incertidumbre los "encubre". Esto convierte una superficie suave y lisa en un ambiente tumultuoso, disperso. De modo que podemos imaginarnos al universo previo a la inflación como algo muy uniforme y homogéneo pero poblado con brotes aleatorios e irregulares por todo el espacio. La brutal expansión que pudo haber tenido lugar durante la inflación habría hecho que esos **grumos** MÍNIMOS, cuánticos, se amplificaran, convirtiéndolos en diferencias cósmicas, **ARRUGAS**

GIGANTESCAS, las que observamos en el CMB y que luego darían lugar a las aglomeraciones de materia que formaron las galaxias. En este sentido las galaxias son una manifestación de efectos cuánticos sobre el universo anterior a la inflación. Tercer punto para la inflación.

Sin embargo, para que la inflación gane el partido tiene que mostrar un mecanismo físico que permita que suceda y, además, hay que encontrar alguna huella de esa expansión. Para lo primero tenemos una idea, una genialidad de Alan Guth, quien encontró lo que podría ser el motor de esa gran expansión, el "bang" de ese Big Bang, el mecanismo detrás de la inflación. Se busca una fuerza que opere a nivel cósmico y que pueda llegar a ser brutalmente repulsiva... *¡y tenemos un candidato!* Esa fuerza es... **¡la gravedad!** Imagino que alguno se habrá echado las manos a la cabeza o se habrá frotado los ojos para asegurarse de que ha leído bien. Alguno incluso se habrá pellizcado la pierna para ver que está despierto. Porque **¿cómo puede la gravedad que todos conocemos ser repulsiva?** Es normal pensar en la gravedad como algo exclusivamente atractivo porque desde Newton entendemos la gravedad como esa fuerza que hace que dos masas se atraigan. Y sí, hemos visto manzanas, pelotas y piedras caer al suelo e incluso sabemos que la Tierra gira alrededor del Sol porque la gravedad la atrae. Sin embargo, nunca hemos visto lo contrario, una manzana salir despedida por repulsión de la gravedad. Entonces, ¿cómo puede ser?

Einstein, con su relatividad general, amplió el conocimiento que teníamos de la gravedad, basado en las leyes de Newton. Ya sabemos que esto no quiere decir que las leyes de Newton estuvieran mal, sino que no estaban completas. La relatividad de Einstein supuso una revisión de la gravitación mostrando nuevos aspectos de esta fuerza. Por ejemplo, mientras que en la gravitación de Newton sólo son las masas los agentes que generan gravedad, en la relatividad también la energía y la presión pueden crear y sentir la gravedad. Es por esto por lo que los rayos de luz se curvan cuando pasan cerca de una galaxia: no tienen masa pero sí energía, lo que les permite sentir el tirón gravitatorio de la galaxia. Pues mientras que la masa y la energía sólo pueden ser positivas y generar atracción gravitatoria, la presión puede ser positiva o negativa. Una presión como la de un gas en una botella, que empuja las paredes, es una positiva. No obstante, una presión que tuviera el efecto contrario, empujar hacia dentro, produciría algo similar a una gravedad negativa, una repulsión.

Lo tenemos, hemos encontrado un posible agente de repulsión que puede ser el causante de una expansión acelerada: la presión negativa. Guth encontró una buena forma de explicar cómo pudo suceder, y la describió en su teoría de la inflación. Supuso que en el universo primitivo había un campo que estaba en todo el espacio, una energía acumulada: el campo de inflación. Este campo, no se sabe bien cómo ni por qué, se encontraba en una posición de no equilibrio. Y **ocurrió lo mismo que a una pelota que está en lo alto de una colina:** que la mínima variación la hace caer. En un momento dado el campo fue cediendo su energía en todo el espacio a la vez, produciendo una presión negativa con el objetivo de recuperar su posición de equilibrio. Al poco tiempo, 10^{-35} segundos, "la pelota ya había caído", es decir, el campo había llegado a su valor mínimo y dejó de inflar el universo. Además, todo este proceso habría llenado todo el espacio de materia, entre otras partículas los protones, neutrones y electrones de los que hoy estamos hechos, y también los fotones que forman el fondo de microondas. La inflación, como un reloj al que das cuerda, puso en marcha la expansión cósmica durante el brevísimo tiempo que duró. Desde entonces el universo, aunque de forma mucho más moderada, ha seguido expandiéndose, alejando a las galaxias unas de otras continuamente.

Poder ver una huella de la inflación, detectarla con algún experimento, sería uno de los más grandes logros científicos de nuestra era y haría feliz a muchos cosmólogos. Y es normal, porque la teoría de la inflación resuelve de una forma muy elegante los grandes problemas que la teoría del Big Bang planteaba y nos permite cerrar la historia del universo, a falta de algunos detalles, desde el Big Bang hasta nuestros días.

La historia del universo

La moderna teoría del Big Bang nos cuenta la historia del universo desde una fracción mínima de segundo después del inicio hasta nuestros días. Lo que ocurrió en el mismísimo momento en que comenzó todo y lo que había anteriormente no se sabe. Para lo ***primero*** hay una excusa. Como ya vimos, algo con tanta masa y energía concentrada en un lugar tan pequeño requiere una teoría que no tenemos: la gravedad cuántica. Ni los efectos gravitatorios ni los cuánticos pueden despreciarse, por lo que ante algo así estamos completamente a ciegas, nuestras ecuaciones fallan y somos incapaces de verlo o medirlo. De hecho no hemos podido medir nada anterior al CMB, que es una imagen de trescientos mil años después del Big Bang.

Con lo que ocurrió antes del Big Bang andamos aún peor. Según lo que sabemos hoy, el tiempo y el espacio nacieron con el Big Bang. También se cree que no hay espacio más allá del universo, ni tiempo antes de su formación, por lo que, en palabras de Stephen Hawking, preguntar por algo anterior al Big Bang ES COMO PREGUNTAR DÓNDE ESTÁ EL NORTE DEL POLO NORTE. Es una pregunta que carece de sentido.

Comencemos entonces un tiempo razonable después del inicio del universo, unos cuantos "tics" del reloj universal: el tiempo de Planck. Tras ese pequeño lapso comenzó la inflación. La energía del campo de inflación fue generando esa presión negativa que hizo que el universo se expandiera de forma extraordinaria, generando de paso materia en todo el espacio. Como ya hemos indicado, en un tiempo de unos 10^{-35} segundos el universo creció entre 10^{30} y 10^{100} veces. Se había puesto en marcha el reloj universal.

¿Qué tipo de materia había en el universo en aquel entonces? De todo, ESO ERA UN **carnaval.** Cuando dos partículas chocan, dos fotones por ejemplo, si llevan muchísima energía ésta se puede emplear para crear materia de forma espontánea. Es decir, de la nada surgen otras partículas que roban de los fotones la energía que necesitan para existir. Porque la masa es energía, $E = mc^2$. Lo que quiere decir que una partícula requiere de cierta energía para ser creada. Así, las partículas con menos masa, como el electrón, no necesitan tanta energía para ser creadas como una partícula con más masa, como un protón. Podemos imaginar que al principio del universo, después de la inflación, había una grandísima densidad de energía, la equivalente a la de toda la energía y masa que hoy vemos en el universo, pero concentrada en una pequeña región. En estas condiciones había en todo momento y lugar colisiones de altísima energía que generaban todo tipo de partículas, incluso las más masivas: protones, neutrones, electrones, kaones, piones, lambdas... Sin embargo, la mayor parte de ellas son inestables, es decir, según se crean se desintegran en un tiempo muy corto, mucho menos que un segundo. Así podemos imaginar el inicio del universo como algo caótico, partículas que se crean y se destruyen continuamente a un ritmo frenético formando entre todas una sopa cósmica.

Al ir expandiéndose el universo, la densidad de energía iba cayendo, o lo que es lo mismo, el universo se iba enfriando. De este modo, una centésima de segundo después del Big Bang la temperatura era de unos 100,000 millones de grados, lo que posibilitaría que las colisiones entre fotones cada vez fueran menos energéticas. Así, había partículas que se iban extinguiendo porque no había colisiones de suficiente energía para generarlas y reponer las que se perdían al desintegrarse. Vamos poco a poco perdiendo las partículas más masivas, como los hadrones más pesados, y nos vamos quedando sólo con las más estables. A los diez segundos la temperatura, de unos 5,000 millones de grados, ha bajado lo suficiente como para que las colisiones de fotones no puedan producir ya electrones y positrones. Esta parte es interesante, porque algo debió de ocurrir en este tiempo tan breve para que sobrevivieran los electrones y no los positrones, es decir, **para que hubiera más partículas que antipartículas.**

Hay en este momento algo así como mil millones de fotones por cada electrón y protón en esta sopa de partículas. Cuando han pasado los primeros tres minutos desde que se formó el universo empiezan a darse las primeras reacciones entre partículas. Protones y neutrones se unen para formar los primeros núcleos complejos: deuterio (un protón y un neutrón), tritio (un protón y dos neutrones) y helio (dos protones y dos neutrones) principalmente. Es lo que se conoce como “nucleogénesis”.

Desde entonces hasta los trescientos mil años después del Big Bang el universo es totalmente opaco, como vimos, puesto que los fotones están continuamente chocando con los electrones e impiden cualquier intento de formar un átomo. Tras ese periodo el universo está a una temperatura similar a la de la superficie del Sol, unos 3,000 grados, los fotones ya no pueden romper los átomos y empieza una nueva era cósmica, la "recombinación". Se forman todo el hidrógeno y helio del universo (en una proporción del 73/27, con ventaja para el hidrógeno, que es un átomo más simple) y se van acumulando nubes de estos gases que empiezan a girar formando lo que pronto serán las primeras estrellas y galaxias. Los fotones libres vagan por el universo y van enfriándose a medida que sigue la expansión. Esas primeras aglomeraciones de gas conforman todas las galaxias que hoy vemos en el universo y esa luz que vaga por el cosmos es el fondo de microondas que Penzias y Wilson detectaron por primera vez en 1964.

Esto es todo lo que la teoría del Big Bang nos dice acerca de la historia del universo. Por desgracia no podemos comprender el antes, la época anterior a la inflación, puesto que, como ya hemos visto, las ecuaciones dejan de tener sentido. Tampoco podemos hoy en día "ver" nada anterior a esos trescientos mil años que marcan el comienzo de esa era en la que el universo era una sopa opaca de partículas y desde donde nos llega ese eco del Big Bang, el CMB.

Bueno, en realidad sí hay una manera... parcial. Otra forma que tenemos de ver es **con lápiz y papel**, usando las ecuaciones que gobiernan el universo. Con esta técnica, aparte de la observación directa, podemos retroceder mucho en el tiempo y atravesar esa frontera de los trescientos mil años que marca el CMB. Podemos acercarnos a cuando el universo era del tamaño de una pelota de tenis, cuando era como un chícharo o incluso más pequeño, cuando contaba tan sólo **0,000000000000000000000000000000000000000000000001** segundos de vida. Sin embargo, hay un límite más allá del cual no podemos adentrarnos. En ese punto no sólo la gravedad domina todo (recordemos que está presente toda la masa del universo, **incluido King África**, concentrada en un punto), sino que también entra en juego la mecánica cuántica (el universo es del tamaño de un átomo o menor). En este punto nuestras ecuaciones fallan y dejan de decir cosas sensatas. "**¿Y QUÉ MAS DA?** —se preguntará alguien—. De trece mil ochocientos millones de años no entendemos los 10^{-21} primeros segundos. ¿Qué importa?". Pues importa, porque en la escala del universo ese tiempo es mucho tiempo. El universo late a ritmos de 10^{-40} segundos, por lo que 10^{-21} segundos es mucho, mucho, mucho tiempo. Caben miles de millones de esos latidos y lo que pasó en ese lapso es un misterio total. Quizás algún día sí podamos viajar a una época anterior, cuando el universo estaba a unos 10,000 millones de grados y los neutrinos, como les ocurriría más tarde a los fotones, empezaron a vagar libres.

Hoy estamos rodeados de un mar de neutrinos de baja temperatura (unos dos grados por encima del cero absoluto) que nos llegan de todas las direcciones. Si pudiéramos detectar con facilidad estos neutrinos podríamos tomar una imagen similar al CMB pero de una época posterior en sólo un segundo al Big Bang. Esto sería algo único y maravilloso, pero también muy difícil de conseguir. Los neutrinos atraviesan la Tierra a millones, en cada momento, de un extremo al otro sin chocar con nada. ¿Cómo podemos entonces detectarlos, medirlos? Se ha conseguido, pero de forma muy dificultosa. Mientras no descubramos una manera de detectarlos eficaz y en grandes cantidades, los científicos sentiremos una gran frustración al saber que están ahí, por todas partes, y a la vez ocultos a nuestros ojos.

Quizá sea más realista e igual de interesante medir las ondas gravitacionales generadas por el Big Bang. Cuando hay una gran concentración de masa o energía que se libera de golpe, al igual que cuando lanzas una gran piedra en un estanque, se genera una onda. En el estanque es una onda de agua, una ola. En el universo estas olas son ondas en el espacio-tiempo, ondas gravitacionales. Son una consecuencia de la teoría de la relatividad general de Einstein que no se pudo detectar directamente hasta 2015. Un experimento en la Tierra llamado LIGO logró al fin detectar las esquivas ondas gravitacionales. Con otros experimentos en tierra, como VIRGO o GEO, o ya en el futuro el detector LISA, formado por tres naves que serán lanzadas al espacio, puede que algún día consigamos hacer astrofísica con ondas gravitacionales. De esa forma podremos echar un vistazo a la historia del universo que la luz no nos deja ver. Porque el universo está lleno de misterios. Se sigue avanzando mucho en la compresión del cosmos a todas las escalas, desde lo más pequeño hasta lo más grande, pero por cada pregunta que se responde surgen otras tan apasionantes o más que las que se van resolviendo. Y aunque se van dando pasitos, aún queda un largo camino por recorrer. **¿O es que no has oído que el universo también tiene un lado oscuro?**

Nuevos enigmas: materia y energía oscuras

Como hemos visto anteriormente el universo es en promedio plano. La forma del universo determina su futuro: si tiene curvatura positiva, como una esfera, después de un tiempo de expansión ésta se detendrá y comenzará a contraerse, acabando como empezó, en un momento de densidad infinita llamado Big Crunch. Si tiene curvatura negativa decimos que es abierto, con forma parecida a una silla de montar, y se

expandirá eternamente, acelerándose hasta que la última estrella se apague en un universo muy frío. Esto es la "Muerte Térmica", lo que se conoce como Big Rip ("gran desgarro"). El caso particular de universo plano es el intermedio entre estas dos situaciones. El universo irá deteniendo su expansión pero sin llegarse a parar del todo. Es decir, se expandirá eternamente aunque cada vez más despacio.

Todas las medidas actuales dan un valor de la curvatura del universo muy cercano al caso plano. Como lo que curva el universo, según la relatividad general, es la cantidad de energía y de materia que hay en él, la forma del universo nos da una medida de esa cantidad. En particular, un universo plano se corresponde con un total de materia y energía que da lugar a lo que llamamos densidad crítica, que en nuestro universo equivale a cinco átomos de hidrógeno por cada metro cúbico. Esto en promedio, claro. En la Tierra hay mucha más materia por metro cúbico, pero en el espacio exterior hay mucha menos. Pero el promedio total parece ser igual o muy próximo a esa densidad crítica.

Se puede medir la materia que hay en el universo con mucha calma y trabajo: tomas una región del espacio chiquitita y mides cuánta materia ves en ese lugar. Como el cosmos es homogéneo, para saber la cantidad de materia y energía totales sólo tienes que multiplicar la que has visto en esa región por el total de regiones como esa que hay. **Fácil, ¿no?** Pues cuando esto se hace se llega a un resultado sorprendente: la materia y energía que vemos es sólo 5 por ciento de la densidad crítica, es decir, de la que se necesita para conseguir un universo plano. ¿Dónde está el restante 95 por ciento?

Tenemos alguna pista. En 1930 un físico suizo, Fritz Zwicky, se dedicaba a estudiar el movimiento de las galaxias en el cúmulo de Coma y observó algo muy raro. Considerando la materia que podía ver calculó que la atracción gravitatoria no era la suficiente para mantenerlas juntas. Igual que un coche que entra demasiado rápido en una curva sale despedido hacia fuera, esas galaxias se movían demasiado deprisa como para que su gravedad pudiera retenerlas dentro del cúmulo. Había dos alternativas: o las leyes de la gravedad que tenemos no sirven, están mal, o hay más materia de la que podemos ver. Vale, sí, la primera opción es bastante radical, de ahí que sea más lógico imaginar que lo que ocurre es que hay materia en ese cúmulo que no emite luz. Zwicky fue el primero en hablar de materia oscura, un tipo de materia que no se podría ver pero que se puede sentir por su efecto gravitatorio. Una cosa importante: no hay que confundir este tipo de materia ni con la energía oscura, que veremos más tarde, ni con la antimateria. Contando la cantidad de materia que sí podía ver con respecto a la que se deducía de su movimiento, Zwicky calculó que en esas galaxias había cuatrocientas veces más masa-energía de la que se podía observar.

Sus resultados no llamaron mucho la atención y quedaron en el olvido unos cuarenta años, hasta que la científica Vera Rubin realizó un estudio del movimiento de estrellas en galaxias espirales. En sus resultados se observa que estrellas en diferentes galaxias se mueven a una velocidad que resulta imposible si las galaxias están formadas solamente por la materia que podemos ver. Estos datos fueron confirmados, apoyando el descubrimiento de Zwicky. ALGO RARO Y MISTERIOSO ESTABA PASANDO EN LAS GALAXIAS: todo parecía apuntar a un nuevo tipo de materia que no emite luz y que no interacciona con la materia normal. Se trataba de algo transparente que estaría en todas partes dentro de cada galaxia. A falta de mejor nombre, se le llamó "materia oscura". Los indicios de su existencia eran cada vez más claros, pero aún faltaban sorpresas por llegar. Como la que supuso el estudio de las lentes gravitacionales. Ya hemos visto que la luz se curva si pasa cerca de algo muy masivo, como una galaxia. Y se curva más cuanta más masa tiene ésta. El resultado es similar a una lente: si hay algo detrás, su imagen se deforma, se curva, se replica... Este efecto había sido predicho por Einstein y permite calcular la masa de una galaxia usando una fuente de luz más lejana que se encuentre detrás. La masa en una galaxia obtenida por este método coincide con la obtenida usando el análisis del movimiento de las estrellas y apunta a la existencia de la materia oscura. Una sustancia que supone algo así como 85 por cierto de la materia que hay en el universo.

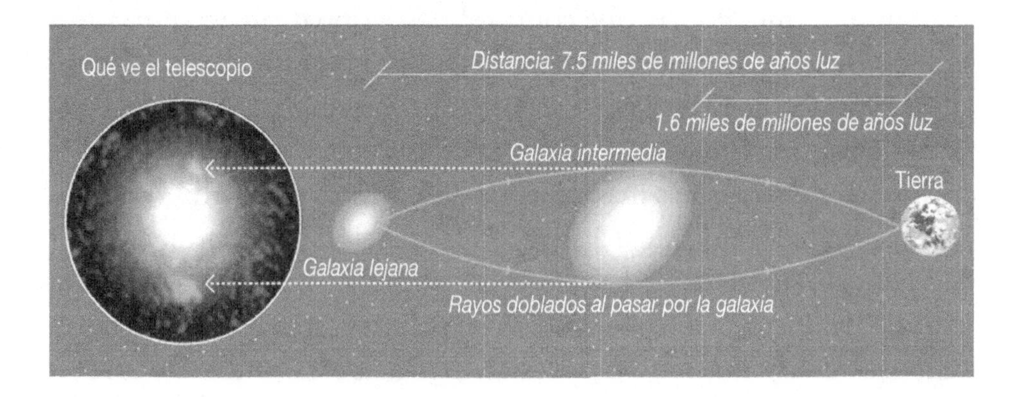

Y hay más. El análisis del CMB supuso una confirmación alternativa a las medidas de los efectos de la gravedad causados por la materia oscura. Los efectos de la materia en el fondo de microondas eran claros y apuntaban de nuevo a la existencia de materia oscura, en la misma proporción de 85 por ciento. Por si esto fuera poco, **la materia oscura es necesaria para explicar la formación de las primeras galaxias y cúmulos de galaxias.** Gracias a su potente acción gravitatoria la materia ordinaria se acumuló formando nubes de gas que luego dieron lugar a las galaxias, con sus estrellas y planetas. Sin materia oscura no estaría yo aquí, escribiendo sobre materia oscura. Hoy se cree que la materia oscura se encuentra rodeando las galaxias. Esto hace que el tamaño real de una galaxia sea mucho mayor de lo que parece. La materia oscura formaría lo que se conoce como "halo galáctico", una esfera enorme que rodea toda la galaxia.

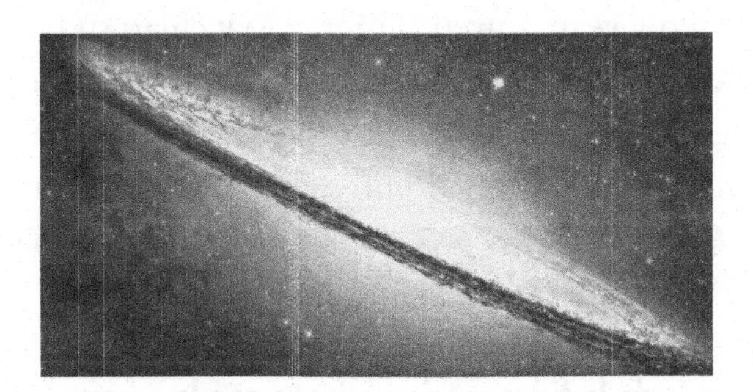

¿Y es esto todo lo que sabemos, que está por todas las partes y que es oscura? Pues más o menos sí. Dado que no se ve ni produce ningún efecto más allá de la gravedad, se supone que son partículas con masa, sin carga eléctrica y que directamente no sienten más interacción que la gravitatoria. Y se tienen algunas valiosas pistas más. Por ejemplo, se sabe muy bien lo que no puede ser. No es materia ordinaria, es decir, protones, neutrones y electrones. Tampoco nubes de gas que no emitan luz, ni tampoco estrellas apagadas o agujeros negros, los conocidos como MACHO (Massive Astrophysical Compact Halo Object). Todos ellos pueden ser todo lo oscuros que queramos, pero no serían suficientes para explicar el efecto de ese 85 por ciento de materia que nos falta, en particular sobre el CMB. También se sabe que tiene que ser materia "fría", es decir, que no se mueve a altas velocidades. Esto es importante para que formen agrupaciones como las que se suponen hechas de materia oscura. Así que también descartamos a los neutrinos. Sabemos lo que no puede ser pero, ¿qué podría ser la materia oscura?

Los candidatos a formar la materia oscura se conocen como WIMP (Weakly Interacting Massive Particles), que no podría ser un nombre más genérico: partículas masivas (para que generen gravedad) que interaccionan débilmente (para que no se vean). Y aquí hay muchas posibilidades. Pasen y vean, miren el mercado y elijan su favorita, porque hay para todos los gustos y colores. Quizá la que más fans tiene, el JUSTIN BIEBER DE LOS WIMP, sea el neutralino. Es un neutrino pesado, pero ser pesado no es lo que le hace tan popular **(LA FÍSICA DE PARTÍCULAS NO ES COMO EL TWITTER).** Esta partícula sería la compañera supersimétrica del neutrino. ¿Súper... qué? Supersimétrica. Supersimetría, ésa es la clave. Es una preciosa teoría, **EL *trending topic* de la física moderna junto con la teoría de cuerdas.**

Según la supersimetría por cada partícula que conocemos hay una partícula igual, es decir, simétrica, pero con propiedades ligeramente cambiadas, en particular su spin, una propiedad cuántica en la que no voy a detenerme. Así, un electrón tiene un compañero supersimétrico, el superelectrón, conocido como selectrón. ¿Lleva capa y antifaz? Pues no: lo único que tiene de diferente es su spin y su masa, nada más. De hecho lo único súper que tiene es su masa: no se conoce bien cuánta tiene porque no se ha visto nunca. En realidad ni siquiera se sabe si existe, pero de existir su masa sería miles o millones de veces la del electrón. Así que el superelectrón es más bien un **bigmac-electrón**, o **UN POCO EL ROLLO DEL PADRE DE Los Increíbles**.

Con todas las partículas conocidas pasaría lo mismo: superneutrón, superprotón... Y claro, también con los neutrinos habría un superneutrino, que es nuestro amigo el neutralino. Esta partícula sería el candidato perfecto para la materia oscura: tendría una masa muy grande **(¡bien!)**; apenas interaccionaría con la materia normal, al igual que le ocurre al neutrino (¡bien!), por lo que sería muy difícil de detectar **(¡bien!)**; podría agruparse para formar estructuras por gravedad (¡bien!) y es estable (¡BIEN!). Además es tan popular el neutralino porque la supersimetría es superpopular **(vemos al youtuber Aless Gibaja diciéndolo)**.

Esta teoría resuelve muchos problemas del Modelo Estándar y además es un ingrediente fundamental de la teoría de cuerdas, es más, forma una extensión de ésta que se conoce como teoría de supercuerdas, el modelo de teoría de cuerdas que hoy está más de moda. El problema que no resuelve es que a mí "SUPERSIMETRÍA" ***ME PARECE UN NOMBRE HORRIBLE.*** Supongo que el que se lo puso se imaginó pronunciándolo con voz grave e imponente. Un tipo de grandes músculos y mentón pronunciado diciendo: "Supersimetría". Yo me imagino de nuevo a Aless Gibaja: "¡Hola, **BEBÉS**, ME SUPERENCANTA LA SUPERSIMETRÍA!". O a la actriz de *Legalmente rubia* diciendo "Supersimetría, o sea, supersimetría", con un poodle en los brazos. Muy mal. Pero en fin, volvamos a la física.

Encontrar el neutralino en algún experimento sería a la vez una confirmación de la supersimetría y, posiblemente, de la materia oscura.

Dos por uno, de ahí que sea tan deseado. Pero **hay más candidatos.** ¡Ay, sí! Esto parece la gala para elegir a la reina del carnaval o, peor aún, *Mujeres y hombres y viceversa*. Vayamos con el siguiente candidato. Alto, guapo, fuerte, presume de moreno de UVA, es monitor de aquagym y vota por Ciudadanos... ¡El axión! Es una partícula que fue postulada en los años setenta del siglo XX para explicar otras cuestiones: la conservación de la simetría CP (carga y paridad) en la fuerza fuerte. Sí, vale, esto así dicho nos deja igual, pero explicar la violación de la simetría CP se escapa del objetivo de este libro. Esta partícula no tendría carga **(¡bien!);** sería estable **(¡bien!),** aunque tendría una masa pequeña **(¡mal!).** Nunca se ha observado un axión, aunque hay muchos experimentos que lo buscan. Por ejemplo en el Sol, una posible fuente de axiones. Al que le puso el nombre se le ocurrió mientras lavaba la ropa con detergente marca "Axión". Pensó que esta partícula "limpiaba" un problema que existía en la fuerza fuerte y, como limpia igual que un detergente, pues axión. **COMO SE VE, EL HUMOR DE LOS CIENTÍFICOS ES PERTURBADOR.**

Pero que nadie se levante del sofá que queda mucho por ver. Con todos ustedes el siguiente candidato, un ser muy exótico: moreno de piel, alto, fuerte, imponente sonrisa, pelo rubio, ojos rosas, mueve los brazos al hablar como Esperanza Gracia, no pronuncia bien la "r" y dice: "Pienso *de* que": ¡los modos de Kaluza-Klein! ¡Qué suerte! Fue un tal Theodor Kaluza, y no un Theodor Calvin, el pionero en esta maravillosa teoría. Habríamos tenido los científicos aún más chistes malos y perturbadores para hacer con el nombre. Kaluza logró, en 1921, explicar el electromagnetismo de una forma parecida a la de Einstein para la gravedad en la relatividad general. Cuando Einstein recibió el borrador del artículo de Kaluza quedó entusiasmado con esta idea, que consideró brillante y con muchas posibilidades. Y es que cuando dos teorías se explican de una forma similar ello permite que puedan unificarse, como ya ocurrió con la electricidad y el magnetismo. Esto sería un grandísimo logro. Para ello Kaluza imaginó un mundo con una cuarta dimensión espacial. Entonces, igual que variaciones en el espacio-tiempo dan lugar a los efectos de la gravedad, esta cuarta dimensión acogería el electromagnetismo, que sería el reflejo de las variaciones geométricas en esta dimensión adicional.

Hay un problema. **¿UNA CUARTA DIMENSIÓN ESPACIAL? ¿Cómo se come eso?** Ahí aparece Oskar Klein, quien da sentido a esta cuarta dimensión. Si esta dimensión fuese muy pequeña, digamos más pequeña que un átomo y cerrada sobre sí misma, no la podríamos ver, no la notaríamos. Sin embargo, estaría ahí. Del mismo modo que una hormiga caminando por un alambre fino tendría la sensación de moverse en una sola dimensión (cuando en realidad la hormiga se puede mover por las tres rodeando el alambre), la cuarta dimensión sería invisible a nuestros ojos, pero existiría. De paso, esta teoría da lugar a nuevas partículas con distintas masas que son candidatas a materia oscura. Por desgracia, ninguna de estas partículas ha sido detectada, por lo que siguen siendo hipotéticas, como los unicornios, el yeti o los **científicos con contrato indefinido.** Aun así se siguen buscando con ahínco.

Hay grandes experimentos por todo el mundo intentando desenmascarar a esta escurridiza materia oscura. Y es frustrante, porque ha de existir en gran cantidad y posiblemente nos está atravesando todo el tiempo. Sea lo que sea, lo tenemos muy cerca, delante de nuestras narices, pero no se encuentra la forma de detectarla. Algunos científicos la buscan de forma directa, como en las colisiones del Gran Colisionador de Hadrones (LHC) de Suiza. Se espera que una colisión pueda generar una partícula detectable de materia oscura. Otros experimentos, como el Cryogenic Dark Matter Search (CDMS), consisten en cámaras que contienen un cristal de germanio y silicio. Si una partícula de materia oscura choca con un núcleo de este cristal producirá una ionización que puede ser medida. Para asegurarnos de que ha sido una partícula de materia oscura la que ha golpeado, el núcleo del cristal se coloca bajo tierra, donde los rayos cósmicos no pueden llegar. Otros experimentos buscan indicios indirectos de la presencia de materia oscura, en particular el efecto de su colisión y aniquilación. Detectores de este tipo son, por ejemplo, Antares, bajo el mar Mediterráneo, o Ice Cube, en la Antártida. También se usan telescopios como Magic, en La Palma, e incluso a bordo de satélites, como AMS. Como se puede ver es una búsqueda por tierra, mar y aire.

Encontrar esta materia oscura sería un gran paso para entender mejor el universo en el que vivimos. Pero recordemos que habíamos partido de la idea de que el universo es plano, según parecen indicar las mediciones. Sin embargo, con la materia normal sólo tenemos 5 por ciento de lo necesario para llegar a la densidad crítica. La materia oscura es un aporte importante, pero junto a la materia normal sólo da cuenta de 30 por ciento de la densidad crítica. **¿Dónde está el 70 por ciento que falta?**

En 1998 dos equipos científicos independientes se encargaron de medir la expansión del universo a lo largo de su historia. Recordemos que la luz tarda un tiempo en llegar hasta nuestros telescopios, de modo que para mirar hacia atrás en el tiempo sólo hay que mirar lejos. Lo que estos dos grupos observaron es que el universo fue expandiéndose cada vez a menos velocidad desde la formación de las primeras galaxias hasta unos siete mil millones de años más tarde. A partir de ese momento, sin embargo, los dos grupos de científicos observaron algo curioso: que el universo se expande cada vez a mayor velocidad. Es lo que se conoce como "expansión acelerada" y es uno de los descubrimientos más impactantes de los últimos tiempos. Dado que en el universo la única fuerza de alcance cósmico es la gravedad y ésta sólo puede ser atractiva entre materia y energía, lo que cabría esperar es que la expansión del universo fuera cada vez más lenta, deteniéndose poco a poco debido al tirón gravitatorio. Sin embargo, no sólo no se detiene, sino que se acelera. ¿Qué puede estar causando esta aceleración?

Ya hemos visto que en 1917 Einstein revisó su teoría de la relatividad general e introdujo un término a mano, la constante cosmológica. Fue su intento por mantener el universo estático, introduciendo un factor con un efecto contrario a la gravedad que pudiera compensarla y mantener el equilibrio eterno. Una vez que se demostró la expansión del universo en 1928 Einstein retiraría este factor. **BIEN, PUES HOY ESE GRAN "ERROR" DE EINSTEIN ES CONSIDERADO SU MAYOR INTUICIÓN.** Los cosmólogos modernos se han visto en la necesidad de rescatar esta constante cosmológica setenta años después para poder explicar la expansión acelerada. El universo requiere un tipo de energía que desconocemos y que pueda ejercer la presión negativa necesaria para que todo el espacio se encuentre en fase de expansión acelerada. La constante cosmológica es el principal candidato. Sería una energía que estaría en todo el espacio, en cada punto del universo, y que no podemos ver, de ahí su calificativo de "oscura". De este modo el vacío no estaría completamente vacío, sino que incluiría esta enigmática energía.

Otro candidato es lo que se conoce como "quintaesencia", una energía del vacío que varía a lo largo de la historia cósmica. ¿Sabes qué es lo más alucinante de todo esto? Que la energía que se necesita para producir una expansión como la que observamos se corresponde justamente con el 70 por ciento de la densidad crítica. Con la energía oscura que produce la expansión acelerada del universo, sumada a la materia oscura que hay en los halos galácticos y a la materia ordinaria que forma planetas y gente ordinaria como nosotros tenemos el cien por ciento de la materia y energía para explicar que el universo sea plano. **¡Bingo!**

Con esto llegamos al final de la receta cósmica: el universo está compuesto de aproximadamente 4 por ciento de materia normal, 23 por ciento de materia oscura y 73 por ciento de energía oscura (las proporciones exactas no se conocen). Todo ello forma un universo plano o casi plano e infinito, que se expande aceleradamente.

A mí una de las cosas que más me apasiona de esta historia del universo y de la física en general es la relación tan directa que siempre se acaba encontrando entre lo tremendamente pequeño (física de partículas) y lo inmensamente grande (cosmología).

La historia del universo

Carl Sagan fue un importante científico de nuestra era. Pero si hay algo que nuestra generación de físicos puede agradecerle especialmente es que sirviera de inspiración a tantos de nosotros con sus historias, videos y libros. Una de sus aportaciones, la que a mí más me gusta, es lo que hoy se conoce como el calendario cósmico. Muchas veces cuesta imaginar distancias cósmicas como los cien mil años-luz de diámetro que mide nuestra galaxia. Esto ¿cuán grande es? Una estrella a tres mil años-luz, ¿está muy lejos? Lo mismo ocurre con el tiempo: algo que sucedió hace doscientos mil años, ¿ocurrió hace mucho o poco? La respuesta, obviamente, es que todo es relativo y depende de con qué lo compares. **PODEMOS ACOMODAR LA HISTORIA DEL UNIVERSO PARA QUE QUEPA EN UN año terrestre** como hizo el gran Carl Sagan en su serie *Cosmos*.

Para ello tomamos el 1 de enero de un año cualquiera como el momento del Big Bang y situamos el día de hoy como si fuera el 31 de diciembre justo un minuto antes de la medianoche. Es decir, **JUSTO ANTES DE QUE AQUEL ANIMADOR DE LA TELE, CON SU CAPA, PRESENTE LAS CAMPANADAS DE NOCHEVIEJA**. Los demás eventos ocurrirán de forma proporcional. Por ejemplo, algo que sucedió hace siete mil millones de años, es decir, a mitad de camino entre el inicio del universo y hoy, estará a mitad de año, a principios de julio. Así cada día representa unos cuarenta millones de años y un mes, mil millones de años. Armados de esta simple base vamos a montar un calendario muy particular.

El 1 de enero nace el universo tras una gran explosión, el Big Bang, gracias a la cual se crea toda la materia y energía. También surgen el espacio y el tiempo. La nucleogénesis y la recombinación, durante esa fiesta Erasmus que dio lugar al CMB, tuvo lugar durante los diez primeros minutos de ese primer día. A partir de ahí se formaron los átomos de hidrógeno y helio que darían lugar a las primeras galaxias. Esto tuvo lugar hacia el 13 de enero. La Vía Láctea se forma un tiempo después, hacia el 15 de marzo, con sus cientos de miles de millones de estrellas. Una de ellas tarda un poco más en brillar y se enciende un día muy especial, el 31 de agosto. Ese día es mi cumpleaños, y la estrella es nuestro Sol. El Sol es una estrella de segunda generación, es decir, formada por restos de otras estrellas después de que extinguieran su vida. La Tierra nace poco después, aunque no se llena de vida hasta el 21 de septiembre. Vida unicelular, pero vida, que poco a poco fue evolucionando hasta salir de los mares el 17 de diciembre, colonizando la tierra firme. **Los dinosaurios no se extinguen hasta el 30 de diciembre y el ser humano, *el Homo sapiens sapiens,* SÓLO EXISTE DURANTE LOS ÚLTIMOS CINCO MINUTOS ANTES DE LA MEDIANOCHE.** Las pinturas rupestres, las primeras civilizaciones, la escritura, las grandes religiones, los primeros científicos, la Edad Media, el Renacimiento, Napoleón, la Revolución Industrial, las guerras mundiales, la televisión, los móviles y los palos-*selfie*... Todo cabe en los últimos catorce segundos de este calendario cósmico. Como se ve, mil años no es nada en la historia del cosmos, lo que convierte al ser humano moderno en un recién llegado.

6

AGUJEROS NEGROS

¿Qué importa el color? No es más que una longitud de onda, una ilusión. Que si la mezcla de colores en la cromosíntesis sustractiva, que la ausencia de color en la aditiva, ¿qué importa? Un agujero, sea del color que sea, no se puede partir. Y partiendo de esto, si es negro y lo despreciamos porque absorbe materia, gravedad y tiempo a la vez, no seamos tan hipócritas, pues... ¿quién no ha deseado con tragar y no engordar, con volar y no caer, con no llegar tarde a clases de pilates? Pues eso.

SANTI GARCÍA, matemático despreciable (Big Van)

Yo siempre quise ser una estrella. Creo que es el sueño de muchos adolescentes: los focos, los flashes, las alfombras rojas... Pero hoy las cosas han cambiado, ya no quiero ser una estrella. **Prefiero ser... ¡un agujero negro!** ¿Por qué? Veamos.

Pregunta del millón: ¿estrella o agujero negro? Vamos a Google y preguntamos: "Querido Google, ¡oh, señor del ciberespacio!, vamos a ver qué es más popular". Google lo intenta primero con una estrella de andar por casa, Pablo Alborán. Da 500,000 resultados. Lo puede mejorar. Probemos con una estrella más mediática, como Abraham Mateo: 7 millones. Podemos superarlo. Busquemos algo más internacional. Justin Timberlake, 32 millones. No está mal, pero no gana ni a la cerveza, con 45 millones. Tenemos a Miley Cyrus, con 80 millones. Nicky Jam, con 10 millones, Leonardo DiCaprio, con 69 millones... "Google todopoderoso, dame un objeto cósmico, universal, enigmático, que sea popular, que arrase entre la gente, que deje atrás a Marta Sánchez, a Nuria Roca, a Auryn, que sea más buscado que un helado o la cerveza. Google, hazme feliz". **"Black hole": ¡123 millones!**

Ahora ya lo sabes: si algún día tu hijo te dice que quiere ser una estrella, creo que como buen padre o buena madre deberías sugerirle que mejor sea un agujero negro. **LOS AGUJEROS NEGROS SON LOS Justin Bieber de la física.** Tienen millones de seguidores, se han publicado libros y películas, se han hecho canciones sobre ellos, aparecen en series, documentales y noticiarios. Llaman la atención incluso de los que reprobaban física en el colegio. Ni estrellas ni planetas. Yo, si fuera un objeto cósmico, querría ser un agujero negro supermasivo, de esos que arrasan con todo lo que se les pone delante: estrellas, planetas, asteroides... **COMO ESOS CANTANTES GIGANTESCOS.**

Hay agujeros negros incluso mediáticos, como el de la película *Interstellar*. Normalmente suelen hacer el papel de malo, tragando de forma compulsiva y sin piedad todo lo que hallan. Pero ahí donde los ven, los agujeros negros tienen su corazoncito. O mejor, una singularidad... Aunque para hablar de eso y comprenderlo ya tendremos tiempo. Porque si todo va bien dentro de un rato habrán entendido lo que es un agujero negro, cómo funciona, si se puede escapar de él y alguna cosa más.

El universo está lleno de objetos y fenómenos extremos como grandes explosiones, chorros de partículas o lugares donde la gravedad es tan brutal que hace que el espacio y el tiempo se desmoronen bajo sus pies. Vamos a ver uno de los más espectaculares que pueden existir: los agujeros negros. Pero ¿qué es un agujero negro? ¿Cómo se forma? ¿De verdad son reales? ¿Cómo se observan? Son preguntas que se han ido respondiendo recientemente. Vayamos poco a poco.

¿Qué es un agujero negro?

Lo más impresionante de un agujero negro es que se puede entender cómo funciona de una forma muy simple, sin necesidad de ser profesor de física ni un Stephen Hawking de la vida. Sólo hace falta conocer una acción: la de la fuerza de la gravedad.

Sabemos que la gravedad es una fuerza atractiva: dos cuerpos, por tener masa, se atraen mutuamente. Esta fuerza es mayor cuanto mayor es la masa de cada objeto y menor cuanto más lejos están. Esto es lo que dice la ley de la gravitación universal, que se escribe así:

$$F = G\frac{mM}{r^2}$$

Por ejemplo: un objeto como una moneda en mi mano es atraído por toda la Tierra hacia su centro (¿será por eso que me desaparece el dinero siempre tan rápido?). Tendríamos así que "m" es la masa de la moneda, "M" la de la Tierra y "r" sería la distancia de la moneda al centro de la Tierra, es decir, el radio de la Tierra. Tengamos en cuenta que si estuviéramos en lo alto de una montaña, "r" sería el radio de la Tierra más la altura de la montaña.

Al lanzar la moneda hacia arriba el impulso inicial que le doy hace que venza momentáneamente a la fuerza de la gravedad y empiece a subir. Pero siempre gana la gravedad, claro. La moneda adquiere energía al ser impulsada, pero la energía que proviene de la atracción gravitatoria (energía potencial gravitatoria) es mucho mayor y acaba venciendo. La moneda sube, se para y rápidamente comienza a caer. QUIEN HAYA TIRADO UNA MONEDA AL AIRE ALGUNA VEZ EN SU VIDA SABE DE LO QUE ESTOY HABLANDO. Si yo ahora tomo de nuevo la moneda y la lanzo un poco más fuerte, llegará más alto. Y así sucesivamente hasta el límite de mis fuerzas. La pregunta que surge aquí es: ¿se podría lanzar la moneda tan fuerte que escapara de la Tierra para siempre? La respuesta es sí, o eso dice Chuck Norris. Pero habría que lanzar la moneda con tal fuerza que saliera de la mano con lo que se conoce como "velocidad de escape".

Para que la moneda escape su energía de movimiento ha de ser mayor que la energía con la que la Tierra la atrae. La velocidad de escape se da justo cuando ambas energías, la cinética de la moneda y la de la atracción de la Tierra, se igualan. La energía cinética que yo le imprimo a la moneda es $E_m = \frac{mv^2}{2}$, con "m" la masa de la moneda y "v" su velocidad. El impulso es hacia arriba. La energía potencial gravitatoria con la que la Tierra atrae a la moneda es $E_T = G\frac{Mm}{R}$, donde "G" es la constante de gravitación universal, "M" la masa de la Tierra, "m" la masa de la moneda y "R" el radio de la Tierra. Este impulso tiene sentido contrario. Cuando se igualan ocurre que:

$$\frac{1}{2} mv^2 = G \frac{Mm}{R}$$

La velocidad de escape es por lo tanto:

$$V = \sqrt{\frac{2GM}{R}}$$

¡Lo tenemos! Si queremos lanzar una moneda, una naranja, a un político o a tu suegra al espacio hay que hacerlo con esta velocidad y ¡ya! Quedará fuera de nuestra vista para un largo rato. Esto lo sabemos los físicos, los astrónomos y **SERGIO RAMOS**. ¡Vaya penalti que lanzó!

Una cosa interesante de la velocidad de escape es que, como se ve, sólo depende de la masa (M) y tamaño (R) del planeta. De nada más. Por lo tanto **LA VELOCIDAD DE ESCAPE ES LA MISMA PARA UNA HORMIGA O UNA MORSA, PARA UN BOLÍGRAFO O TU SUEGRA, PARA UN BALÓN DE FUTBOL O UN SATÉLITE.** La misma. Lo que no es lo mismo es la energía que hay que suministrar o la fuerza que hay que aplicar: cuanto más masivo sea el objeto, más energía se necesitará.

Pues ya podemos ponernos a calcular cosas. Sacas la calculadora, pones los valores de G, M y R para la Tierra y sale: 11,2 kilómetros por segundo. Esto son unos 40,000 kilómetros por hora. ***Muy rápido,* hasta para Benzema.** Ésa es nuestra velocidad de escape, la necesaria para huir de nuestro planeta. Interesante.

Si te fijas en la fórmula verás que cada planeta o estrella tendrá su velocidad de escape particular. Por ejemplo en Marte, que tiene un radio más o menos la mitad del de la Tierra, la velocidad de escape es de

5 kilómetros por segundo. En la Luna la velocidad de escape vale 2.5 kilómetros por segundo. Y en el Sol es de 620 kilómetros por segundo. La velocidad de escape es mayor en los planetas o sistemas más densos y en general crece con el tamaño del planeta o sistema (para la misma densidad).

Entonces, si encogemos la Tierra y la aplastamos para que sea más pequeña pero conservando la misma masa, habremos aumentado su densidad y por lo tanto aumentará también su velocidad de escape en la superficie. Por ejemplo, si aplastamos la Tierra hasta que tenga un radio 100 veces más pequeño (ojo, con la misma masa) su velocidad de escape será de 112 kilómetros por segundo. Si la aplastamos aún más, con todas nuestras fuerzas, hasta que tenga un radio 100 veces menor aún, es decir, 10,000 veces en total, la velocidad de escape será de 1,120 kilómetros por segundo. Esto, en principio lo podríamos hacer indefinidamente, aumentando la velocidad de escape cada vez más según hacemos el planeta más y más pequeño.

La verdad es que nadie puede comprimir la Tierra tanto, ni con todos los vascos apretando con todas sus fuerzas. Ni tampoco si todos los chinos saltaran a la vez. Pero usen la imaginación: si se consiguiera apretar mucho, hasta hacerla tan pequeña que la velocidad de escape en la superficie fuera mayor que la velocidad de la luz (recordemos, unos 300,000 kilómetros por segundo) la gravedad se haría tan intensa que nada ni nadie podría escapar. Habríamos convertido a la Tierra en un sumidero, en una prisión. La gravedad se haría la reina y dominaría todo. Habríamos formado un agujero donde todo cae. Y como ni siquiera la luz podría escapar, no nos llegaría ninguna información de él y por lo tanto sería absolutamente negro. Hemos creado un agujero negro.

No hay que asustarse, porque no hay nada que temer. La Tierra no se puede comprimir de esta manera, así que estamos a salvo. Para que la Tierra se volviera un agujero negro habría que comprimirla de tal forma que pasara de tener 6,300 kilómetros de radio a tan sólo 9 milímetros. Sería más pequeña que una canica. Algo que parece imposible. Incluso con el Sol parece absurdo, puesto que habría que encogerlo hasta que tuviera un radio de 3 kilómetros. Como se ha podido ver, no hace falta recurrir a las ecuaciones de la relatividad general para describir un objeto como éste. Hemos usado la física que se conocía de la época de Newton, lo que llamamos "física clásica", la que se estudia en el colegio. Entonces, ¿por qué se ha tardado tanto en estudiarlos y descubrirlos? Pues porque cuando se presentó esta posibilidad, la existencia de un objeto así en el universo, nadie le hizo caso. ¿Quién va a ser capaz de ejercer una fuerza lo suficiente grande como para comprimir la Tierra al tamaño de una canica? Alguna sorpresa nos guardaba el universo, y para entender bien toda la historia vamos a ir atrás en el tiempo y rastrearemos las pistas de este objeto tan oscuro y misterioso.

Agujero negro *begins*

Fue un filósofo y clérigo inglés, John Michell, quien primero habló de estos objetos misteriosos que hoy llamamos agujeros negros en 1783 **MUCHO ANTES DE QUE SE HICIERAN** ***trending topic.*** Él se refirió a ellos como "estrellas oscuras", *dark stars*. Michell es uno de esos personajes que la historia decide olvidar. Muy adelantado a su tiempo, sus logros nunca fueron suficientemente reconocidos. ¿Conoces a John Michell? Yo, antes de estudiar agujeros negros, tampoco. Sin embargo, además de ser el primero en nombrar estos objetos se podría decir que es el padre de la sismología (fue el primero en tratar los terremotos como si fueran ondas que se propagan por la Tierra y fue incluso capaz de estimar el epicentro de un terremoto en su época), realizó avances importantes en magnetismo (como crear un imán artificial, entre otros), propuso e incluso diseñó una versión inicial del experimento para medir la fuerza de atracción entre masas para calcular la masa de la Tierra que no pudo finalizar (sería Cavendish quien lo consiguiera) y habló de cosas tan modernas como las estrellas dobles.

En su época las ideas de Newton se habían impuesto y la ley de la gravitación universal empezaba a ser globalmente conocida. Michell, contemporáneo de Newton, se había formado en Cambridge, donde había trabajado también como profesor. Posteriormente, a sus cuarenta y tres años, comenzó a trabajar como rector de la iglesia de Saint Michael, en una pequeña localidad en Inglaterra, Thornhill, cerca de Leeds. Éstos fueron los años más productivos de Michell, que publicó entre otras cosas un artículo sobre unas estrellas muy extrañas que se volverían completamente imperceptibles, las estrellas oscuras.

El objetivo de Michell cuando dio con esta idea era la de usar los rayos de luz de una estrella para medir su masa. Michell, como también hiciera Newton, supuso que la luz estaba formada por partículas, como pequeñas bolitas, y por lo tanto también sufrirían la atracción de los cuerpos. Midiendo la pérdida de velocidad al salir de la estrella quizá podría calcular la masa de la estrella. Fue siguiendo este razonamiento como Michell llegó a la idea fundamental: podría darse el caso de que existiera una estrella tan masiva que hiciese que la luz cayera dentro de su campo gravitatorio. Si la luz no escapa no podremos verla, por lo que **LLAMÓ** "ESTRELLA OSCURA" A ESTE OBJETO SUPERMASIVO. Llegó incluso a calcular la masa que tal objeto debería tener. Según él, 500 veces la masa del Sol si su densidad no es menor. Tan adelantado estaba a su época que incluso llegó a indicar cómo se podrían encontrar estas estrellas. Obviamente no mirándolas con un telescopio, puesto que no se ven, sino por el efecto que podrían tener sobre otra estrella. Si otro astro orbitaba alrededor de la estrella negra, propuso, podríamos deducir su presencia.

Otro genio, pero éste bien conocido, también predijo de forma independiente y sobre la misma época estas cosas extrañas. Fue Pierre-Simon Laplace en 1796, en las primeras ediciones de su libro *Exposición del sistema del mundo*, aunque suprimió la idea en las siguientes. Seguramente porque eso de que la luz fuera una partícula, como una bala, no le convencía del todo. El experimento de la doble rendija de Young se realizó en 1801 y demostraba que la luz era una onda. Entonces, ¿pueden las ondas de luz quedar atrapadas en una cárcel estelar? La cosa no estaba nada clara. Así que, como ocurre con muchos genios adelantados a su época, las ideas de Michell y Laplace quedaron en el olvido, en parte por lo novedosas que eran, en parte porque se desconocía cómo la gravedad podría afectar a la luz. Lo cierto es que nadie llegó a tomarse verdaderamente en serio estas estrellas oscuras.

En 1915 Albert Einstein publica su teoría general de la relatividad, que si has sido un niño bueno y te has leído todo el libro sin saltarte ningún capítulo ya sabrás de qué va. Una de las consecuencias directas de esta teoría es que los rayos de luz sí son afectados por la gravedad. HABRÍA QUE DESENTERRAR ENTONCES LA TEORÍA DE LAS ESTRELLAS OSCURAS. Sólo un año después, en 1916, Karl Schwarzschild encuentra la primera solución de la ecuación de Einstein, mientras combatía en el frente ruso para el ejército alemán durante la Primera Guerra Mundial. **¡Desarrolló tres artículos científicos y se carteaba con Einstein sobre relatividad mientras luchaba en la guerra!**

Aquí quiero llamar la atención sobre un pequeño detalle. Si se tarda normalmente décadas en resolver estas ecuaciones es porque no son como las del colegio. **Son mucho más COMPLICADAS.** Generalmente son sistemas de ecuaciones con muchas variables, ecuaciones en derivadas parciales y monstruos del estilo que en la mayoría de los casos ni siquiera tienen solución exacta. Es decir, no se puede decir "la respuesta es 2". Habitualmente estas ecuaciones se resuelven con computadoras y con aproximaciones, es decir, en vez de la solución exacta se busca una que esté cerca de la exacta asumiendo cosas que sabemos que no son verdad siempre, pero que más o menos sirven para apañarnos. Por ejemplo, una solución aproximada fue la que dio Einstein al publicar su relatividad general para resolver un viejo problema de la física. Pues bien, este hombre, Schwarzschild, halló una solución exacta a la montaña de ecuaciones que forman la relatividad general y lo hizo estando en plena guerra. **Y a ti y a mí nos pica la garganta un poco y ya no estudiamos o no vamos a clase.** Ese mismo año moriría de una enfermedad de la que se contagió durante el combate.

La solución que encontró Schwarzschild era muy particular: se trataba de solucionar las ecuaciones para un universo vacío donde habría un único objeto, como una estrella o planeta, quieto, parado, en reposo. Imagina al Sol, solo en el universo, curvando el espacio-tiempo sin nada más. En esta situación aparecían cosas sorprendentes. Dentro del objeto, y según la solución hallada, la materia se comportaba de forma extraña. Por debajo de una distancia que hoy se conoce como "radio de Schwarzschild" SE CREABA UN SUMIDERO DONDE TODA LA MATERIA TENDÍA A CAER IRREMEDIABLEMENTE HACIA SU CENTRO. El tiempo se vuelve espacio y el espacio se vuelve tiempo. **Vamos, una locura, un desastre.** Tal cual, porque este tipo de situaciones ponen a la física en un compromiso. Si la teoría es cierta una estrella así acumularía tanta energía y materia que perforaría el espacio-tiempo. Hay que recordar que, según la relatividad general, un cuerpo masivo, como una estrella, curva el espacio-tiempo, como una bola de bolos sobre una lona. El movimiento de un planeta alrededor de la estrella se ve como el efecto de esta curvatura sobre el planeta. Cuanta más masa tiene el cuerpo, sea estrella o planeta, mayor es esta curvatura causada en el espacio-tiempo. En una estrella oscura la gravedad es tan intensa que se rompe el espacio-tiempo, se perfora, se crea un punto de densidad infinita, lo que se conoce como singularidad. Como si el bolo fuera tan pesado que la lona que lo mantiene se acabara rasgando. Y ya saben que **A LOS FÍSICOS NOS GUSTAN LAS SIMETRÍAS Y ODIAMOS LOS INFINITOS.** Pues una singularidad presenta un grave problema para la física.

Estamos ante algo horrible, desagradable, un auténtico monstruo. Por suerte la solución de Schwarzschild sólo era válida fuera de los objetos como el Sol, dentro no tenía sentido. Y el radio de Schwarzschild es siempre muy pequeño, mucho más pequeño que una estrella. Pero ¿qué pasaría si el objeto, la estrella, fuera menor que el radio de Schwarzschild? ¿Qué ocurre si se comprime por debajo de este radio? En ese caso esta solución aberrante sí sería válida: **no habría forma de parar al monstruo**. Pero estamos a salvo, se pensó: no existe ningún mecanismo en la naturaleza que pueda comprimir tanto la materia como para hacer un cuerpo masivo más pequeño que su radio de Schwarzschild. Mientras todos los cuerpos masivos sean mayores que su radio de Scwarzschild no hay problemas. Estamos libres de singularidades... O eso parecía. Se vio esta posibilidad como una curiosidad matemática de las ecuaciones de Einstein, como algo posible en teoría, pero inexistente. Pues al fin y al cabo, ¿alguien ha visto en el cielo algo así? ¿Quién y cómo podría comprimir tanto un cuerpo como para crear esta cosa tan extraña? Así que escondemos el bulto debajo de la alfombra y silbamos como si no hubiera pasado nada.

Pero no podía aguantar ahí por mucho tiempo. Subrahmanyan Chandrasekhar, en torno a 1930, estudia las posibilidades de que una estrella pudiera colapsar de esta forma. Las estrellas son fruto de un equilibrio muy delicado. Por un lado tienden a contraerse por efecto de la gravedad y por otro a expandirse debido a la presión de los procesos que ocurren dentro de la estrella. Pero el "combustible" que genera estos procesos se puede consumir, al igual que una vela se apaga cuando se acaba la cera. Cuando ya no quede calor para soportar la gravedad que comprime una estrella... ¿quién la sostiene? Sólo un efecto cuántico en los electrones (lo veremos más adelante, está relacionado con el principio de exclusión de Pauli) podría frenar la compresión. Pero sólo hasta cierto punto. Si la presión por gravedad es muy intensa ni siquiera este efecto podría sostenerlo. Sería como un edificio que se desploma, una especie de implosión. La materia se comprimiría sin remedio por debajo del límite del radio de Schwarzschild. Para Chandrasekhar la cosa era simple, si la estrella era mayor que 1.4 veces la masa del Sol (lo que hoy se conoce como límite de Chandrasekhar) el final era trágico. Si esta compresión que realiza la gravedad hace que la estrella final sea menor que el radio de Schwarzschild no habría vuelta atrás. **Chandrasekhar tenía solamente diecinueve años y el universo entero comenzaba a temblar ante la posible existencia de estos monstruos.**

Y claro, ninguno de los grandes científicos se tomó muy en serio todo esto. Ni Eddington, ni Einstein... En realidad casi nadie hizo mucho caso hasta 1939. El mismo día en que Alemania atacó a Polonia y empezaba en Europa la Segunda Guerra Mundial, Robert Oppenheimer publicaba un artículo científico donde especificaban las características de lo que hoy conocemos como un agujero negro: la perpetua caída de todo lo que entre en sus dominios hacia la singularidad. Junto con su estudiante Hartland Snyder dedicó dos años a resolver las ecuaciones de Einstein en un caso dinámico, donde un objeto como una estrella estaría continuamente comprimiéndose. Pero Robert Oppenheimer sería nombrado más adelante director del Proyecto Manhattan (el de la bomba atómica) y no volvería a trabajar en ningún aspecto sobre estas estrellas oscuras, quedando este asunto un poco apartado.

Hoy llamamos a estos objetos agujeros negros, el nombre que quiso darle John Wheeler en torno a 1960. Desde 1939 hasta este año, que se retomó el tema, la cosa estuvo muy parada. En parte por la guerra: no todos los científicos son como Schwarzschild, que pueden disparar, pensar y escribir con igual habilidad y a la vez. Es justo en esta época cuando llega la era dorada de los agujeros negros, cuando comienzan a ser masivamente aceptados, a ser estudiados por grandes nombres de la física como Hawking o Penrose y cuando se buscan pistas de su existencia en el cielo.

Hoy se conocen bastante mejor las propiedades y características de estos **MONSTRUOS DEL COSMOS.** Se sabe que se forman por compresión gravitatoria cuando la estrella ya no puede contrarrestarla con su combustión. Y se sabe que sólo ocurre cuando la masa de la estrella es suficientemente grande, como Chandrasekhar predijo. Cuando esto ocurre la estrella colapsa sobre sí misma, toda su materia se precipita hacia su centro, la singularidad. El espacio-tiempo se curva hasta rasgarse completamente en su interior, distorsionando su naturaleza. Todo se precipita hacia la singularidad. Bueno, no todo: sólo la materia que esté por debajo del radio de Schwarzschild, lo que se denomina el "horizonte de sucesos". De hecho, al contrario de lo que se pensaba sobre las estrellas oscuras, los agujeros negros no contienen materia. Para las estrellas oscuras se pensaba que la luz, al proyectarse, volvía hacia su superficie. Sin embargo, un agujero negro no tiene superficie ni materia. Es energía concentrada en la propia singularidad. Y el horizonte de sucesos, un límite no físico, marca la separación entre el interior y el exterior del agujero negro. Decimos que es un límite no físico porque si uno lo sobrepasa no siente nada. **COMO LAS BARRAS que le ponen a las islas CANARIAS en los mapas,** que parece que allí se vive dentro de un rectángulo. Igual. Al pasar por el horizonte de sucesos no se cruza ninguna barrera ni aparece un cartel de "**Bienvenido al agujero negro**". Cuando uno lo atraviesa lo único que ocurre es que se dirige sin remedio hacia la singularidad.

El radio de Schwarzschild u horizonte de sucesos es muy fácil de determinar: es el tamaño que debe tener un cuerpo para convertirse en un agujero negro. Si el radio de un objeto, relacionado con la velocidad de escape, es:

$$R = \frac{2GM}{v^2}$$

entonces el radio de Schwarzschild es el del objeto cuando la velocidad de escape es la velocidad de la luz, "c":

$$R_s = \frac{2GM}{c^2}$$

Nada de lo que esté dentro de ese radio va a poder nunca escapar de su interior, ni siquiera la luz. De hecho, dentro del horizonte de sucesos el espacio se vuelve tiempo y el tiempo se vuelve espacio. La dirección física hacia el interior del agujero se vuelve temporal, marca el futuro. Y el futuro te señala una dirección física, el interior del agujero. Un futuro donde nada puede impedir que vayas hacia la singularidad. Sin embargo, más allá del horizonte de sucesos un agujero negro pierde toda su fiereza. Al contrario de lo que mucha gente piensa, un planeta podría orbitar sin mucho problema en torno a un agujero negro. Si el Sol se volviera un agujero negro de repente e ignorando que nos freiría su radiación en el colapso y en momentos posteriores, podríamos seguir dando vueltas al agujero negro sin más problema que el que supone no tener luz. VAMOS, QUE NO PODRÍAMOS IR A PONERNOS MORENOS A LA PLAYA Y ESAS COSAS. El resto es igual para los frikis que pasamos el día delante de la computadora: no notaríamos muchos cambios. Los agujeros negros son entonces unos discretos engullidores de materia que se alimentan de todo aquello que cae más allá de su horizonte de sucesos haciéndolo crecer. Pero... ¿cómo se forma un agujero negro?

El lado oscuro fuerte en ti ser

En el universo, como en la vida, muchas cosas están dominadas por extremos, luchas entre dos fuerzas opuestas. El yin y el yang, el bien y el mal, el poli bueno y el poli malo, viernes por la noche y lunes por la mañana... Ésta es la historia de cómo un joven padawan, una protoestrella, con mucho poder sobre la fuerza, con masa por encima del límite de Chandrasekhar, en una lucha interior muy intensa, finalmente cae en el lado oscuro y se vuelve agujero negro.

Una protoestrella es una futura estrella, como un canterano que despunta, como JAMES o como ABRAHAM MATEO. Comienza como una nube de gas que empieza a comprimirse por efecto de la gravedad.

Todo se aprieta cada vez más hasta que finalmente se forma una estrella. Esto ocurre mientras lees, mientras planchas, mientras cocinas, mientras te sacas los mocos en el coche. Aunque es un proceso lento, ojo. Se te pueden pegar las sábanas, ya que normalmente puede tardar cientos de miles de años o incluso millones de años. ¿Cuál es la lucha interior? El lado oscuro es la gravedad, una fuerza atractiva que hace que todo tienda a juntarse cada vez más. Un universo en el que sólo actuara la gravedad acabaría colapsando en un único punto. Por suerte hay otras fuerzas que la contrarrestan, como los procesos internos en una estrella, que generan una presión que iguala la de la gravedad. Así se alcanza un equilibrio, lo que hace que las estrellas puedan brillar, manteniéndose estables. La gravedad tira en un sentido, la presión de radiación en otro, **HAY EMPATE Y SE MANTIENE LA PAZ**. Pero no por siempre...

¿Qué poder especial tiene? Hay algunos padawan, los elegidos, que poseen algún poder sobre la fuerza. Del mismo modo hay algunas estrellas especiales en las que el lado oscuro crece sin poder detenerse. Son las estrellas que superan el límite de Chandrasekhar (hoy en día se usa el de Tolmer-Oppenheimer-Volkoff). Si una estrella tiene una masa superior a este límite, la estrella irremisiblemente acabará cayendo en el lado oscuro. La gravedad vencerá el pulso contra la presión de radiación y se acabará formando un agujero negro. No se conoce este límite con exactitud hoy en día. Todo lo que se sabe es que está en torno a unas nueve masas solares (es decir, estrellas cuya masa es nueve veces la masa del Sol). ¡Casi! Si nuestro Sol fuera más masivo acabaría sus días como un agujero negro. Pero eso no va a pasar, nuestro Sol no va a caer en el lado oscuro. Vamos a darle una vuelta a todo este proceso.

Para poder entender bien todo esto vamos a hacer un recorrido por la vida de una estrella muy especial. Su nombre es Anakin Skywalker. **EPISODIO 1: LA AMENAZA FANTASMA**. Anakin Skywalker es un niño con un talento especial. Bueno, una joven estrella mejor dicho. La fuerza es muy intensa en ella. La joven estrella, por lo tanto, ya no es una protoestrella, acaba de nacer. Está formada principalmente por hidrógeno, el elemento más común del universo (74 por ciento) y helio, el segundo más común (24 por ciento). Un átomo de hidrógeno se forma cuando un electrón y un protón de por ahí se juntan. Estaban sueltos y ahora forman una preciosa unión dentro de la estrella. Saben que las cargas opuestas se atraen por la fuerza eléctrica, que hace estable la unión entre el protón positivo y el electrón negativo. El protón y el electrón prefieren estar juntos antes que separados o, hablando en términos físicos (este concepto es muy importante), la energía de la unión es menor que cuando están separados. **ES COMO UN MATRIMONIO**. Si vivir solos cuesta 1,000 euros al mes, un hombre y una mujer gastan 2,000 cuando viven separados. Pero al juntarse comparten cama, cocina, cepillo de dientes **(¡QUÉ ASCO!)**... Es más barato. Juntos gastan 1,500, que es menos que separados.

Del mismo modo todo en el universo tiende a un estado menor de energía, más "barato". Por eso electrón y protón tenderán a juntarse para formar átomos. Les compensa energéticamente y lo harán siempre que se pueda. Muy bien, ya tenemos la parejita. Ahora miramos dos átomos de hidrógeno (dos parejas) que se encuentran. La energía, si se juntan todos en un solo átomo, es menor que si están separados: el universo prefiere dos protones en el núcleo y dos electrones girando antes que dos átomos de hidrógeno por separado (estoy obviando intencionadamente la existencia de los neutrones, pero esto no cambia nada el razonamiento). Al final es más barato si las dos parejas viven en el mismo departamento, compartiéndolo, que si cada una tiene un departamento propio. Pero claro, necesitan una casa más grande. Igual cuesta 2,500 euros, pero siempre será más barato que vivir cada pareja en una casa distinta. En el universo esta unión de las dos parejas hace que dos átomos de hidrógeno formen uno de helio. Como esta unión es menos energética y la energía se conserva, el proceso de unión, la fusión atómica, genera energía libre, radiación, ¡luz! El universo gasta esa energía que sobra en darte luz y calor, en que las plantas puedan crecer, en que te pongas morenito en la playa, en que haya lugar para la vida, la inteligencia y carcasas para los teléfonos móviles. Luz gratis, chúpate esa, Endesa. Este proceso de unión de dos átomos de hidrógeno para formar uno de helio generando energía es el mecanismo básico que ocurre dentro de las estrellas. Es una reacción termonuclear y es lo que hace que las estrellas brillen y emitan luz. Es también lo que calienta la Tierra y el resto de los planetas y hace que pueda existir vida. Todo esto está ocurriendo en el interior de este niño, Anakin Skywalker. Sin saberlo, está iluminado por la fusión que ocurre en su interior.

Y no sólo Anakin: todas las estrellas utilizan este mecanismo de fusión para dar luz uniendo dos átomos de hidrógeno para dar uno de helio. Por eso las vemos de noche, porque brillan. ¿Por qué no usamos este tipo de energía aquí, en la Tierra? De hecho se usa con fines maléficos: es el mecanismo que hace funcionar la bomba H o bomba de hidrógeno. Pero por desgracia hoy en día no hay forma de controlar esta reacción para que sea estable y podamos usarla con otros fines. Desde que se conoce el principio se ha intentado utilizar la fusión porque resulta una fuente de energía masiva (libera mucha energía), limpia (al contrario que la fisión, no genera residuos) y muy barata (el hidrógeno es el elemento más abundante que existe). **Adiós petróleo, adiós renovables, ADIÓS NUCLEARES DE FISIÓN...** El día que controlemos esta reacción los problemas energéticos de la Tierra serán historia. ¿Cuál es la dificultad? Pues que no es fácil juntar dos átomos de hidrógeno. Para conseguirlo hay que unir dos protones, dos partículas positivas, en un mismo núcleo. Si son positivas se repelen eléctricamente. ¿Cómo se puede hacer para que se junten? Cuando los protones están muy, muy, muy cerca actúa una fuerza de corto alcance, la llamada fuerza fuerte, de la que ya hemos hablado. Es más poderosa que la repulsión eléctrica entre cargas iguales, pero sólo cuando están a muy cortas distancias. Así que el problema es conseguir que los protones se junten lo suficiente como para que esta fuerza entre en acción: se necesita un lugar donde la presión y la temperatura sean muy altas. Se necesitan las condiciones de una estrella.

Entonces **LA GRAVEDAD NO ES SIEMPRE LA MALA DE LA PELÍCULA**, una fuerza oscura. Es la presión que ejerce la gravedad sobre el hidrógeno lo que hace que se caliente y comiencen las reacciones de fusión. Sin la gravedad la fusión no podría producirse. Es la gravedad la que enciende las estrellas. De hecho, cualquier masa de gas no forma estrellas. Júpiter es un buen ejemplo. **JÚPITER ES UN FALSO PADAWAN**, no juntó suficiente gas como para que la presión de la gravedad comenzara las reacciones de fusión. Júpiter es un fracaso de estrella, como **ILLARRAMENDI** en el Madrid: quiere pero no puede, le faltó masa.

Ya tenemos todos los elementos para entender el funcionamiento de una estrella: es una máquina por la que entra hidrógeno y salen helio y luz por medio de procesos nucleares. Y es estable porque genera un pulso entre dos fuerzas que se compensan mutuamente: la gravedad, que tiende a apretar todo, y la presión que se genera por el calor de las reacciones nucleares. Anakin sufre en su interior la lucha constante entre estas dos fuerzas, la que le comprime y ahoga, la gravedad, y la que le hace expandirse, explotar, la presión de radiación. Mientras este equilibrio se mantiene, Anakin brilla como un joven padawan al servicio de la fuerza. Y según esta joven estrella va "quemando" hidrógeno (quemando entre comillas porque no hay fuego y nada arde literalmente) va brillando. Pero ¿qué ocurre cuando se le acaba el hidrógeno?

***Episodio II:* EL ATAQUE DE LOS CLONES.** Pues... me alegra que hagas esa pregunta. El niño que era Anakin es ahora un joven casi adulto. Ha seguido brillando, consumiendo su hidrógeno en un equilibrio perfecto y aprendiendo de sus maestros jedi. El lado oscuro vive en él, la gravedad, pero hay una fuerza igualmente poderosa que lo equilibra y le aleja del lado oscuro. Sin embargo, el lado oscuro es fuerte en él. Y es implacable. En Anakin pasa como en nuestro Sol. Lleva quemando hidrógeno unos cinco mil millones de años. Cada segundo el Sol transforma setecientos millones de toneladas de hidrógeno en helio. Esto, por supuesto, tiene un límite. Las reservas de hidrógeno, **igual que las latas de atún de tu entrenador de fitness**, se acaban. En principio, si las condiciones de la estrella (presión y temperatura) lo permiten, el núcleo puede seguir la fiesta: se pueden seguir fusionando otros elementos más pesados y a su vez generando más energía.

Con el Sol y todas las estrellas de su tipo esto no ocurre. Su temperatura no es suficiente para fusionar más elementos. Por eso, cuando acabe su hidrógeno (tranquilo, no estarás para verlo, aún quedan cinco mil millones de años) la presión gravitatoria hará que se caliente y sufrirá una expansión lenta hasta convertirse en una gigante roja. En esta expansión engullirá a Mercurio y Venus, si es que siguen allí, y posiblemente a la Tierra o lo que quede de ella junto con toda la basura espacial que vamos dejando (incluyendo el satélite que transmite la señal de Telecinco). **Es ahora cuando el joven padawan siente una perturbación en la fuerza.** La presión de radiación que se genera con la fusión ha desaparecido. Sus enseñanzas como jedi se resquebrajan y comienzan a dominar el odio y las artes oscuras. La gravedad no encuentra oponente y, sin resistencia, comienza a comprimir la estrella, que se enfría y se contrae. El resultado final es una enana blanca, el tipo de estrella más popular en el universo, de poco brillo y mucho menor tamaño que nuestro Sol. **Hay enanas blancas en las galaxias como filósofos en Facebook,** abundan como chinos, están por todas partes.

Así que Anakin no cae de momento en el lado oscuro. Los maestros jedi consiguen controlar su ira. Una nueva fuerza sustituye a la presión de radiación y permite aplacar la gravedad evitando que continúe la compresión. Aparece un ejército de clones al rescate. ¿Pero cómo? Esta enana blanca que queda de la compresión está en estado de plasma. ¡Como tu televisión! Otra cosa más para presumir de ella. Y luego la usas para ver *Mujeres y hombres y vicecersa*, ingrato. En un plasma los electrones están libres, sueltos, como en esta estrella. Pero los electrones se resisten a la compresión: es lo que se llama "presión de degeneración" (básicamente el principio de exclusión de Pauli) que contrarresta la gravedad. A los electrones no se les puede apretar más porque no les gusta estar juntos. El Sol terminará sus días como una estrella de este tipo. Son estos electrones los que forman el ejército de clones (nunca mejor dicho, porque todos los electrones del universo son exactamente iguales, como clones) y hacen que resista al lado oscuro evitando el colapso o compresión total de la estrella. Anakin resiste.

Pero la gravedad puede destrozar esta presión de degeneración. Si la estrella en cuestión tiene una masa 1.4 veces mayor que la del Sol, como calculó Chandrasekhar, la gravedad seguirá aplastando la estrella. Los electrones de la enana blanca empiezan a combinarse con los protones para formar neutrones (esto si la presión es muy alta se puede hacer, pero tiene que ser muy alta y en todo el campo, como hace el Barça). Adelantamos que la reacción inversa también se da, cuando un neutrón se desintegra dando un electrón y un protón, y ocurre de forma espontánea, sin necesidad de presión. Pero volviendo a nuestro padawan, la formación de neutrones permite que se pueda comprimir mucho más. Claro, donde antes había un protón, espacio vacío y un electrón (un átomo) ahora sólo hay un neutrón. Con ello se genera un núcleo duro de neutrones más pequeño y compacto. Las capas más externas, ante el repentino colapso caen, se desploman. Y al impactar con el núcleo duro de neutrones se genera una onda de choque que hace que las capas más externas de la estrella muerta salgan despedidas en lo que se conoce como una supernova.

Una supernova es un gran espectáculo de fuegos artificiales, un gran estallido de una estrella. Esta explosión es tan violenta que puede verse sin telescopio, a simple vista, aunque esté a millones de años-luz de aquí. Puede llegar a brillar más que todas las estrellas de su galaxia juntas, haciendo que en el cielo, de la nada, aparezca una nueva estrella. De ahí lo de "nova". Se tienen registros de supernovas desde la Antigüedad, mucho antes de que existieran la ciencia moderna y desde luego los telescopios. Me imagino la cara que pondría esa pobre gente al ver una estrella nueva, sobre todo sabiendo que según las Escrituras el cielo es inmutable... En fin, lo que queda después de este estallido cósmico es lo que se conoce como una estrella de neutrones.

Episodio III:* LA VENGANZA DE LOS SITH.** Anakin ya está totalmente perdido, se ha visto seducido por el lado oscuro de forma profunda. El Lord Sith, el líder separatista, el **ARTUR MAS INTERGALÁCTICO,** ha manipulado a Anakin y ya no hay quien lo pare. No obstante, aún reside en él un halo de esperanza, aún el lado luminoso tiene cierto poder. Es la última barrera antes del fin, el último bastión contra el lado oscuro que es la gravedad. Una estrella de neutrones es difícil de imaginar y aún más de ver. Es como un gran átomo formado casi en exclusiva de neutrones. Son pequeñas, de unos pocos kilómetros y, sin embargo, contienen una masa equivalente a la del Sol. Su densidad es tal que un cubito del tamaño de un terrón de azúcar tendría la masa de toda la humanidad. ***Y mira que hay* obesos *en Estados Unidos. Además rotan a velocidades increíbles. Este giro, junto con un intenso campo magnético, hace que emitan radiación de forma constante, persistente, de forma similar a un faro. El foco gira y despide un destello en cada vuelta. Este tipo de estrellas de neutrones son los púlsares y pueden dar miles de vueltas por segundo. No todas las estrellas de neutrones acaban como púlsares. Los púlsares son a las estrellas de neutrones como los gatos a los felinos: una clase.

Las estrellas de neutrones se mantienen estables por la misma presión de degeneración, la que evitaba que los electrones se juntaran. Con los neutrones pasa algo parecido. La presión de degeneración contrarresta la gravedad y se produce un equilibrio en este nuevo pulso. Pero si la estrella es muy masiva, digamos más de nueve veces la masa del Sol, ni siquiera esta presión puede con la gravedad. La estrella de neutrones acabará colapsando sobre sí misma. Anakin ha caído en el lado oscuro de manera definitiva. Ya no es más Anakin Skywalker, **ahora es Lord Vader: ha nacido un agujero negro.**

La presión de degeneración de los neutrones era el último bastión de la resistencia contra el lado oscuro. La gravedad ha tenido que luchar contra la presión de radiación en la fusión del hidrógeno, la presión de degeneración de los electrones y finalmente la presión de degeneración de los neutrones. Una vez en este punto ya nada puede detener la gravedad, no hay fuerza que conozcamos que se oponga. Toda la materia se precipita hacia la singularidad y nada puede escapar. En realidad el proceso de muerte de una estrella que acaba en agujero negro es bastante más directo. Cuando la masa de la estrella es tan alta como nueve veces la masa del Sol o más, los procesos de fusión siguen una línea: cuando acaba la fusión del hidrógeno comienza la del helio. Tras la del helio va la del carbono. Y así sucesivamente con gran parte de la tabla periódica. De esta forma se van creando progresivamente todos los elementos hasta llegar al hierro, que es el elemento "más estable". Estable en el siguiente sentido: es el punto en el que ya no cabe nadie más en el departamento de las parejas. Si viene a vivir una nueva pareja ya no hace más barata la convivencia, sino un poco más cara. Gracias a estos procesos estelares se forman los elementos de los que estamos hechos, como el carbono, el oxígeno, el nitrógeno, el silicio de las rocas, el hierro de la sangre... Todos los átomos de nuestro cuerpo y nuestro entorno se forjaron en una estrella (menos el hidrógeno y el helio, que lo hicieron en el Big Bang). Y es gracias a las supernovas que estos elementos se repartieron por el espacio. Luego se volverían a agrupar por el efecto de la gravedad para formar nuevas estrellas (de segunda generación) y planetas. En ese sentido se puede decir que somos polvo de estrellas. Seguramente de más de una. Todos tus átomos fueron forjados en ellas y a ellas les debes tu vida: úsala bien.

Según se van quemando nuevos elementos la estrella se va calentando y expandiendo, pasando por diferentes fases gigantes y supergigantes. Llegados a este punto la estrella **parece una cebolla formada por capas de elementos cada vez más pesados a medida que llegamos al núcleo.** En estas condiciones la gravedad es tan intensa que nada puede pararla y la estrella sufre una contracción repentina. Durante este proceso las diferentes capas de la estrella van cayendo hacia el centro donde, como en la estrella de neutrones, se genera una onda de choque que produce un "rebote". La materia más externa sale disparada en una gran explosión. El resto del material se contrae, dando lugar a un agujero negro. Un agujero negro es el resultado de la compresión extrema de la gravedad sobre la materia. Cuando ya no queda nada que contrarreste la gravedad, aparece sin remedio el agujero negro. Y entonces aparece un sistema monstruoso que engulle todo lo que pasa cerca. Son verdaderos sumideros de materia que la hacen desaparecer para siempre.

Éste es el proceso teórico de formación de un agujero negro. Pero una cosa es saber algo y otra confirmar que es verdad. Había que cazar un agujero negro. Y aquí se plantea un gran problema, ya que si un agujero negro no emite luz es imposible verlo porque será un objeto negro sobre un fondo negro. Todo esto del lado oscuro está muy bien, parece razonable, pero en ciencia... **¿ALGUIEN HA VISTO ALGUNA VEZ UN AGUJERO NEGRO?**

Observación de agujeros negros

La búsqueda de agujeros negros en el espacio, estarás de acuerdo conmigo, es complicada. Si cuesta encontrar lo que se ve, IMAGINA LO QUE NO SE VE. Sin embargo, dado que cada vez parecía más evidente que podían existir y las mejoras tecnológicas lo hicieron

Si dos agujeros negros chocasen sería como si Godzilla y King-Kong se pelearan.

posible, los científicos se lanzaron a su caza. UN AGUJERO NEGRO, COMO SU PROPIO NOMBRE INDICA, ES NEGRO. Esto lo hace imposible de detectar directamente, pero sí es posible encontrarlo por la forma en que afecta a su entorno. Es como ver humo y deducir que hay fuego, más o menos. De hecho no es la única cosa que no vemos y sabemos que está ahí, como los átomos, el aire o **el Súper de Big Brother.**

En los años sesenta del siglo XX empezaron a verse cosas raras en el cielo, indicios que apuntaban a nuevos sistemas cósmicos, pero no quedaba nada claro. El primer objeto en ser catalogado como agujero negro por la comunidad científica fue Cygnus X-1. Muchas estrellas en el cielo forman binarias, parejitas, COMO LOS GUARDIAS CIVILES O LOS GEMELIERS. De hecho nuestro Sol no forma una binaria con Júpiter porque el planeta más grande de nuestro sistema no llegó a ser estrella, se quedó a medias. En los sistemas binarios cada estrella se mueve alrededor de la otra en una peculiar danza. Y en algunos casos una de las estrellas de la pareja es un agujero negro. En ese caso la danza es más rara, porque se ve una estrella bailando sola. Y las estrellas (que se lo digan a Enrique Iglesias) nunca bailan solas. ¿Será entonces que está girando junto a algo que no vemos? Es un primer indicio de que podemos estar tratando con un agujero negro. Pero no es suficiente, porque bien podría ser su compañera una estrella fría, una estrella de neutrones o ESTRELLA MORENTE. Hay que buscar algo más. La pista nos la pueden dar, si estamos tratando con una binaria muy particular, los rayos X.

Los rayos X es lo que usamos para hacernos radiografías, para vernos los huesos. No deja de ser luz, pero de muchísima energía. Esta radiación sólo la pueden emitir estrellas muy calientes o sucesos cósmicos muy violentos. Cuando una de las dos estrellas de un sistema binario emite intensamente rayos X estamos ante lo que conocemos como una binaria de rayos X. Con aparatos especiales podemos buscar estos rayos X para cazar esta clase de binarias. Un ejemplo lo forman la citada Cygnus X-1 (en la constelación del Cisne) y su compañera HDE 226868, que tiene nombre de cámara de fotos o de código de barras. HDE 226868 es una estrella supergigante azul de una masa unas treinta veces mayor que la del Sol. Su movimiento en el cielo resultaba sospechoso, pero era imposible descartar que su compañera fuera una estrella de neutrones, por ejemplo. En 1964, en un detector a bordo de un cohete, se detectó su emisión de rayos X. ¿A qué se debía? Las estrellas emiten un gas que forma los llamados "vientos" estelares. El de nuestro Sol se llama viento solar. Este gas puede ser absorbido por un agujero negro cercano. En tal caso el gas comienza a girar alrededor del agujero formando una especie de torbellino muy similar a cuando llenas la bañera de agua y quitas el tapón. Lo que se forma se conoce como "disco de acreción" o "disco de crecimiento".

Antes de caer para siempre en el agujero negro este gas comienza a dar vueltas a su alrededor, rondándolo como hace la tuna. En este proceso de caída el gas se calienta mucho y emite luz muy energética: rayos X. Esa emisión y el movimiento de la estrella alrededor de algo invisible no pueden explicarse de otra manera, así que estamos ante un agujero negro. De hecho estamos viendo cómo un agujero negro engulle una estrella muy lentamente. Cygnus X-1 es un agujero negro de unas 15 masas solares y unos 45 kilómetros de radio. Ha sido el primer agujero negro en observarse desde la Tierra. Aunque esta conclusión tardó en ser aceptada ampliamente en la comunidad científica. Muestra de ello es que no fue hasta 1991 cuando Stephen Hawking reconoció haber perdido la apuesta con Kip Thorne (el científico que colaboró en el guion de la película *Interstellar* y en el experimento que detectó las ondas gravitacionales, LIGO) acerca de la verdadera naturaleza de

Cygnus X-1 (Hawking decía que no era un agujero negro y Thorne decía que sí).

Hoy en día son muchas las formas en que podemos detectar agujeros negros, ya que los instrumentos se han perfeccionado y las medidas se han hecho más precisas. El estudio de los rayos X sigue siendo fundamental. Aunque como esta radiación no atraviesa la atmósfera, hay que enviar detectores al espacio. Por tal motivo tenemos satélites como el Chandra, en honor a Chandrasekhar, lanzado en 1999, con los que se puede explorar el cielo en busca de estas fuentes. La observación del movimiento de otras estrellas apunta también a la existencia de agujeros negros. Con el lanzamiento del telescopio espacial Hubble mejoró en gran medida la precisión de las observaciones, lo que permitió ver con mayor detalle el movimiento de muchas estrellas.

También hemos podido constatar la existencia de agujeros negros supermasivos en el centro de muchas galaxias, lo que tiene varias consecuencias. Una de ellas es que se acumulan estrellas por la atracción gravitatoria, muchas más de las que se esperaría si no estuviera el agujero. Estas estrellas giran alrededor del agujero negro y su velocidad orbital depende de distancias y masas. Cuanto más masivo sea el agujero negro y más cerca esté de él la estrella, más rápido será el giro. Viendo la trayectoria individual de estas estrellas se hace evidente la existencia del agujero negro. Éste es el caso del agujero negro que preside nuestra galaxia, la Vía Láctea, llamado Sagitario A*, que tiene una masa de 4 millones de veces la del Sol. Alrededor de él orbitan numerosas estrellas, algunas a velocidades increíbles. La masa estimada y el movimiento de esas estrellas descarta que Sagitario A* pueda ser cualquier otra cosa excepto un agujero negro. Por desgracia esta técnica sólo se puede usar en galaxias cercanas, o en la nuestra, puesto que requiere observar individualmente las estrellas y cuando están muy lejos esto no es posible.

PERO NO TE PREOCUPES, QUE HAY MÁS FORMAS DE CAZAR A ESTOS GRANUJAS.

Un ejemplo es usar las lentes gravitacionales. La luz se curva por el efecto de la gravedad, como hemos visto. Es decir, la luz también "pesa". Por eso, cuando la luz pasa cerca de un sistema muy masivo cae dibujando una curva, como el giro que da una pelota en una falta por el efecto al golpearla. La lente gravitacional distorsiona lo que hay detrás del objeto masivo, de la misma forma en que, por ejemplo, se agranda algo cuando lo miras con una lupa. La luz de una estrella que pasa cerca de un sistema muy masivo podría tomar, entre otras posibilidades, la forma de un anillo debido al campo gravitatorio. Este efecto se ha observado muchas veces y se llama "anillo de Einstein". Los objetos masivos que curvan la luz podrían ser galaxias... o un agujero negro. Cuando el efecto de la lente gravitacional es producido por un objeto intermedio que no vemos, todo apunta a la existencia de un agujero negro muy masivo.

Los agujeros negros no sólo comen, **también vomitan.** Los atracones que en ocasiones se dan de materia circunestelar o galáctica van a veces acompañados no sólo de la radiación por calentamiento, sino también de un vómito de partículas en forma de chorro. Los campos magnéticos que se forman en el agujero negro pueden hacer que parte de la materia que forma el disco de acreción salga disparada en dos chorros perpendiculares. Es un auténtico espectáculo. Son chorros de plasma lanzados a velocidades cercanas a la de la luz en forma de dos lenguas que pueden tener cientos de miles de años-luz de longitud. **Supera tú esto.** Es un fenómeno que se encuentra todavía bajo intensa investigación, pues muchos de los procesos involucrados no se conocen perfectamente.

Todas estas formas de "ver" un agujero negro se quedan en nada al lado de la que voy a presentar ahora. Y es que todas éstas son medidas indirectas, es decir, lo que estamos viendo son los efectos de los agujeros negros en estrellas circundantes, en el material que absorben, etcétera, no del propio agujero negro. Cierto es que el agujero negro no emite luz que podamos observar, pero emite otras cosas: ondas gravitacionales. Son una consecuencia de la relatividad general de Einstein, donde el tiempo y el espacio dejan de ser absolutos y se convierten en algo flexible, que se puede distorsionar. Si perturbas el espacio-tiempo se genera una onda de gravedad, la cual produce un cambio en el espacio-tiempo a la velocidad de la luz.

Las ondas gravitacionales se detectaron por primera vez de forma indirecta observando una pareja de púlsares en 1979. Sin embargo, es complicado verlas directamente, ya que al ser la gravedad una fuerza tan débil y las estrellas estar tan lejos nos llegan como una ondulación mínima. Es como si al tirar una piedra al océano Atlántico en La Coruña esperásemos sentir la ondulación en Nueva York. Parece imposible. Es por esto que se requieren grandes cataclismos que generen una onda gravitatoria inmensa, un tsunami de gravedad. Cataclismos como un choque de galaxias o los que ocurren en los agujeros negros, por ejemplo, cuando uno de estos engulle una estrella de neutrones. Otra posibilidad es que dos agujeros negros chocasen. Sería como si Godzilla y King-Kong se pelearan: el suelo temblaría. Si dos agujeros negros chocan, este colosal encuentro dejaría un rastro en forma de onda gravitacional que llegaría a nosotros como una perturbación minúscula. Para hacernos una idea, en un objeto de un metro de longitud se podrían apreciar cambios de 10^{-21} metros, un millón de veces más pequeño que un protón.

Esto es justo lo que se anunció el 11 de febrero de 2016, un día histórico para la física. Dos agujeros negros de 29 y 36 masas solares respectivamente colisionaron hace mil trescientos millones de años, muy lejos de nosotros. Esta colisión hizo que se generara una gran onda gravitacional equivalente a la desaparición de 3 masas solares, que se fue propagando a la velocidad de la luz en todas las direcciones, como lo hace una ola en el mar. En septiembre de 2015 dos detectores del experimento LIGO detectaron a la vez la llegada de esta onda como una perturbación minúscula en su interferómetro. En LIGO se observó cómo el espacio se distorsionaba ante la llegada de esta onda, es decir, el espacio se comprimió y expandió durante un brevísimo de tiempo, como si de repente, por un instante, de tu casa al trabajo no hubiera 3 kilómetros de diferencia, sino un poquito más. Fue un grandísimo logro para el ser humano, la confirmación de la existencia de estas ondas que predijo Einstein hace más de cien años. También era la primera observación del efecto de la colisión de dos agujeros negros y **LA EVIDENCIA DE QUE SE PUEDEN UTILIZAR LAS ONDAS GRAVITACIONALES PARA OBSERVAR EL COSMOS.** Como bien se dijo el día del anuncio, este descubrimiento es comparable al invento del telescopio porque nos dota de una nueva forma de estudiar el universo. Ya no sólo vemos lo que ocurre, sino que nos dota de un nuevo sentido y podemos "oír" lo que acontece.

Y éste es sólo el primer paso. Son muchos los experimentos que se han realizado para detectar estas ondas. Los más modernos son VIRGO, en Italia; GEO, en Alemania y el ya famoso LIGO en Estados Unidos. Con la ayuda de láseres y detectores de alta precisión se dispone de sensibilidad suficiente para detectar alguna gran perturbación cósmica. Más ambicioso todavía es LISA, un sistema de tres naves que se pretende lanzar al espacio formando un triángulo equilátero. Estarán uno a uno conectados con rayos láser y a 5 millones de kilómetros de separación entre sí, lo que les da gran sensibilidad. Detectar las ondas gravitacionales no sólo es bueno para estudiar los agujeros negros, sino que da una información muy valiosa sobre el Big Bang, el inicio del universo.

Con todas estas técnicas se han detectado muchos agujeros negros en nuestra galaxia y en otras. De hecho **PARECE QUE EN EL CENTRO DE CADA GALAXIA RESIDE UN AGUJERO NEGRO SUPERMASIVO, MONSTRUOSO, DE MILLONES DE VECES LA MASA DEL SOL**. El más grande detectado hasta la fecha tiene una masa unas 40,000 millones de veces mayor que la del Sol, un diámetro de 240,000 millones de kilómetros (unas 45 veces mayor que nuestro Sistema Solar). Se sigue mirando al cielo para aprender más sobre estos extraños cuerpos, porque siguen rodeados de un halo de misterio. **Y preparen el telescopio** o cómprense uno, porque están empezando a encontrar agujeros negros que se pueden observar con ayuda de ellos. **TODO UN espectáculo.**

¿Qué ocurre si caemos en un agujero negro?

Ahora que ya sabemos bien lo que es un agujero negro podemos hacernos preguntas más interesantes. Pongámonos en situación: sales un viernes por la noche a dar una vuelta rápida, que al día siguiente hay que madrugar porque tienes un torneo de pádel con tu padre. Y en eso, te enrollan tus amigos: que vamos a tomar otra, que nos vamos pronto, que si eres un gallina... Uno incluso dijo: "Como si no hubiera un mañana". Claro que había un mañana, y tú... que tienes que jugar al pádel. Total que, de repente, no sabes cómo, no recuerdas gran cosa, pero sabes que algo va mal. Estás en el espacio exterior y delante de ti aparece un agujero negro. Miras a tus amigos y allí están, con sus trajes espaciales y muertos de risa.

El susto inicial se pasa rápido. Lo primero que ven es que a una gran distancia los efectos no son demoledores, no pasa gran cosa. Digamos que están por ejemplo a una distancia mil veces el radio de Schwarzschild (el horizonte de sucesos). La atracción gravitatoria cae con el cuadrado de la distancia, así que estás a salvo. De hecho, cuanto más masivo es el agujero negro, más grande es y más suave es la caída hacia su horizonte de sucesos. Pero no es necesario caer: la forma de vencer la gravedad es orbitando el agujero negro, como hacen la Tierra o Marte alrededor del Sol. Al girar, la fuerza centrífuga compensa la atracción de la gravedad y seguimos dando vueltas sin caer. Cuanto más cerca estás del agujero más fuerte tira de ti, así que más rápido tienes que orbitarlo para no caer. Por eso Mercurio gira más rápido que Saturno. La última órbita estable antes de caer al agujero negro es aquella en la que se viaja a la velocidad de la luz. Y más abajo de esa órbita ya no hay forma de moverse que no sea hacia el agujero. Desde esta posición se observa el disco de acreción del agujero negro, lleno de material que va tragando poco a poco según cae hacia su horizonte. La cantidad de materia que hay en el disco, justo hoy, es poca y por eso no te están friendo los rayos X. Has tenido suerte.

Pues ahí estás, con tus colegas con cara de ***"qué estamos haciendo aquí"***, hasta que uno de ellos dice: **"No hay narices"** 👃. Y señala hacia el agujero negro. Lo miras y asientes. Esto ya ha pasado más veces y sabes lo que sigue: uno de ustedes tiene que ir hacia allí. Se la juegan en rondas clasificatorias, "al mejor de tres" de piedra, papel, tijera, lagarto, Spock. Con semifinales y final. Le toca a Juan, "el Rata". Pues ahí va Juan, que activa su propulsor y se lanza hacia el agujero negro. Al principio todo parece ir bien. Juan está un poco asustado, pero sigue adelante. Lleva una radio con la que va contando sus batallitas, sus cartas Magic y sus partidas de *Minecraft* para relajarse un poco. Pero según se acerca al agujero negro empiezan a pasar varias cosas. Debido a la gravedad tan intensa el espacio-tiempo se distorsiona, se curva. Esto hace que cada vez caiga más rápido y también que su tiempo se dilate: cada segundo de Juan son minutos nuestros. Son los efectos de la relatividad general de Einstein: en lugares donde la gravedad es muy intensa el tiempo pasa más lento. Sus batallitas picando madera en *Minecraft* cada vez les llegan más espaciadas. Sin embargo, Juan no nota nada de especial: para él el tiempo sigue pasando como siempre. Eso sí, cada vez tiene más miedo.

La segunda cosa que ocurre es más sutil: la luz que les llega desde el cuerpo de Juan, debido a la gravedad del agujero negro pierde energía. Es decir, les llega más débil. Como la energía de la luz viene dada por su frecuencia, la luz se ve más roja. Literal. JUAN SE VA VOLVIENDO ROJO. Pero sólo es apariencia. Según nos dice por radio seguirá votando por los liberales.

Juan, milagrosamente, ha conseguido sobrevivir al tirón de la gravedad y a la radiación del disco. Está a punto de llegar al horizonte de sucesos. Es más: ha logrado atravesarlo. Él no ha notado nada porque es una barrera ficticia, pero si Juan hace bien los cálculos **(en el colegio siempre contaba con los dedos)** se dará cuenta de que ha entrado en un lugar del que no puede salir, como el genio de la lámpara o Alicia en el país de las Maravillas. Una vez pasado el horizonte, no hay manera de salir, porque la velocidad de escape es superior a la de la luz.

Al pasar el límite el espacio se vuelve tiempo **(LOCURAS DE LA RELATIVIDAD)** y la dirección hacia el interior del agujero negro lo lleva hacia el futuro. En realidad fuera del agujero negro también es imposible dejar de ir hacia el futuro, pero Juan ya no tiene más opción que ir hacia el centro del agujero, donde se juntan su presente y su futuro. Está perdido.

DESDE FUERA LOS COLEGAS DE JUAN ESTÁN ALUCINANDO. Según se acercaba al horizonte el tiempo de Juan se iba parando hasta detenerse completamente. En el horizonte de sucesos el tiempo se hizo infinito y ahí quedó Juan congelado hasta desvanecerse su imagen. Una vez que Juan traspasó el horizonte de sucesos **su luz ya no puede salir,** con lo que no podrán volver a verlo. Claro, el susto es enorme: **"¡Hemos perdido a Juan!".** Luis, uno muy flaquito y con gafas, muy feo, vamos, el nerd del grupo, les cuenta lo del horizonte y les asegura que nada puede escapar de ahí, ni siquiera con la mochila propulsora, ni con miles de lembas élficas. Le dan un golpecito en la nuca por no haberlo dicho antes, se despiden de Juan y regresan a casa, que tú, como bien dijiste durante toda la noche, te levantas pronto para ir al torneo de pádel con tu padre.

Aunque ustedes se vayan, la aventura no ha terminado para Juan. Según va avanzando en dirección a la singularidad la gravedad se va haciendo más intensa y cada vez cae más rápido. Por suerte, en el agujero negro no hay materia, es sólo energía. Juan cae acompañado por la materia que ha entrado a la vez que él. Pero lo que le queda por vivir a Juan tampoco es que sea muy agradable. Cuando se acerca mucho a la singularidad empieza a sentir las fuerzas de marea. Sí, es un efecto similar al que hace que en la playa haya marea alta y marea baja. En nuestro planeta la Luna tira con su atracción gravitatoria de la masa oceánica. Y lo hace de forma desigual: tira más fuerte de la parte del agua que tiene más cerca. Esto produce que la masa de agua no se reparta por igual en todo nuestro mundo, sino con una distribución en forma de huevo: hay marea alta en la zona que da cara a la Luna (y en la contraria) y marea baja en los laterales. **AL CUERPO DE JUAN LE VA A PASAR LO MISMO: SE VA A alargar o, mejor dicho, "espaguetizar".** Si está cayendo de cabeza, ésta, al estar más cerca del agujero que los pies, sentirá un mayor tirón gravitatorio. El efecto es una presión muy intensa que tira de los extremos de Juan, como si alguien le agarrara con fuerza de la cabeza y otro de los pies. Esta fuerza se hace tan intensa que acaba por destrozar a Juan en pedacitos. Al llegar a la singularidad todo Juan habrá quedado convertido en una hilera de átomos.

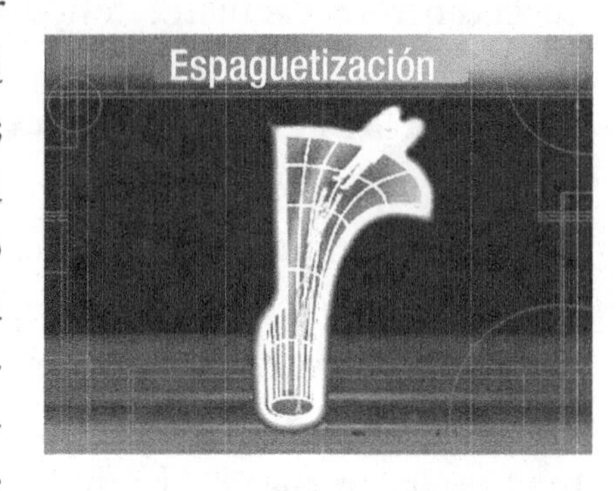

Lo que pasa con los átomos de Juan nadie lo sabe. De hecho, todo lo que ocurre traspasado el límite del horizonte de sucesos es pura especulación. Es decir, sabemos lo que dicen las matemáticas, pero nunca nadie ha podido observar lo que ocurre en esta región del universo. Nada puede escapar y es imposible, por lo tanto, tener una experiencia directa de cómo es el interior de un agujero negro. Posiblemente será así por mucho tiempo, puesto que con las leyes de la física conocida no se puede extraer ningún tipo de información de su interior. Aun así confiamos mucho en las matemáticas de la relatividad general: las mismas que nos descubrieron su existencia nos explican lo que ocurre en su interior... hasta cierto punto.

Y es que la realidad sobre nuestra ignorancia de lo que ocurre en un agujero negro es todavía peor. La región más interna del agujero negro no sólo permanece oculta a nosotros por falta de información física, sino también matemática. **LAS ECUACIONES DE LA RELATIVIDAD GENERAL FALLAN ESTREPITOSAMENTE EN LAS PROXIMIDADES DE LA SINGULARIDAD.** Suficientemente cerca de este punto los efectos cuánticos se hacen intensos. Sí, tenemos un sistema muy masivo y muy pequeño, necesitamos usar a la vez la cuántica y la relatividad... ¿Con cuál nos quedamos? La respuesta es: las dos. La relatividad general por sí sola es incapaz de predecir nada en este entorno, al igual que la cuántica. Los controles de la nave que nos lleva en este viaje hacia el interior del agujero negro (la teoría de la relatividad) dejan de funcionar llegados a la singularidad: el motor se avería y nos estrellamos. ¡Ni siquiera las matemáticas son capaces de llegar hasta el centro del agujero! Se necesita una nueva teoría, como ya vimos, que aglutine la relatividad general con la cuántica, una teoría cuántica de la gravedad que sea capaz de dar respuesta a situaciones tan extremas. O una teoría del todo, como también se le llama. Mientras tanto seremos incapaces de responder a los grandes enigmas de los agujeros negros. ¿Qué ocurre en su interior? ¿Dónde va toda la masa que engulle? ¿Serán los agujeros negros puertas a otros universos?

Propiedades avanzadas de los agujeros negros

Si has llegado hasta aquí sin arrancarte los ojos, felicidades, ***ya eres un auténtico padawan de los agujeros*** **NEGROS.** Pero aún queda mucho camino por recorrer, joven amigo. Hay muchas más propiedades de los agujeros negros que resultan fascinantes y algunas de ellas siguen siendo un verdadero quebradero de cabeza para los científicos. ENTRE ELLAS, ALGUNAS MENTIRITAS QUE HE IDO SOLTANDO. **Veamos.**

Los agujeros no emiten nada. **¡FALSO!** Emiten sólo ondas gravitacionales. **¡Falso!** También emiten radiación. ¡Oh! Pues sí, eso parece, aunque aún no se ha conseguido detectar. Es lo que se conoce como radiación de Hawking, algo que viene de la concepción cuántica del vacío. El espacio vacío no está del todo vacío, **¡qué contradicción!** De hecho podemos decir que existen dos tipos de vacío. Está el vacío de toda la vida. Por ejemplo en tu habitación sacas la ropa, la cama, la mesa, **LOS POSTERS DE Lady Gaga,** los libros, el aire... Sacas todo y entonces tienes un espacio vacío. Es el vacío que yo llamo "charcutero", **EL VACÍO QUE TE HACEN CUANDO PIDES EL JAMÓN AL VACÍO PARA TU HIJO QUE SE VA A ALEMANIA.** En realidad ese vacío no está del todo vacío. "¡Pero si hemos sacado todo!", me dirás. Así es. Pero es que aun así queda algo: el vacío cuántico.

Debido al principio de incertidumbre de Heisenberg ES POSIBLE CREAR partículas de la **nada.** Esto parece violar otro principio, el de conservación de la energía. Crear partículas cuesta energía, pero en la nada no hay energía, luego se da una violación de un código universal. Tarjeta amarilla que acarrea expulsión. Pero no, porque el principio de incertidumbre dice que por un tiempo muy pequeño se permite crear energía de la nada. Es como si el universo hiciera la vista gorda durante un lapso mínimo. Es un tiempo en el que el universo parece que no mira y podemos hacer esta trampita de crear partículas. Pero sólo por un pequeñísimo tiempo. Esto hace que en el vacío cuántico aparezcan y desaparezcan partículas continuamente, de forma muy rápida, como un delfín que sale a la superficie y vuelve a sumergirse. Estas partículas se llaman "virtuales". No se pueden ver pero se han medido de alguna manera. Son parejas de partícula-antipartícula que existen brevemente hasta que se encuentran y aniquilan. **El universo, como un mago, saca conejos de la chistera**. Bueno, mejor dicho, partículas del vacío.

En un agujero negro estos procesos también se dan. Ocurre que un par de estas partículas podría crearse justo en el límite del horizonte de sucesos. En ese caso podría pasar que una de las partículas virtuales cayera al agujero negro y la otra escapara. Al no haberse aniquilado, la partícula que escapa la podemos ver, es radiada. Esta radiación aleatoria de materia da temperatura a un agujero negro y hace que pierda masa, pudiendo llevar a la extinción a un agujero negro por evaporación. Este proceso fue descrito por Stephen Hawking, quien le dio su nombre. De ahí lo de radiación de Hawking.

Entonces, ¿podríamos ver esa radiación que emite un agujero negro? Bueno, no es tan fácil. Cuanta más masa tiene un agujero negro menos radiación emite (más frío está). Los agujeros negros, cuanto más pequeños son, más calientes están, radian más. Así, un agujero negro razonable, con una masa como la del Sol, tendría una temperatura de una millonésima de grado por encima del cero absoluto. Si tuviera la masa de la Tierra, la radiación sería de una décima de grado por encima del cero absoluto. **Con la masa de un asteroide normal tendría la temperatura de Benidorm en verano.** Habría que buscar agujeros negros con una masa similar a una montaña para encontrar algo decente: tendrían una temperatura de algunos miles de grados centígrados. En cuanto a los microagujeros negros, brillarían como una estrella.

Esto es lo que hace que esta radiación sea tan difícil de encontrar, ya que los agujeros negros que observamos en el cielo tienen masas enormes que les hacen emitir muy débilmente. En principio este proceso haría que un agujero negro fuera perdiendo energía y haciéndose más pequeño hasta evaporarse completamente en una gran explosión equivalente a la de miles de millones de bombas nucleares cuando alcanzara un tamaño diminuto. Sin embargo, para un agujero negro decente el tiempo en que esto ocurriría es inmenso. Para un agujero con la masa de nuestro Sol el tiempo que habría que esperar es increíblemente largo, muchísimo mayor que la edad actual del universo. Sin embargo, un agujero negro mucho menor de mil millones de toneladas que se hubiera generado al inicio del universo podría estar ahora mismo en su fase final de existencia.

Estos "agujeros negros primordiales" podrían existir. No serían el producto del colapso de una estrella, sino de pequeñas variaciones de densidad en el universo primitivo. Observar este proceso, aunque muy difícil, sería algo asombroso. Más allá de la importancia que tiene la temperatura de un agujero negro para su caracterización, la radiación de Hawking es todo un hito porque supone el primer gran paso hacia la unión de la cuántica con la gravedad. El proceso de emisión de partículas en el vacío es puramente cuántico, por lo que su asociación con un agujero negro es el resultado de una exitosa combinación de ambas teorías (relatividad general y cuántica). El problema es que hoy en día no hay rastro de esta radiación, su existencia es sólo una posibilidad.

Los agujeros negros no sólo emiten energía, sino que también giran. Es otra de las simplificaciones que he seguido en este capítulo. El agujero negro que se ha presentado es lo que se conoce como un agujero negro de Schwarzschild: esférico, sin carga y sin rotación. Éstos, como los unicornios, los tréboles de cuatro hojas y los contratos indefinidos, sólo se espera que existan en

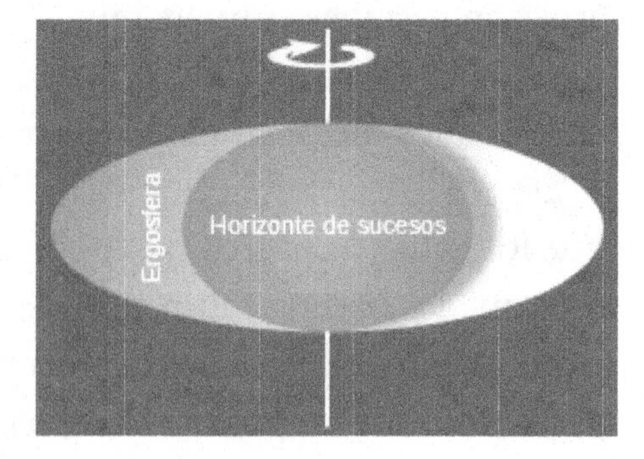

los libros, ya que es un tipo muy particular de agujero negro. La mayor parte de los agujeros que se encuentran en la naturaleza giran sobre su eje y se llaman agujeros negros de Kerr. Además giran a grandes velocidades, dando cientos de vueltas por segundo. Esto hace que presenten algunas diferencias con respecto de los agujeros negros estáticos.

Los agujeros negros de Kerr presentan dos regiones singulares. Por un lado el horizonte de sucesos, igual que en los otros agujeros negros, es decir, esférico, bien centradito y que marca el punto de no retorno. Por otro lado está la ergoesfera. Es una esfera achatada concéntrica con el horizonte.

En esta región el espacio-tiempo gira a la velocidad de la luz arrastrando todo lo que allí entra. Nada puede estar en reposo. Al contrario de lo que ocurre con el horizonte de sucesos, sí es posible escapar de la ergoesfera, por lo que podría servir como mecanismo para extraer energía: uno entra, se acelera y sale, como en un tobogán. Esto se conoce como "proceso de Penrose". Se ha llegado a especular que la ergosfera podría servir para realizar viajes en el tiempo. Otra gran diferencia con respecto a los agujeros negros estáticos es que detrás del horizonte de sucesos se encuentra un segundo horizonte y dentro la singularidad. Esta singularidad ya no es un punto, sino un anillo, posiblemente mucho menos peligroso. Esto podría posibilitar que una nave caída en un agujero negro no tenga un final catastrófico. **Juan podría escapar de la espaguetización.** Es esto lo que supuestamente ocurre en la película *Interstellar*.

Dado que las soluciones exactas no se conocerán hasta que tengamos una teoría cuántica de la gravedad, tenemos lugar para muchas interpretaciones. Hay soluciones de la relatividad general para un agujero negro de Kerr que abren la puerta a posibles viajes en el espacio-tiempo, aunque podrían ser inestables. Esta solución fue hallada por el propio

Einstein y uno de sus estudiantes, Rosen, por lo que también reciben el nombre de "puentes de Rosen-Einstein". Estos agujeros podrían servir como entrada a otro punto diferente del universo. De hecho, se conjetura la existencia de los llamados "agujeros blancos". Toda la materia arrojada a un agujero negro escaparía en otro lugar del espacio-tiempo, posiblemente en otro universo, por un agujero blanco. **Un agujero blanco sería lo contrario de uno negro:** mientras que del negro nada puede escapar, todo entra, en el blanco nada entra, todo sale. **SERÍA, CON PERDÓN, COMO TU BOCA Y TU ANO EN CONDICIONES NORMALES.** Éste sería un tipo de agujero de gusano que permitiría los viajes espaciales instantáneos. Como un atajo, uno entra en un agujero negro y sale en otro blanco, en un rincón diferente del espacio-tiempo.

También se ha pensado, como se acaba de indicar, que un agujero negro podría ser una puerta a otro universo. Cuando una estrella colapsa generando un agujero negro estaría produciendo un Big Bang en otro universo: estaría naciendo otro espacio-tiempo diferente. De este modo habría todo un árbol de universos que a su vez podría ramificarse en muchos universos y así sucesivamente. Incluso se ha planteado una preciosa teoría de evolución cósmica en la que cada universo creado sería diferente por pequeñas mutaciones del universo del que desciende. Estas pequeñas variaciones podrían hacer que un universo concreto no fuera fértil. Quizás en uno la gravedad fuera demasiado intensa y todo se consumiría muy rápidamente o la expansión demasiado fuerte y la materia no se podría agrupar para formar estrellas. El universo en el que estamos sería sólo uno de tantos, pero en éste la vida es posible porque en el baile de pequeñas mutaciones se han dado las condiciones propicias para que exista.

Como ves, desde la primera vez que los agujeros negros se conjeturaron como estrellas oscuras hasta nuestros días, siguen envueltos en misterio. Pueden servir como puertas a otros universos quizás, o para realizar viajes en el tiempo. Tal vez nos sirvan para encontrar finalmente una teoría de gravedad cuántica. Mientras tanto, miles de científicos en el mundo se devanan los sesos intentando entender un poquito mejor lo que ocurre en estos monstruos cósmicos. Un lugar donde el espacio se desvanece tras la muerte de una estrella que se ha dejado llevar al lado oscuro.

7

LA ANTIMATERIA

La antimateria es como los números complejos: cuando los científicos postularon su existencia, parecían un invento, un as sacado de la manga para que salieran las cuentas y así las matemáticas, o la física, estuvieran completas. Y sin embargo, al mirar la realidad, ahí están. Al encontrarlos los miramos con sorpresa y a la vez con la tremenda satisfacción de que la teoría, por fantástica o artificial que pareciera, describía la naturaleza. Y eso da un gustazo tremendo, y si eres físico, un premio Nobel. Si eres matemático no, que no hay Nobel para los matemáticos, manías de don Alfredo.

EDUARDO SÁENZ DE CABEZÓN,
matemático sin premio Nobel (Big Van)

El yin y el yang son dos conceptos de la filosofía tradicional china por la que todo en el universo está formado por la dualidad de dos fuerzas opuestas pero interconectadas. **EL YIN EXISTE POR EL YANG** ☯, el yang no existe sin el yin, son el todo y la nada, se crean y se destruyen mutuamente.

El taoísmo no es ciencia, es filosofía, pero alguna de sus ideas encaja de una manera perfecta en uno de los capítulos más interesantes de la ciencia moderna. Y no sólo la filosofía trata de agentes opuestos, contrarios, también la ficción juega mucho con este choque entre extremos o duales. Como en Supermán, con Evil Supermán, su clon que se vuelve su enemigo; en Mario Bros con Wario y Waluigi, hermanos malvados de los dos fontaneros; también en *The legend of Zelda*, *Spiderman*, *Dragon Ball Z*, *Star Trek*, *Los Simpson*... son todos ejemplos de ficción que usan este conflicto entre dos realidades gemelas, espejo, pero a la vez contrarias y excluyentes. Esto va más allá de la filosofía y de la ficción, es parte del mundo en el que vivimos, tan real como el aire que respiras, como el tocino que comes, como los pelos de tu nariz, o las pelotillas en los dedos de tus pies. Les hablo de la antimateria.

Con un lápiz y un papel

¿Te imaginas que lo que dibujaras en un papel se hiciera realidad? Cualquier cosa. Yo dibujaría dinero. Pero eso es otra historia... ¿se imaginan el poder que tendríamos sobre la realidad? Esto es algo fascinante que está ocurriendo mucho en la física moderna. Antes se observaba la realidad y se buscaba una fórmula que la describía. Por ejemplo, Newton observaba la luna **e intentaba encontrar una ecuación que pudiera explicar lo que estaba viendo.** También tuvo la suerte de que le cayera la manzana en la cabeza. Así nació la gravitación universal. Ahora en física en muchos casos se está haciendo al revés: se hacen teorías, ecuaciones que describen algo, se mira a ver si predicen algún fenómeno o partícula y luego se busca en la naturaleza para ver si están ahí. Esto es así, muchas veces, porque los experimentos cada vez son más grandes y costosos, mientras que con un papel se puede hacer cualquier cosa. Viajar al interior de un agujero negro va a ser siempre más difícil que dibujarlo.

Pues ésta es la historia de la primera vez que alguien con un lápiz y un papel **(IGUAL FUE UN BOLÍGRAFO Y UNA SERVILLETA, NO LO SÉ)** describe una partícula que luego se encontraría unos años después. Piensen lo increíble que es, parece algo mágico, pero no lo es, es ciencia. El científico que está detrás de este logro se llama Paul Dirac y la partícula es el positrón.

Paul Dirac nació en 1902 en Bristol, Inglaterra. Hizo estudios de ingeniería eléctrica y posteriormente de matemáticas, aunque sus mayores aportaciones y logros se centran en la física. Ocupó con temprana edad la cátedra lucasiana en la Universidad de Cambridge que anteriormente había estado en manos de Isaac Newton y hoy en día de Stephen Hawking y ganó un premio Nobel con tan sólo treinta y un años. En lo personal Paul Dirac era un hombre extremadamente tímido, de muy pocas palabras y de comportamiento tendiendo al autismo. **No era la alegría de la huerta, de hecho nunca decía más de lo justo y necesario.** Tanto que los colegas empezaron a usar como medida el *dirac*, unidad mínima de palabras que se pueden usar en una frase. Son numerosas las anécdotas de su rechazo al reconocimiento y fama, a los actos sociales y la notoriedad, algunas de ellas son muy divertidas y recuerdan al famoso personaje de Sheldon Cooper. Se codeaba con los más grandes científicos de la época como Einstein o Pauli, quienes siempre mostraron sorpresa por el carácter tan solitario y frío de Dirac. Es este personaje, uno de los más importantes de la historia de la física, el protagonista de esta historia.

Cuando Paul Dirac entra en acción estamos en 1928. Para entonces ya está desarrollada la teoría especial de la relatividad (1905) y ya se tiene una buena descripción de la mecánica cuántica (1926). Sin embargo operan en situaciones muy distintas. La teoría de la relatividad SE APLICA EN SITUACIONES EN LAS *que las* ***velocidades*** SON MUY **altaS**, cercanas a la de la luz. La teoría cuántica se hizo para describir sistemas muy pequeños, como los átomos y sus partículas, como los electrones. La pregunta que estaba en el aire en aquella época es... ¿y qué ocurre cuando un electrón viaja a la velocidad de la luz? Habrá que hacer una teoría cuántica compatible con la relatividad especial.

Esto parece fácil. La ecuación de Schrödinger parte de la definición de energía:

$$E = \frac{p^2}{2m}$$

Que es la ecuación clásica (es decir no relativista, en el colegio nos la ponen como $E = 1/2mv^2$, es la misma) para la energía (p es el momento y m es la masa). Mientras que la ecuación de la energía en relatividad es diferente:

$$E^2 = p^2c^2+m^2c^4$$

Fácil entonces, sólo hay que aplicar la nueva ecuación para la energía en el modelo cuántico de Schrödinger... **PUES SI SE HACE ESTO LA COSA VA MAL,** se consigue la ecuación que se conoce como ecuación de Klein-Gordon, que presenta varios problemas. Ahí es donde aparece el genio de Dirac. Haciendo algunas modificaciones sobre la ecuación de la relatividad llega a una ecuación final, la ecuación de Dirac, donde estos problemas ya no aparecen. La ecuación de Dirac es la primera ecuación cuántica y relativista y sigue sirviendo hoy en día para describir las partículas, COMO LOS ELECTRONES, QUE VIAJAN A LA ***velocidad*** DE LA LUZ.

Pues esta ecuación que así planteó Dirac encerraba una gran sorpresa. Fíjense que pasamos de una ecuación lineal en energía:

$$E = \frac{p^2}{2m}$$

a una forma cuadrática:

$$E^2 = p^2c^2 + m^2c^4$$

Vamos, lo que quiero decir es que pasamos de tener una E sola a tenerla elevada al cuadrado, E^2. Esta simple variación trae consigo resultados sorprendentes. ¿Te has fijado que 2 al cuadrado y -2 al cuadrado dan el mismo resultado? Es 4 en ambos casos. Por eso la solución de la ecuación $x^2 = 4$ es doble. Tanto 2 como -2 son soluciones de esta ecuación. Con la ecuación de Dirac va a pasar algo similar. Al estar la E al cuadrado da lugar a dos soluciones. Una de las soluciones va a ser el electrón. Pero en este momento aparece una alternativa, una nueva solución que también es válida. Parece ser que la naturaleza ha dejado un lugar a un nuevo tipo de materia y estaba escondida detrás de esta ecuación.

Hay una máxima que se repite mucho en física y que dice **"LO QUE NO ESTÁ PROHIBIDO ES OBLIGATORIO"**. Es una adaptación de la famosa frase de T. H. White en Camelot y que ya han visto más de una vez en este libro, como en los agujeros negros. Las ecuaciones plantean una forma de mostrar el mundo, la naturaleza. Son reglas matemáticas que describen el universo. Las reglas nos dicen lo que se puede y lo que no se puede hacer. Lo que esta frase dice es que si no hay una regla que prohíba algo, mira bien en todos los lados porque tiene que existir. Si el universo es matemático, con las matemáticas podemos descubrir el universo.

La ecuación de Dirac permitía **la existencia de algo que no se había observado nunca.** La naturaleza, si la ecuación de Dirac era cierta, dejaba la posibilidad de que algo más estuviera ahí. Y siguiendo esta famosa regla ese algo tendría que existir. Pero ¿qué era ese algo? Y ¿dónde estará escondido?

El mar de electrones

Cuando Dirac vio lo que había creado seguro que se llevó un susto. La ecuación predecía un nuevo tipo de materia un tanto rara. Y es que sea lo que fuere lo que estaba ahí escondido había de tener energía negativa. Esto es bastante difícil de tragar porque la energía negativa traía consigo muchos problemas.

En primer lugar todo en la naturaleza tiende a un estado menor de energía, **POR ESO LAS COSAS CAEN Y NO SUBEN,** por ejemplo. Tener algo de energía negativa es una provocación porque siempre podría tener menos y menos energía haciéndose más negativa. Además, ¿cómo se mueve un objeto con energía negativa? Pues de una forma muy especial, porque para acelerarlo hay que frenarlo, robándole energía. Había que pensar algo para la ocasión, algo que resolviera este problema de la energía negativa.

La solución que dio Dirac a este problema es lo que hoy se conoce como el mar de Dirac. No lo busquen en un globo terráqueo, no lo van a encontrar, **allí no hay nadie en bikini bañándose,** ni fortachones de playa ni tiburones, porque es un mar ficticio. Dirac planteó la siguiente situación. Imaginen que tenemos infinitos electrones de energía negativa (hay que tener mucha imaginación) pero que no se pueden ver (más imaginación todavía). Por el principio de exclusión (véase capítulo 2) estos electrones *raritos* se comportan bien, todos los estados están llenos y cada uno está en su sitio. **AHORA IMAGINEN QUE UNO DE ESTOS ELECTRONES "salta"** de este mar a un estado de energía positiva: ¡ha nacido un electrón! Aparece en la realidad este electrón, lo podemos ver y medir, es un electrón normal. Debido a este salto en el mar hay un hueco, el que ha dejado este electrón. Es un hueco de energía negativa, pero como es un hueco, una ausencia, una falta, pues se ve como una partícula de energía positiva. La ausencia de algo negativo se puede ver como algo positivo. Como cuando te fuiste de casa, si es que ya te has ido: dejas un cuarto libre, hay menos discusiones, ***¡y se gasta menos!*** Esa ausencia de gasto se puede ver como un ingreso... más o menos. El caso es que el electrón tras un paseo por las nubes acabaría volviendo al mar. Al volver al mar el hueco desaparece: electrón y hueco nacen a la vez y se destruyen a la vez. Vuelves a casa, se llena el cuarto, adiós al hueco y a volver a gastar del bolsillo de papá. Es la teoría del mar de Dirac.

Dirac además propuso que esos huecos, que deberían ser idénticos en todo menos en la carga al electrón, podrían ser... ¡los protones! Claro, tienen carga positiva, al contrario que el electrón. Pero nada, no había forma, la teoría del mar de Dirac hacía aguas por todas partes **(noten el humor fino).** En primer lugar protones y electrones son muy diferentes. El protón tiene una masa mucho mayor que el electrón y la teoría del mar requería que fueran partículas idénticas salvo en la carga. Además se pudo demostrar que si así fuera, los átomos serían inestables, no habría materia. Y esto no puede ser. La teoría estaba envuelta en un mar de dudas (OJO, QUE ESTOY EN RACHA).

El mar de Dirac era un buen intento de explicar estos estados de energía negativa. Pero no era suficientemente satisfactoria. La teoría de Dirac tendría que resolver estos problemas si quería probarse como una teoría correcta para describir a los electrones. Y de premio observar algo nuevo en la naturaleza que nunca nadie antes había observado.

Las antipartículas

Para Dirac, más allá del problema real que suponía que su teoría del mar estaba en conflicto con la realidad y que requería de mucha imaginación, la clave estaba en encontrar esas partículas de energía negativa. Su ecuación planteaba la existencia de un nuevo tipo de materia, gemela de la materia conocida. Si su ecuación era correcta esas partículas tenían que estar allí. Y el problema es que nunca nadie las había visto: una partícula con la misma masa que el electrón, mismas propiedades y carga positiva. Una partícula además que, en contacto con un electrón, deberían aniquilarse, deberían destruirse mutuamente, desaparecer. Eso complicaría un poco más la búsqueda. La caza de esta partícula había comenzado.

La recompensa llegó en 1932. Carl David Anderson estaba manejando una cámara de niebla para estudiar los rayos cósmicos. Estos rayos son chorros de partículas que vienen de la atmósfera y que había recientemente descubierto Viktor Hess, en 1911. Hoy se sabe que desde rincones asombrosamente lejanos del universo nos llegan partículas con mucha energía. **NOS bombardean CON ELLAS CONTINUAMENTE.** Al chocar con la atmósfera de la Tierra se genera una lluvia o cascada de partículas: el choque de la primera partícula con un átomo de la atmósfera hace que salgan partículas hacia la Tierra, que a su vez chocan con otro átomo haciendo que más y más partículas surjan y viajen hacia la superficie de la Tierra, formando un verdadero chorro **(en inglés lo llaman *shower*, o ducha).** Esas partículas se pueden estudiar en tierra, porque muchas de ellas llegan hasta la superficie. Para eso están las cámaras de niebla. Este invento fue el *hit* de la época: un aparato que permitía ver estas partículas.

Las partículas son muy pequeñas. Muy, muy, muy pequeñas. Más pequeño que nada que hayas visto nunca. Porque realmente son tan pequeñas que no se pueden ver. Excepto... si tienes algún artilugio especial, como las cámaras de niebla. La idea es poner un gas en un equilibrio inestable. Esto quiere decir que es un gas **"a punto de caramelo"**, al límite de pasar a estado líquido. Esto se puede hacer, por ejemplo, colocando una gran diferencia de temperatura en dos extremos de la cámara, usando hielo. Es como caminar por una barandilla estrecha, como molestar a un pitbull o quemarte un pedo. Es inestable, sabes que a la mínima estás perdido. O como esos días en que tu novio o tu novia está especialmente sensible, que lo notas porque su cara está roja y los ojos le dan vueltas en las cuencas. **SABES QUE CON POCO QUE HAGAS SE DESATA LA TERCERA GUERRA MUNDIAL.** Este gas está así, que sí pero no, más o menos. Es gas pero a la mínima se hace líquido. Lo que ocurre es que cuando una partícula pasa a toda prisa por el gas rompe ese equilibrio y se empiezan a formar gotitas. El resultado es una traza, como la que deja un barco en el mar, o un avión en el cielo. Un camino o rastro que indica el paso de la partícula y que es más fino o grueso en función del tipo de partícula y de la que se pueden tomar fotografías. Estas trazas se forman sobre una ligera niebla que se crea en la cámara, de ahí su nombre, cámara de niebla.

Si ahora ponemos un imán muy potente, la partícula irá en círculo (recuerden esto, **un imán HACE QUE UNA PARTÍCULA CARGADA GIRE**) y podremos medir cosas como su carga o su masa (la forma que gira una partícula ante la acción de un imán depende de su carga y su masa). Así si gira hacia un lado es una partícula de carga positiva, si lo hace hacia el otro lado es negativa. Por cierto, este aparato en realidad es muy fácil de montar, lo puedes hacer en tu casa y ver con él rayos cósmicos que llegan hasta la superficie de la Tierra. No te vas a llevar el premio Nobel por ello, ya se lo dieron a Wilson, pero aun así es delicioso ver lo invisible, observar partículas que están ahí y nadie ve. Muy recomendable.

Y esto fue lo que usaron Anderson y Millikan en 1932 en el Insituto de Tecnología de California (Caltech) para descubrir los antielectrones en 1932, una cámara de niebla. Anderson se encontraba estudiando los rayos cósmicos cuando observó lo que parecía ser un electrón con carga positiva. Lo pudieron notar por la forma en que giraba en ese campo magnético. Anderson y Millikan desconocían la predicción de Dirac sobre las antipartículas, y les tomó un año de estudios con la cámara de niebla llegar a la conclusión de que su electrón positivo podría ser la antipartícula de Dirac. A este electrón positivo se le llamó positrón, era la antipartícula del electrón. Era la confirmación del éxito de la teoría de Dirac, y la demostración de que la antimateria realmente existía.

Llegados a este punto ya nadie dudaba de que tarde o temprano aparecería el resto de las antipartículas: antiprotones, antineutrones... El descubrimiento del positrón (el antielectrón, es lo mismo) confirmaba la existencia de este mundo espejo, simétrico, pero tan real como la materia que tocamos. Es la antimateria. Por eso que los científicos se pusieron a la caza de las antipartículas faltantes. Pero... se tardaría años en conseguir.

El positrón era relativamente fácil de cazar. Las partículas en las colisiones se crean a un costo energético. Como $E=mc^2$, la masa es energía, cuanta más masa tenga una partícula, mayor va a ser su precio. Por eso es muy fácil producir partículas ligeras, como el electrón. El neutrón y el protón, con una masa unas 2,000 veces mayor que la del electrón, son mucho más costosos y no vale con observar rayos cósmicos, hay que crearlos en el laboratorio. Y ni siquiera con los primeros aceleradores de partículas, **LOS CICLOTRONES, SE PODÍA GENERAR TANTA ENERGÍA.** Habría que esperar un poco más, veintidós años, a la época de los grandes aceleradores de partículas, para poder generar la energía suficiente para crear los antiprotones y antineutrones.

La oportunidad salió en la Universidad de California, en Berkeley, en un acelerador conocido como el Bevatrón. Era el año 1954 y contaban con uno de los aceleradores más potentes del mundo. Un equipo de científicos encabezado por el italiano Emilio Segre se plantea crear un experimento para dar caza a los antiprotones. Cuando una partícula de muchísima energía choca contra un blanco salen disparadas muchas partículas, que podemos estudiar con diferentes detectores. La idea es que un protón de altísima energía chocara contra un blanco. Esta colisión generaría muchas partículas, algunas de las cuales podría ser un antiprotón. De esta forma podemos crear antiprotones artificialmente (quiero decir en un laboratorio, contrariamente a lo que se hace con los rayos cósmicos que son partículas "naturales"), con la única, gran dificultad de que necesitamos una colisión muy energética y detectores que sean capaces de distinguir un antiprotón entre las muchísimas partículas que se generan en una colisión como ésta.

Fue un año después del comienzo de operaciones de Bevatrón, 1955, cuando el experimento que permitiría producir y detectar antiprotones se pone en marcha y se observa la primera señal de detección de un antiprotón. Emilio Segre y Owen Chamberlain recibían el premio Nobel por este gran descubrimiento. Se había dado caza a la segunda partícula de antimateria.

No se tardó ni un año más en encontrar la tercera antipartícula, el antineutrón. Fue en el mismo laboratorio, en Berkeley y en el mismo acelerador, el Bevatrón, donde consiguen vencer las dificultades para detectar la creación de un antineutrón.

Una vez halladas las partículas de antimateria nadie pondría en duda seria la ecuación de Dirac que describe partículas como el electrón. Pero aun así, es justo que se pregunten, **¿Y QUÉ PASÓ CON EL TEMA DE LA ENERGÍA NEGATIVA?** Hay un truco matemático que permite resolver este embrollo y es lo que se usa en la moderna teoría de partículas, el Modelo Estándar. Consiste en considerar estas partículas con energía negativa, las antipartículas, como partículas de energía positiva que viajan atrás en el tiempo. Sí, han leído bien. El sentido real que esto puede tener está abierto y es una de las maravillas de la física, el saber que la realidad final sigue oculta a nuestros ojos.

¿La antimateria es real?

Una de las cosas que más me preguntan los visitantes del CERN es si la antimateria es real. **YO LES PREGUNTO** "**¿TU BRAZO ES REAL?**" o **"¿tus pies son reales?"**. Mis pies son muy feos, pero son reales. La antimateria es igual de real. Lo que pasa es que no existe de forma estable en nuestro entorno. Pero esto es porque en contacto con la materia se aniquilan, sólo puede estar una de las dos presente en el mismo lugar del espacio, la otra debe desaparecer. Pero seguramente en un planeta de antimateria, si es que acaso existe, podría haber un niño preguntando si la materia de verdad existe. De hecho lo del nombre es lo de menos, son cuestiones humanas. Si viviéramos en un planeta de antimateria la llamaríamos materia y a la materia normal, antimateria y listo...

Y al igual que en nuestro planeta las partículas se juntan para crear átomos, moléculas... algo similar ocurre con la antimateria porque, repetimos, todo en ellas es exactamente igual. Así de la misma manera que un protón y un electrón se unen para formar un átomo, el más simple posible, el átomo de hidrógeno, un antiprotón se puede unir a un antielectrón para formar un antihidrógeno. EL ANTIPROTÓN FORMANDO EL NÚCLEO DEL ÁTOMO, y el antielectrón en un orbital a su alrededor.

Esto suena de nuevo a fantasía pero nada más lejos de la realidad. La antimateria no existe sólo en los libros de ciencia ficción, las películas y los sueños de algunos, se ha creado y estudiado en el laboratorio. En 1965 en la Universidad de Columbia se creó un núcleo de antideuterón. Esto viene a ser la unión de un antiprotón con un antineutrón. También se obtuvo un núcleo de antitritio (dos antineutrones y un antiprotón) y de antihelio (dos antineutrones y dos antiprotones) en el Insituto de Física de Alta Energía en Rusia. Pero el premio se lo llevan en el Laboratorio Europeo de Física de Partículas (CERN). En 1995 consiguen por primera vez formar átomos de antihidrógeno, consiguieron la unión estable de un antiprotón con un antielectrón durante un breve lapso de tiempo. En un pequeño acelerador, el Low Energy Antimatter Ring (LEAR), se hizo colisionar un paquete de antiprotones contra gas xenón. Esta colisión generó pares de electrón-antielectrón {recuerden, también llamado **positrón**} con la suerte de que uno de estos antielectrones quedó atrapado por un antiprotón. La unión de ambos, sin carga, escapó del acelerador donde, al poco tiempo, cuando se terminó el tubo de vacío donde viajaban, se encontró con materia aniquilándose.

Hoy el LEAR ya no existe, en su lugar el CERN ha puesto el LEIR, un acelerador de iones (son átomos que han perdido electrones). Sin embargo situarse en el balcón que da al LEIR da un gustillo impresionante. Estás a unos 5 metros sobre el suelo, en una estructura que sobresale ligeramente, como si abajo en vez de partículas hubiera velocirraptores. Cuando piensas que en esa sala se creó antimateria estable por primera vez te dan ganas de acercarte a la barandilla, SUBIRTE UN POCO, ABRIR LOS BRAZOS Y CERRAR LOS OJOS, como Leonardo Dicaprio en *Titanic*. Visitar esta sala fue mi primera experiencia con la antimateria, y por hacer el Leo en LEIR casi me echan.

Éste fue un gran hito para la física, generar antimateria en un laboratorio. Además muestra una de las grandes dificultades que tiene su elaboración y es que no hay recipiente que la pueda contener. Dado que materia y antimateria no pueden estar juntas, se pelean, y en un laboratorio, donde todo está hecho de materia, la antimateria desaparece rápidamente. La única forma de mantenerla intacta es hacerla levitar. Si consiguiéramos crear antimateria a baja energía, es decir, casi parada, podríamos mediante potentes campos magnéticos hacerla flotar en el vacío, sin tocar las paredes del recipiente.

Todo esto tampoco es ciencia ficción. En un experimento en el CERN llamado Antimatter Deccelerator se frenan antiprotones que vienen de una colisión anterior hasta que tienen muy baja energía. En un dispositivo que se conoce como Penning Trap se les hace coincidir con antielectrones procedentes de una fuente radiactiva. Esta Penning Trap es como una fiesta Erasmus o una casa de citas múltiples, antielectrones y antiprotones rebotando entre las paredes hasta que llegan a juntarse. Aunque la unión es neutra, no tiene carga, con un altísimo campo magnético no uniforme se consigue alejar a los antihidrógenos formados de las paredes. De esta forma se ha conseguido mantener átomos de antihidrógeno por unos 1,000 segundos, lo suficiente para medirlos y estudiar bien sus propiedades. Hoy el Antimatter Deccelerator del CERN sigue operando, generando constantemente átomos de antihidrógeno y helio antiprotónico (UN ÁTOMO DE HELIO DONDE SE HA SUSTITUIDO UN ELECTRÓN POR UN ANTIPROTÓN) para profundizar en el estudio de sus propiedades.

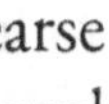

¿Podríamos seguir adelante? Sí. Podríamos incluso crear toda la tabla periódica de antimateria si quisiéramos, es sólo seguir juntando partículas. Ya saben que un hidrógeno es un protón y un electrón. El helio son dos protones con dos electrones y dos neutrones. Aumentando el número de protones, electrones y neutrones conseguimos todos los átomos que existen: boro, oxígeno, carbono, nitrógeno, silicio... ¡oro! **¿Habrá algún vulgar millonario antihumano con una camisa de antioro?** No sabemos, pero para conseguir todos los elementos sólo basta con hacerlo. Puesto que materia y antimateria funcionan exactamente igual, cualquier elemento que imaginen se puede formar con antimateria. Y con los compuestos es igual. ***SI JUNTAS SODIO Y CLORO FORMAS SAL.*** De igual manera se podría crear antisodio y anticloro y formar una antisal. O juntando antioxígeno y antihidrógeno se podría obtener antiagua. Y lo curioso es que, según se ha visto en el laboratorio, sería indistinguible del agua. Todas las propiedades que ven en el agua serían idénticas: su transparencia, su punto de fusión y ebullición, el antihielo resbalaría, el antiagua conduciría la corriente, fluiría de igual manera, ***ayudaría a curar la resaca...*** Salvo una cosa, no podrías beberla porque ya sabes lo que pasa con materia y antimateria. Pero por el resto podemos imaginar lo que queramos. Igual existe un antiplaneta en algún rincón del universo formado completamente de antimateria. En el antiagua podría crearse la antivida, que igual al cabo de miles de millones de años podría evolucionar hasta un ser inteligente. **O tonto como Paquirrín**, bueno, sería antiPaquirrín. Pero espero que no lo suficiente como para darle un abrazo, el estallido que produciría tanta masa transformada en energía partiría la Tierra en dos.

La antimateria existe porque la vemos con nuestros propios ojos (en cámaras de niebla, claro), porque la vemos llegar desde el espacio, porque la creamos en laboratorios y somos capaces de manipularla. Materia y antimateria son gemelos, como dos gotas de agua, como tu reflejo en el espejo. Guapo (o guapa). De hecho varios experimentos en el mundo estudian con esmero la antimateria, intentando encontrar alguna diferencia entre las dos sin éxito por el momento. Mientras tanto podemos seguir soñando con planetas de antimateria, estrellas de antimateria, galaxias de antimateria. **BOSQUES, CIUDADES, animales, COLEGIOS, CALLES, a Pitingo...** todo esto sería posible en un mundo de antimateria. Pero entonces ese mundo... ¿existe o no?

¿Dónde está la antimateria?

Pensar e imaginar las cosas es gratis. Cierras los ojos y ahí lo ves. Pero la realidad puede ser muy escurridiza. Aunque imaginar estos mundos exóticos de antimateria es una delicia, la realidad es que encontrarlos no resulta esperanzador. Por más que se ha explorado el universo en busca de algún indicio, todos han fracasado hasta el momento. DE HECHO NO HAY GRANDES ESPERANZAS DE ENCONTRAR ALGO ASÍ COMO UN ANTIMUNDO. La razón es que estamos en una región del universo dominada por la materia. Si existiera alguna región del universo dominada por antimateria, debería haber una frontera que las separara. Allí se tendría a un lado un lugar donde la materia es abundante, en otro sería la antimateria. Y esa frontera sería testigo de aniquilación constante de ambas. Sin embargo, por mucho que se ha buscado algo parecido, no tenemos ninguna pista de que tal cosa pueda existir.

De hecho hay formas más finas de buscar esta antimateria en el universo. Algunos se basan en la detección directa, poniendo un detector en el espacio que pueda recibir átomos de antimateria quizá lanzados desde una galaxia lejana. Otros buscan por restos de la aniquilación. Cuando materia y antimateria colisionan, se destruyen, dan lugar a energía. Esa energía tiene un sello característico y observando el universo y rastreándolo podría llegarse a ver ese sello, lo que demostraría que en ese lugar está habiendo aniquilación de partículas y antipartículas. Finalmente la luz que envían las estrellas proviene de un fenómeno cuántico que puede marcar esa luz de forma diferente si la estrella es de materia o antimateria. Este proceso último es muy difícil de detectar pero podría llegar a ser útil para encontrar de forma directa la existencia de galaxias de antimateria observando su luz.

Entonces descartando, por el momento, que haya una región del universo **donde hagan fiestas con *confeti* de antimateria,** donde la gente vista zapatos negros con calcetines blancos de antimateria, donde la lluvia forme anticharcos y antilodo, nos queda preguntarnos: ¿dónde entonces está la antimateria? Pensarán, pero qué tipo más pesado preguntando siempre lo mismo... Si no hay, pues no hay y ya. Pues no, porque esta pregunta tiene mayor trascendencia de lo que podría parecer. Es el gran misterio de la antimateria.

Pongámoslo en perspectiva. Imagina que tienes 12 pares de calcetines donde en el derecho dice D y en el izquierdo dice I. Abres la lavadora, echas los 12 pares y la pones en funcionamiento. Al acabar ves que cuando los sacas tienes 12 calcetines, has perdido la mitad. Es más preocupante y sospechoso aún porque sólo quedan los derechos. Lo de perder calcetines a todos nos ha pasado, lo de tener calcetines desparejados también. Todo eso son cosas que ocurren. Pero ¿qué puede estar haciendo la lavadora con mis calcetines para que sólo deje siempre el derecho? Algo así pasó al inicio del universo que tiene a todos los físicos de partículas mirándose los calcetines. Un gran enigma.

Sabemos que la materia y la antimateria son gemelos, como el reflejo en un espejo, inseparables. **Pero también autoexcluyentes, EN CONTACTO SE ANIQUILAN.** Esto deja las cosas en una situación complicada: si cada vez que se crea una partícula, se crea una antipartícula que además si se encuentran no tienen otra salida sino la aniquilación mutua... entonces, **¿cómo podemos seguir aquí?**

Imaginen que un día recibimos la visita de unos seres extraterrestres mucho más poderosos que nosotros y que vienen a conquistarnos. Pero en vez de ir a matarnos a todos se les ocurre una idea mejor. Viendo las costumbres de la Tierra piensan que sería más divertido ***ECHAR UN PARTIDO DE FUTBOL***, que es así como se resuelven los problemas de verdad. El que gana se queda con el control de la galaxia (es que son unos extraterrestres muy ambiciosos) con capital en Móstoles. Pero éste va a ser un partido muy especial. Los humanos, en una reunión internacional sin precedentes con los líderes mundiales en el 100 Montaditos de Fuencarral, deciden que seamos los españoles quienes representemos nuestra raza, a toda la humanidad. Después de muchas discusiones y reuniones elegimos al Real Madrid, para que dispute el partido y nos salve de este ataque extraterrestre **(esto iría para película de HOLLYWOOD si no fuera porque ya la han hecho, Space Jam. ¡Lástima!).** Pues tendríamos a Ramos, a Benzema, a Cristiano... En sus botas está nuestro destino. Cuando saltan al campo, ¡oh cielos! Hay otro Cristiano ya allí, con el equipo extraterrestre, mirándose en un espejo y peinándose. Hay otro Sergio Ramos dando gritos y otro Benzema pasando de todo. Han traído al antiReal

Madrid. Cuando el árbitro pita el comienzo del partido Cristiano Ronaldo sale a presionar (por una vez en su vida) con tan mala suerte que al tocar al Cristiano Ronaldo rival... **¡pummmmmm!** Ambos desaparecen (no hay liberación explosiva de energía porque éste es el guion de mi película y yo mando, así que sin explosión). Todos los jugadores se quedan extrañados, pero siguen jugando. Tarde o temprano poco a poco todos van cayendo: Benzema, Ramos, Carvajal... todos van tocando a su antiyo y desapareciendo del mapa. Por supuesto que Pepe también, cómo no. Al final el campo queda vacío, el árbitro toma la pelota y se va. **El partido queda en empate y se firma la paz entre las dos civilizaciones.**

No hay otro posible final para el partido. Hay igual número de jugadores en ambos lados porque así son las reglas del juego, y se destruyen por parejas... no hay alternativa, el campo tiene que quedar al final vacío. Lo mismo le debería haber pasado al universo: al inicio tuvo que crear igual cantidad de partículas que antipartículas. Tuvieron que estar todas vagando por el universo aniquilándose mutuamente. Finalmente, ya lo imaginan, no debería quedar ninguna partícula suelta, todas deberían haber caído, como en una obra de Shakespeare. Sin embargo estamos aquí y estamos hechos de materia. ¿Qué pudo ocurrir al inicio del universo, cuando era muy joven, que hizo que sólo se formaran galaxias de materia y no de antimateria? **¿Adónde se fue la antimateria?**

Hoy en día se piensa que en la aniquilación que ocurre entre materia y antimateria hay algo que hace que no sean exactamente iguales. No se sabe qué, pero ahí tiene que estar, favoreciendo a la materia. Es como si el árbitro del partido de antes estuviera "comprado" y favoreciera a uno de los dos. No se aniquilarían mutuamente, sino que en alguna ocasión prevalecería la materia. Esto haría que una pequeña diferencia, entre millones y millones de partículas, se convirtiera en algo grande y visible, permitiendo que se formen galaxias, planetas y finalmente la vida.

Esto tampoco es fácil de tragar. Si hay algo que ama la naturaleza es la simetría. Nosotros también la amamos, los físicos, es nuestra gran musa. **ES NUESTRO PRIMER Y ÚNICO MANDAMIENTO, *amar la simetría sobre todas las cosas*.** Por ejemplo, ¿se han preguntado por qué la Tierra es esférica y no un cubo, un cilindro o tiene forma de pata de jamón? Esto es porque la fuerza de la gravedad que mantiene a la Tierra unida es simétrica, es igual en todas las direcciones. Esto favorece la forma de esfera, donde todas las direcciones son iguales (ES LA DEFINICIÓN DE ESFERA, MÁS O MENOS). Lo mismo ocurre con millones de cosas en el mundo, hay simetrías como ésta en todas partes. De hecho, el Modelo Estándar tiene como propia base la simetría para crear todo el modelo. Además, la propia antimateria no deja de ser una simetría de la materia. Entonces, ¿qué pinta aquí una asimetría como ésta?

Ahí está la clave. En un universo tan simétrico una asimetría como ésta es muy difícil de explicar. Pero hay un pequeño halo de esperanza. Hay una fuerza, la débil, donde sí se ha observado un tipo de asimetría. Fue éste uno de los descubrimientos más importantes en física del siglo pasado, pues encontraron que hay ciertos fenómenos donde la fuerza débil no se comporta perfectamente simétrica. Quizás este tipo de asimetrías sí pueda algún día explicar que la materia se cargara completa y despiadadamente a la antimateria, como los Lannisters a los Starks, y sin dejar rastro.

Pero el problema sigue ahí, y es que no se encuentran claras diferencias por mucho que se busque. **Y la realidad es que no es fácil**. Para que se hagan una idea de lo pequeña que es la diferencia entre ellas, tiene que ser tal que entre mil millones de partículas colisionando con mil millones de antipartículas sólo una partícula de materia sobreviva. Sólo una, entre mil millones. Fíjense qué pequeña diferencia ha de existir, qué sutil es la naturaleza.

Por este motivo se hacen experimentos que rastrean las propiedades de la antimateria, buscan algo que la haga diferente de la materia. **UNA DIFERENCIA ENTRE UNA PERSONA Y** SU IMAGEN EN UN ESPEJO... parece una difícil tarea. Pero no imposible cuando algunos de los mejores científicos del planeta se ponen a trabajar en grandes experimentos.

Experimentos de antimateria

No es de extrañar que dada la importancia de este misterio muchos equipos de científicos se hayan lanzado a la búsqueda de una respuesta a este enigma. Unos buscan trazas que puedan mostrar la existencia de antimateria estable en el universo, antiestrellas o antigalaxias incluso; otros intentan entender qué mecanismo pudo haber producido mayor número de partículas que antipartículas en el inicio mismo del universo; mientras que otros se lanzan a buscar alguna diferencia entre materia y antimateria que pudiera haber sido determinante en esa particular lucha que tuvieron poco después del Big Bang.

Empecemos por los que buscan existencia de mundos de antimateria. Una pista la podemos tener en los rayos cósmicos. Los rayos cósmicos, como ya vimos, son partículas que llegan a la Tierra y que provienen... del cosmos. Suena tonto, pero no lo es puesto que el origen de los rayos cósmicos sigue siendo un misterio. Todo lo que sabemos es que vienen de lejos o muy lejos, o superlejos, desde todos los rincones de la galaxia.

Estas partículas, que son partículas normales como protones, o electrones, salieron despedidas desde su galaxia madre y han recorrido miles de millones de kilómetros por el espacio hasta llegar a nosotros, por casualidad. Lo cierto es que hay muchas partículas vagando sin rumbo por el universo. Pues las partículas que llegan a la Tierra de esta forma se llaman globalmente rayos cósmicos. Por suerte estas partículas lo primero que hacen es encontrarse con la atmósfera. Allí se produce la cascada (o *shower*) que antes comentábamos, ese chorro de partículas que van atravesando la atmósfera (dale gracias a la atmósfera porque sin ella estas partículas nos podrían freír como si nada. La atmósfera las va frenando hasta absorberlas. Por eso que viajar mucho en avión no es bueno, cuanto más alto subes, más partículas te atraviesan). El caso es que una vez que llegan a la atmósfera pierden su identidad. La partícula madre (rayo cósmico primario) va chocando y dejando su energía, y si no se fractura en miles de partículas, se desintegra completamente o es absorbida. Por lo tanto es imposible estudiar estos rayos cósmicos primarios en la superficie de la Tierra. Estos rayos cósmicos, en muchos casos, son antipartículas, como antiprotones o positrones. Los antiprotones y los positrones se producen en muchos lugares del cosmos, allí donde la energía es muy alta, como en las estrellas o en explosiones de alta energía que éstas producen. **SIN EMBARGO LA PROBABILIDAD DE QUE UNA COLISIÓN DE PARTÍCULAS** en una estrella dé lugar a un núcleo de antihelio es muy, muy baja. O sea antiprotones y positrones podemos recibir, pero encontrar un antihelio suelto por ahí, vagando por el universo, suena sospechoso. Quizás apunte a que proviene de una galaxia de antimateria. Pero como ven recibir esas partículas en la superficie de la Tierra no nos vale, hay que salir a buscarlas fuera, en el espacio. Una opción entonces es lanzar un detector de partículas más allá de la atmósfera.

Es el caso del Alpha Magnetic Spectrometer o AMS. Poner en marcha este detector es uno de los retos científicos más ambiciosos o locos, según lo mires, que la ciencia ha tomado. Un detector de partículas es un cacharro enorme, con miles de millones de detectores minúsculos, cada uno operando de forma independiente y generando información que en conjunto permiten estudiar las partículas que lo atraviesan. **Estos grandes detectores llevan perfeccionándose unos cincuenta años,** culminando en grandes obras de ingeniería como los detectores modernos que pueden pesar varios miles de toneladas y tener las dimensiones de un edificio de cinco plantas. Ahora toma tú uno de estos detectores de los que te estoy hablando y lánzalo al espacio. Porque hay que lanzarlo, literalmente, subirlo a un cohete y enviarlo al espacio y luego hay que acoplarlo a una estación espacial para que ahí descanse o bueno... mejor trabaje, durante unos años de experimentación. Una cosa es diseñar un instrumento para que funcione en una caverna, bajo tierra, lejos de cualquier perturbación más allá del paso de un tren, y otra cosa es montar un detector en un cohete que va a viajar a miles de kilómetros por hora, que va a estar sometido a grandes empujes, aceleraciones, y posteriormente el frío del espacio exterior. **Un detector moderno en Tierra LO AGITAS Y LO TIENES EN PEDAZOS EN EL SUELO.** Esto no le puede ocurrir a AMS. Además que tiene que estar diseñado para las condiciones extremas del espacio y para garantizar la seguridad de los astronautas. Todas las piezas, hasta el más mínimo detalle, el tornillo más pequeño, siguen los estándares de la NASA para su empleo en el espacio, con filos redondeados para evitar rasgar un traje espacial. Esto hace que este tipo de detectores cuesten unas cinco veces más que uno en tierra. En suma AMS-02 (es su verdadero nombre) es el detector de partículas más sofisticado que se ha enviado nunca al espacio. Y el más caro, unos 2,000 millones de dólares. Bravo por AMS.

La clave del diseño de AMS es el de cualquier gran detector, es un enorme imán. El imán hace que las partículas cargadas se curven y esta curvatura permite medir la carga y la energía de las partículas. **Con esta información se puede hacer muchas cosas.** Para ello se tiene otro tipo de detectores que miden entre otras cosas la trayectoria de la partícula en el imán. El peso y tamaño de AMS es mucho menor de los detectores de tierra, pesa unas 8 toneladas y no es más alto de dos metros. Y es un orgullo decir que científicos españoles participaron en su diseño, construcción y montaje del detector, entre ellos varios compañeros.

AMS fue lanzado al espacio el 16 de mayo de 2011 desde el Kennedy Space Center en Estados Unidos, en el penúltimo viaje de las lanzaderas espaciales de la NASA, a bordo del *Endeavour*. **SU DESTINO ERA LA ESTACIÓN ESPACIAL INTERNACIONAL**, a 400 kilómetros de altura sobre la Tierra. Tres días después AMS llegó a la estación y fue instalado comenzando una andadura que puede durar dos décadas.

Es una suerte y un gran privilegio poder decir que pude conocer el proyecto de primera mano. AMS fue montado y validado en el CERN. Sus piezas fueron enviadas desde diferentes partes del mundo y un equipo internacional viajó al CERN, donde se realizó el montaje en una sala blanca y con toda la atención y cuidado que un experimento de este tipo requiere. Un gran amigo, Carlos Díaz, fue uno de los ingenieros que montaron el experimento. Bajo las órdenes del premio Nobel en física Samuel Ting, líder del experimento, Carlos participó en todas las fases de desarrollo del detector, incluido el viaje al Kennedy Space Center para ver el lanzamiento. De la mano de Carlos pude ver el experimento en la sala blanca y pude apreciar el empeño y dedicación que una misión así requiere, trabajando día y noche, a contrarreloj, para que el detector estuviera listo y en óptimas condiciones para que llegara a tiempo para ser enviado en el trasbordador espacial. Después de un desenlace de infarto, donde el imán superconductor tuvo que ser reemplazado por otro tras no superar las pruebas, AMS abandonó el CERN en un avión militar. De AMS en el CERN queda la sala de control del experimento, así como de museo para los miles de visitas que recibe cada año. Mientras, AMS sigue ahí en el espacio, mirando al cosmos y tomando nota pacientemente. Buscando no solamente antimateria, antihelio, sino explorando también el cosmos en busca de la evasiva materia oscura. Seguiremos esperando los resultados de AMS, igual algún día nos da una alegría.

Si no se encuentra antimateria igual es porque no está. Y si no está es porque algo tuvo que pasar al inicio del universo. Así que una forma de explicar la asimetría materia-antimateria es buscando algo que realmente las diferencie. Si la materia ganó a la antimateria... igual fue porque no son tan idénticas como se pensaba.

Y tenemos una pista. La fuerza débil parece operar de forma asimétrica. Como estamos buscando una asimetría... ¿no podría ser que esta fuerza débil sea la culpable? Con este objetivo se diseñan lo que se llaman B-factories, o fábricas de belleza... que no son centros estéticos, no, ni escuelas de modelos. Son lugares donde se crean partículas con *quarks* "b" (*bottom*), partículas con una propiedad cuántica a la que llamamos belleza (*beauty*). Deberían recordar la tabla de partículas subatómicas en la que teníamos distintos tipos de *quarks*, uno de los más pesados es el *quark* b. Los *quarks* nunca van solos, siempre van en parejas o tríos para formar hadrones. Cuando se forma una pareja de un *quark* b con un *quark* ligero, se obtiene un mesón B. En estos mesones (NADA QUE VER CON LOS QUE SE VA A COMER Y BEBER) se ha observado un comportamiento no simétrico entre el mesón B y su antimesón.

Estas B-factories son grandes colisionadores de partículas donde se crean estos mesones de forma abundante. Grandes detectores estudian el comportamiento del mesón B y su antipartícula para observar diferencias. De este modo tenemos experimentos como BaBar en Estados Unidos. En el PEP-2 del SLAC de Stanford se colisiona electrón contra positrón para generar estos mesones que se estudian en el gran detector que es BaBar. En Japón, en el laboratorio KEK, tenemos Belle, otra fábrica de "bes" con similares objetivos y a la espera de que se construya Belle II (en física de partículas también hay sagas, como en el cine).

Me voy a detener con un poco más de detalle en un tercer experimento porque éste tuve la suerte de conocerlo en persona. En el CERN se encuentra el LHCb, el experimento del Gran Colisionador de Hadrones (LHC) dedicado a buscar respuesta a este enigma de la antimateria. El LHCb es un gran experimento especialmente diseñado para el estudio del *quark* b. Es una colaboración internacional de setenta laboratorios y universidades del mundo donde trabajan unos mil científicos e ingenieros. Además cuenta con tres grupos españoles en Barcelona, Valencia y Santiago de Compostela. Y lo que tiene trabajar en el CERN es que un amigo tuyo es miembro del LHCb y tiene la amabilidad de llevarte y mostrártelo. Y así es el LHCb.

El LHCb es uno de los cuatro grandes detectores del LHC en el CERN, Ginebra, Suiza. El LHC es un acelerador en forma de anillo que tiene 27 kilómetros de longitud **(enorme)** y está a 100 metros bajo tierra. Acelera en direcciones contrarias, como si de la M30 se tratara, dos paquetes de protones y cuando tienen mucha energía los hace colisionar (cosa que también pasa en la M30). Y los colisiona por igual en los cuatro detectores del gran acelerador, uno de los cuales, como ya saben, es el LHCb. Cuando uno baja esos 100 metros para ver el LHCb lo primero que siente es que está yendo a un lugar especial. Estamos hablando del mayor acelerador de partículas del mundo y posiblemente el experimento más ambicioso que se ha construido, con participación de unas diez mil personas durante unos veinte años. Como estos enormes detectores están alojados en una caverna, lo primero que le viene a uno a la mente es una catedral. Con tu casco y unas medidas de seguridad dignas de película, lector de iris incluido, llegas a la caverna donde está el detector. El LHCb es un detector "pequeño" con 5 metros de alto y 20 de largo. Como en todos los detectores del LHC lo que más sorprende es el número de cables y sistemas de medida y la complejidad del equipo de detección. Y, en este caso en particular, el hecho de que parece que falta medio detector. De hecho falta medio detector. Al contrario de lo que ocurre en el resto de los detectores del LHC, al LHCb **"LE SOBRAN"** colisiones. Esto es porque mientras que otras partículas que se buscan en los demás detectores son raras de producir y te interesa estudiar cada una, en el LHCb se producen mesones b en abundancia. **Por lo que perder unos cuantos... TAMPOCO ES GRAVE**. Esto hace que el detector tenga aspecto de incompleto. El LHCb lleva tomando datos unos cinco años realizando importantes descubrimientos y medidas, pero sin hallar aún la clave para resolver este importante misterio sobre el universo.

Queda una tercera opción: igual tomando la antimateria y la materia por separado y aislándolas podemos ver alguna diferencia. Esto es lo que se hace en las fábricas de antimateria. Sí, has oído bien, lugares donde se fabrica antimateria.

Estás en una nave que parece sólo otra gran nave del CERN, pero un letrero en blanco y azul, como todos los del CERN, te hace saber que no es así. En letras grandes se lee "Antimatter Factory", la fábrica de antimateria. La sustancia más cara en toda la tierra, una gran demostración del poder de la inteligencia y conocimiento del hombre, un lugar donde se crea antimateria de forma estable. Su nombre es Atimatter Deccelerator (AD).

Es uno de mis lugares favoritos del CERN. En un hangar, en superficie, perfectamente a la vista, está esta fábrica tan especial. Al entrar te puedes llevar una pequeña decepción, que dura lo que tardas en bajar a ver el complejo completo. Porque en el interior, desde la barandilla desde donde se asoman los visitantes, sólo se ven bloques de hormigón, los que sirven para absorber radiación emitida cuando el acelerador está en funcionamiento. Desde esa barandilla apenas da para ver ALPHA, ASACUSA, AEgIS y algún experimento más. Vale, sí, "apenas" porque ver los dispositivos que sirven para generar la antimateria no es cualquier cosa. **Pero es abajo**, un lugar sólo reservado a miembros de los experimentos y los técnicos, donde están el corazón y los pulmones de esta fábrica.

Lo que aquí se consigue es espectacular: generar antihidrógeno, la unión de un antiprotón con un positrón (antielectrón). Lo resumo: se toman protones prestados de una botella de hidrógeno, algo bastante simple. Estos protones son acelerados sucesivamente por múltiples aceleradores hasta que alcanzan una velocidad muy próxima a la de la luz. A esta velocidad su energía por movimiento es mucho mayor que su energía en masa (recuerden $E = mc^2$, masa es energía) de los protones. En estas condiciones una colisión frontal con otra partícula hace que se desprendan partículas por todos los lados. Pero no sin límite ¡LA ENERGÍA SE CONSERVA, AMIGOS! Nadie da duros a cuatro pesetas (para los jóvenes, un duro son cinco pesetas). Si la energía que lleva el protón es el doble de la energía-masa de un protón, podrá como máximo crear un protón. Si su energía es triple, dos... así sucesivamente (no es así exactamente pero sirve para hacerse una idea). Con una energía de movimiento casi treinta veces su masa, el protón es una máquina de crear partículas. Como protones, kaones, muones... y también, por supuesto, antiprotones. Imagínense un elefante viajando a altísima velocidad a punto de entrar en una tienda de cacharros. Pues algo así es lo que va a ocurrir.

Al protón a tal velocidad se le hace colisionar con un alambre de metal. La alta densidad de partículas en el metal hace que el protón choque frontalmente con otras partículas. Y como si de unos fuegos artificiales se tratara, comienzan a saltar en todas las direcciones miles de partículas. Entre ellas nuestra partícula deseada, ***¡el antiprotón!*** Lo primero que hay que hacer es filtrar y recolectar, es decir, enfocar las partículas con lentes magnéticas y separar los antiprotones del resto de las partículas no deseadas. Los antiprotones una vez filtrados se insertan en el Antimatter Deccelerator. Y cuidado, porque aquí viene otra gran dificultad. Cuando la antimateria entra en contacto con la materia, se destruye. Por ello que todo el experimento se halla sujeto a un inmaculado vacío, mayor que el del espacio exterior, para evitar que nuestros antiprotones se aniquilen con cualquier partícula que pase por ahí. **¡AY, LO QUE HACEMOS POR SU BIENESTAR!** Pero no hay que olvidar que el objetivo final es aparear el antiprotón con el positrón, y con un antiprotón volando a tal velocidad, es difícil capturarlo y detenerlo o rápidamente encontrará con quien aniquilarse. Imagínense al elefante enfurecido, hay que calmarlo antes de meterlo en la jaula. Es más, a tan alta velocidad va a ser imposible enlazar el antiprotón con el positrón, nuestro objetivo final. Entonces hay que frenar al antiprotón.

Ésa es la función principal del AD, hacer que los antiprotones se calmen, pierdan energía. El AD funciona como cualquier acelerador de partículas pero al revés: mientras que los aceleradores empujan en el sentido de movimiento, este decelerador empuja en el sentido contrario, pero la técnica y los elementos son los mismos, hay que parar los antiprotones a base de empujones. Además de esto hay que "enfriarlos" y empaquetarlos. Esto quiere decir que hay que eliminar movimientos espurios, como **VIBRACIONES** y hay que intentar al máximo que todos los antiprotones marchen como un bloque, al unísono, marchando al son, como lo haría nuestra amada legión, pero sin cabra. Eso facilitará el paso posterior, la fiesta Erasmus, la casa de citas, hay que hacer que los antiprotones se **"ENAMOREN"**.

Después de unas cuantas vueltas al AD los protones han perdido algo así como cien veces su energía y ya marchan de forma ordenada. A estas alturas los antiprotones se extraen listos para ser capturados. Son por lo tanto enviados a un aparato que se conoce como Penning Trap, la trampa de antipartículas. Básicamente es una caja "inteligente" que hace rebotar con campos intensos las partículas contra las paredes, **¡sin tocar!** De modo que tenemos atrapados a los antiprotones, esperando la llegada de los positrones. Es verdad que se han perdido muchos por el camino, pero los que quedan, los más fuertes, están ya listos para la caza final, encontrarse con los positrones. Comenzaron el viaje 10 billones de protones y ahora sólo quedan cien mil antiprotones. Detrás han dejado una colisión con un metal, filtros y lentes, captura, desaceleración y enfriamiento y el acople final a la trampa de antipartículas. **¿No les recuerda un poco a lo que sufren los espermatozoides para fertilizar un óvulo?** La realidad es que tiene cierta similitud, sólo que no es un óvulo lo que esperan alcanzar sino unirse a uno de los mil millones de positrones que tendrán disponibles.

Generar positrones es mucho más fácil. Una fuente radiactiva, como el sodio, los genera. **OH, DIOS, RADIACTIVA! ¡VAMOS A MORIR TODOS!** No, tranquilos. Al contrario de lo que mucha gente cree, la radiactividad es natural, y el cuerpo la tolera en ciertas dosis. Por eso comer plátanos no es peligroso y eso que contiene potasio, uno de sus isótopos es radiactivo (los isótopos son como primos. El potasio es una familia con varios primos, hay primos que son radiactivos y otros que no. El plátano contiene potasio fundamentalmente del no radiactivo, aunque alguno de los otros siempre hay. Seguro que tú también tienes algún familiar que parece radiactivo. Pero no lo nombres, que te puede oír). Hay minerales que son radiactivos, rocas... estamos rodeados de radiación. El sodio-22 es una fuente radiactiva que se encuentra en la naturaleza. La radiactividad natural, como la del sodio, es una fuente continua de rayos beta. **¿Rayos qué?** Beta. Se llamaron así cuando no se sabía lo que eran, hoy sí se sabe, son positrones. Estos positrones por lo tanto no hay que hacer sino agruparlos y enfocarlos hacia la Penning Trap, donde les esperan los antiprotones.

Y aquí empieza la fiesta Erasmus. La Penning Trap es "inteligente" en el sentido de que es capaz de repeler, es decir hacer rebotar, tanto a los antiprotones (cargas negativas) como a los positrones (CARGAS POSITIVAS) en un mismo espacio vital: la pista de baile. Allí comienza el cortejo. Diez millones de antiprotones rodeados por mil millones de positrones, todo un *Tomorrowland* versión Particle Fever. Bueno, un *antiTomorrowland*. Antiprotones y positrones compartiendo un mismo espacio vital, las cargas están revueltas, la atracción es palpable. Es viernes noche. Perreo cuántico en estado puro. Hay química, hay física, esto no hay quien lo pare. Un antiprotón que se pasa con una miradita, el positrón que se deja querer... y **¡zas!** La química hace el resto. Un sistema estable de atracción por cargas opuestas formando un enlace eléctrico. Ya los tenemos emparejados en una unión indisoluble, el átomo de antihidrógeno, hasta que la aniquilación contra la materia los separe.

Una vez que se forma el átomo de antihidrógeno queda un reto más, que no se nos escape. Las partículas cargadas son fáciles de manipular, obedecen fuertemente a campos eléctricos y magnéticos. **Pero cuando la materia es neutra...** ya no hay quien los detenga. La parejita, el positrón y el antiprotón, como tontos enamorados, no hacen caso a nadie. Sin embargo es posible mantenerlos levitando con potentes campos magnéticos no uniformes o dirigirlos por medio de láseres. Ya podemos estudiar los antiátomos.

Cuando bajas por la barandilla tienes acceso al AD. Sólo cuando te cuentan esta historia eres capaz de darte cuenta de lo que tienes delante. Puedes pasear por el túnel de hormigón donde se encuentra el AD, puedes tocar los imanes y cuadrupolos, puedes ver todos los cables, tuberías, dispositivos... Pero impresiona mucho más cuando sabes lo que está pasando por dentro. Cuando te percatas de que esos hierros viejos y polvorientos, y esos cables que cuelgan son parte de la única fábrica de antimateria del mundo. **Y PUEDES ACCEDER AL INTERIOR DEL ANILLO.** Bueno, si alguien del equipo te lo permite. Y allí verás las Penning Traps de cada experimento. Como si de una guardia se tratara, los experimentos se turnan el uso de los antiprotones del AD en franjas de trabajo. En cada turno un experimento tiene acceso a la fuente de antipartículas. En ALPHA consiguieron atrapar antihidrógeno durante 1,000 segundos. En realidad podrían más... **¡pero qué sentido tiene!** Con 1,000 segundos es suficiente para demostrar que es estable y que se puede mantener levitando sin problemas. En ATRAP hacen algo similar. En ASACUSA además de antihidrógeno también forman helio antiprotónico. ¡Qué virguería! Toman el helio (dos protones, dos neutrones y dos electrones) y sustituyen un electrón (**NEGATIVO**) por un antiprotón (**NEGATIVO**). El antiprotón orbita el núcleo de helio como si de un electrón se tratara. ¡Transformismo cuántico, una fiesta! Con estos experimentos, más allá de lo que presumes diciendo que has hecho antimateria, se pretende estudiar si materia y antimateria presentan alguna diferencia. Para ello se les envía luz, para ver como interactúa con ella. Observando esta interacción con la luz podemos obtener el DNI de los átomos, lo que se conoce como espectro electromagnético, y es su huella de identidad. Usando luz de láser se obtiene el DNI de estos antiátomos y se puede ver si se corresponde con el de los átomos. Es una muy buena prueba para ver si existe alguna diferencia. Hasta ahora nada se ha observado.

En AEGIS forman antihidrógeno para estudiar el efecto de la gravedad en la antimateria. Sabemos que una manzana cae sobre la Tierra, porque la gravedad de la materia sobre la materia es atractiva. También creemos saber, por simetría (NUESTRA GRAN MUSA), que una antimanzana caería en una antiTierra, porque la gravedad de la antimateria sobre antimateria también debería ser atractiva. Pero ¿qué pasaría si tenemos una antimanzana en la Tierra? ¿La gravedad la atrae o la repele? No lo sabemos, y es una gran pregunta. Y AEGIS pretende dar una respuesta. Finalmente tenemos ACE, con el que se pretende ver las posibilidades de usar antimateria con fines médicos, ofreciendo un nuevo tipo de terapia para luchar contra el cáncer.

Cómo da gusto decir que trabajas con antimateria. ES APASIONANTE. **es único, *es ficción llevada a la vida real.*** ¡Cuántas novelas futuristas hablaban de viajes espaciales con antimateria o robots antiprotónicos! La antimateria es como un pedazo del futuro que se ha colado en el presente. Y es algo que se siente cuando uno pasea por el AD, cuando uno habla con los físicos que allí trabajan, cuando uno lee cosas tan apasionantes como éstas. Por todo ello la física de la antimateria es uno de los campos de la física más apasionantes, donde más se ha avanzado en las últimas décadas y donde aún más se puede seguir avanzando, tanto por los conocimientos nuevos que se adquieren de esta extraña materia, como por sus aplicaciones prácticas.

Aplicaciones de la antimateria

¿Qué se puede hacer con un gramo de antimateria?

Los que hayan visto películas como *Ángeles y demonios* dirían rápidamente: "Volar el Vaticano por los aires". **¡Ay!** Ese rigor científico hollywoodiense. Pero sí, la antimateria presenta una fuente muy concentrada y eficiente de energía que cuando controlemos va a permitir que la utilicemos en miles de aplicaciones. Pero ¿para qué sirve y para qué no sirve la antimateria?

Cuando una partícula y una antipartícula se encuentran, se aniquilan completamente, dando lugar solamente a energía. El hecho de que toda su masa se transforme en energía convierte esta aniquilación en una fuente de energía muy eficiente, ya que se aprovecha el cien por ciento de la energía que contiene. Para las fuentes de energía tradicionales se usa el poder calorífico superior como medida de esta capacidad que tiene un material para producir energía. Así, por ejemplo, en el carbón se pueden obtener unos 30 mil julios por gramo, la gasolina en torno a los 40 mil julios por gramo y el butano en torno a los 50 mil julios por gramo. Es decir, quemar un gramo de gasolina te proporciona 40 mil julios. La energía que se desprende de la aniquilación de un gramo de antimateria con un gramo de materia sería de 90 billones de julios. Un millón de veces mayor que los combustibles tradicionales. Incluso la energía nuclear donde se extraen 80 mil millones de julios por gramo se queda corta. No hay material en la tierra con una eficiencia de producción de energía como la de la antimateria. De hecho es imposible superarla, el cien por ciento de la energía inicial se desprende en la "combustión".

Aquí la imaginación se dispara: coches movidos por antimateria, industrias enteras alimentadas por antimateria, bombas de antimateria... todo ello suena muy bien pero **¿ES POSIBLE?** Más allá de los riesgos de usar antimateria, lo peligroso que podría ser un accidente y la cantidad de radiación que produce, la antimateria tiene un gran problema respecto a sus competidores como fuentes de energía. Y es que no hay minas donde se obtenga antimateria, no hay un lugar donde se pueda extraer para luego utilizar, hay que crearla de forma artificial. Y este proceso de creación es muy costoso. Cada vez que se inyectan 10 billones de protones se consiguen capturar sólo unos 100 mil. Suena a mucho, pero no lo es. Recuerden el número de Avogadro, $6{,}023 \times 10^{23}$, el número de protones en un gramo de hidrógeno. En un anillo colector se pueden acumular unos 10^{12} antiprotones. Cada antiprotón tiene una masa de $1.7\ 10^{-24}$ g, así que un billón de ellos tiene una masa de 1.7 picogramos. Si se aniquila genera 300 julios, capaz de encender una bombilla de 100 vatios durante 3 segundos, poca cosa. Todo esto hace que el proceso sea muy ineficiente, o lo que es lo mismo, muy caro. Se estima que generar un miligramo de antimateria tiene un costo de 10 millones de dólares, convirtiendo a la antimateria en el material más caro del mundo. **QUE SEA TAN INEFICIENTE TAMBIÉN LO HACE MUY LENTO.** Al ritmo actual se pueden crear 10 millones de antiprotones por minuto, por lo que se tardaría cien mil millones de años en producir un gramo. Esto hace que las aplicaciones en las que un precio competitivo sea importante, o en las que se necesita mucha cantidad o en las que no se pueda asumir el riesgo estén descartadas.

Por eso podemos ir descartando ya las primeras aplicaciones. Para transporte (trenes o coches movidos por antimateria) no es un buen candidato. Tampoco como fuente de alimentación de ciudades o para la industria, es demasiado caro. Ni siquiera como bomba parece aceptable, cuando las cabezas nucleares son muchísimo más baratas. Porque ya sé que cuando uno lee sobre antimateria la primera idea que le viene a la cabeza es hacer el mal. Pues no parece que vaya a ser una alternativa. Además la explosión de energía que produce la antimateria sería muy diferente a la de una bomba tradicional. La capacidad de penetración de las partículas que genera es muy alta, dando una explosión que se distribuye por mucho volumen, pero es más bien pobre. ¿Qué nos queda entonces? Pues mucho, vean.

Si hay algo que tenga bueno la antimateria es su eficiencia en energía, lo poco que pesa como "combustible". Y esto puede ser muy útil para viajes largos. ¿A Andorra por tabaco? No, hombre, más largos. ¿Moscú? Tampoco. **¿Qué te parece un viaje a Próxima Centauri?** Ya lo decía Frodo de camino a Mordor, hay que viajar ligero.

En los viajes largos tienes que llevar todo de casa: los bocadillos de tortilla española en papel de aluminio, los *tuppers* con la fruta picadita, todo, el combustible también. Y el problema es que cuanto más pesa, más hay que empujar. Esto lo sabemos los que hemos ido de campamento. No es lo mismo irte al campo dos días, que lo arreglas con cuatro latas de sardinas y un pan, que irte dos semanas. Ahí vas a tener que cargar con mucha comida. Aquí es lo mismo, los viajes espaciales muy largos se hacen imposibles por la cantidad de combustible que hay que cargar. Mucha energía se gasta en empujar el propio combustible. Una solución es usar combustibles más eficientes que produzcan un alto empuje con poca masa. Con tan sólo un gramo de antimateria podríamos llegar muy lejos.

Ya hay planes de cómo se podría usar antimateria como propulsor en viajes espaciales. Hay diseños de motores de antimateria que usarían la energía de la aniquilación de antiprotones para mover una nave, por ejemplo calentando un líquido que puede brindar un importante empuje. Pero antes habría que vencer muchas dificultades tecnológicas. En primer lugar habría que conseguir producir antimateria de forma más eficiente, reduciendo el tiempo de producción. Con la tecnología actual se tardaría miles de millones de años en producir gramos de antimateria. Posteriormente habría que encontrar un método para almacenarla y transportarla sin pérdidas. Posiblemente enfriando el antihidrógeno y formando cristales de hielo que luego se extraerían para la propulsión de la nave. Finalmente habría que hacer diseños razonables de naves espaciales de antimateria. Pero si esto se consiguiera algún día se reducirían en gran medida los tiempos de vuelo de misiones. En un cohete de antimateria bien diseñado, 30-50 por ciento de la energía de aniquilación termina como energía cinética del cohete. Así 10 mg de antimateria en propulsión equivalen a 200 toneladas de combustible químico y, estarás conmigo si has hecho caminatas de las largas, que ir ligero de peso en este tipo de viajes es muy valioso. Esta antimateria es como las lembas elfícas. ***Con una nave de este estilo podríamos ir de viaje* A MARTE** en unos pocos días, a Plutón en unas semanas y a las estrellas más cercanas en unas pocas décadas. El turismo espacial y la colonización de la galaxia podría ser una realidad en muchos años.

Esto suena a película de futuro. Pero no te inquietes, que para ver aplicaciones de la antimateria no hay que esperar tanto. El uso más inmediato que tiene la antimateria es en medicina. Tanto... que ya se está usando. Es lo que se conoce como la Tomografía por Emisión de Positrones o PET. Es una preciosa técnica que nos ayuda a luchar contra enfermedades como el cáncer de una forma que recuerda a las películas de espías. Al paciente se le inyecta una sustancia inestable, radiactiva. **¡OH, DIOS! ¿MORIRÁ?** ¿Se convertirá en Spiderman? No, nada de eso, como ya dijimos la radiactividad es natural y hasta cierta dosis el cuerpo la tolera. La inyección de esta sustancia no es dañina en absoluto para el paciente, claro, faltaría más. Esta sustancia puede variar, el más utilizado es el flúor-18. Este elemento es inestable y se consigue crear en laboratorio, en un ciclotrón, bombardeando átomos de oxígeno con protones. El flúor es capaz de "infiltrarse" en moléculas muy importantes en el cuerpo humano, como la glucosa, como si de un espía se tratara. Podemos crear esta falsa glucosa (de nombre fluorodesoxiglucosa por si quieren hacerse los intelectuales en una charla de café) e inyectarla en el paciente. La importancia de la glucosa es que es una sustancia que se consume en zonas del cuerpo donde hay mucha actividad biológica como en el cerebro... o en tumores.

Ya tenemos al espía infiltrado, se ha colado en el cuerpo y ahora está listo para realizar su misión: darnos información desde dentro. Para eso tiene que inmolarse, más o menos. Al poco de instalarse la falsa glucosa, **como el flúor-18 es inestable,** se desintegra. En este proceso un protón del flúor se convierte en neutrón y emite entre otras cosas un positrón, el anitelectrón. Como ya saben no tardará este antielectrón en encontrar su pareja de baile, el electrón, para aniquilarse, dando lugar a dos rayos de **"luz" (energía)**. Estos rayos son muy característicos y atraviesan el cuerpo por lo que se les puede detectar. Con un detector que cubra el cuerpo del paciente se puede determinar de dónde venían y con ello identificar el lugar donde se distribuyó la falsa glucosa. Con ello podemos hacer mapas de actividad del cuerpo humano que pueden ser muy útiles por ejemplo para encontrar tumores y observar su evolución. También sirve para hacer estudios de actividad en el cerebro en caso de daños cerebrales o para estudiar, por ejemplo, el funcionamiento del cerebro de un adicto a la droga, enfermedades cerebrales, etcétera.

Este método ya funciona en hospitales de todo el mundo, dándonos información precisa desde dentro y sin abrirnos. Además tiene la ventaja de que no es necesario producir artificialmente las partículas, por lo que no sufre las desventajas que tiene el uso de antiprotones. Desventajas que podrían ser asumibles para salvar vidas humanas. Es el caso del tratamiento de cáncer con haces de antiprotones.

La mitad de los enfermos de cáncer siguen en algún punto tratamientos de radioterapia convencional. En este caso se envía luz de alta energía **(RAYOS X O GAMMA)** a la zona donde se ha desarrollado un tumor. Esta luz energética es capaz de dañar los tejidos tumorales y con ello acabar con la enfermedad. El principal problema es que también destruye tejidos sanos, así como los efectos secundarios como las náuseas y la caída de pelo. Una mejora que lleva desarrollándose unos años es el tratamiento con haces de protones. Los protones son acelerados y se envían en dirección al tumor. Los protones tienen la característica de que son capaces de atravesar diferentes materiales. **Cuanto menos denso sea el material y más energía tenga un protón, más lejos llega.** Pero hay una característica muy importante de este protón. Al contrario de lo que ocurre con una bala cuando atraviesa una pared, que hace más daño al entrar y poco a poco se va frenando, el protón al principio apenas interacciona, sólo atraviesa, y va perdiendo energía muy lentamente. Es al final de su trayecto cuando la pérdida de energía es importante, realizando el mayor daño. Esto está genial, porque podemos adecuar la energía del protón para que penetre en el cuerpo humano y ajustarlo para que justo el daño lo haga al llegar al tumor. Con ello se minimizan los efectos sobre tejido sano. La precisión que se alcanza con esta técnica es enorme, permitiendo adecuar la energía incluso con los movimientos del tumor con la respiración del paciente. Al hacer menos daño en los tejidos sanos esta técnica es especialmente útil en zonas muy delicadas, como el nervio óptico, o para pacientes que tienen que sufrir una gran dosis de irradiación o en cerebros de niños al estar en fase de desarrollo. Un gran amigo y compañero en el CERN, José Sánchez, hoy trabaja en uno de estos centros de tratamiento usando haces de protones.

Pero podría hacerse incluso mejor. Es lo que están investigando científicos en el experimento ACE del AD. Usar antiprotones en vez de protones podría tener ciertas ventajas. Los antiprotones, como los protones, también atraviesan superficies perdiendo la mayor parte de su energía al final del viaje. Pero enviar un antiprotón es todavía mejor, es como lanzar una granada por el pasillo y que se cuele en el salón, donde están los malos malotes. El antiprotón se aniquila con un protón de un núcleo del tumor pudiendo destrozarlo. Las partes del núcleo salen despedidas haciendo aún más daño en otros núcleos del tumor. YA SE IMAGINAN LA GRANADA ESTALLANDO **en el cuarto de los traficantes** y trozos de la mesa y las sillas volando por el cuarto golpeando a los maleantes. ¡Victoria! Esto está aún en fase de investigación. En ACE se lanzan antiprotones contra tejido vivo de hámster (EL HÁMSTER NO SUFRE DAÑO, LO PROMETO) contenido en gelatina, como la del Candy Crush. Los estudios realizados hasta el momento parecen mostrar que usar antiprotones es cuatro veces más efectivo que usar protones en este tipo de terapia.

Mi experiencia como investigador me ha brindado grandes momentos, muy en especial durante mi estancia en el CERN. Allí pude ver de primera mano que esto de la antimateria es una realidad y que su uso puede cambiar en gran medida nuestra vida en el futuro. Acortará distancias, nos ayudará a entender mejor el universo e incluso nos ayudará a salvar vidas. Y aunque habrá que esperar algún tiempo para ver este tipo de terapias en los hospitales, las expectativas son muy buenas. Al final de todo parece que la antimateria no sólo no va a servir para construir bombas, arrasar ciudades y destrozar vidas, sino más bien para lo contrario, salvarlas. **Bendita sea la antimateria.**

8

EL CERN

Tenía 23 años cuando oí hablar por primera vez del CERN, en realidad lo leí, fue en la *Historia del tiempo* de Stephen Hawking. Bueno, cuando oí hablar o cuando quise escuchar, o las dos a la vez. Por aquel entonces yo era un estudiante de ingeniería en telecomunicaciones y quedé completamente maravillado con cada cosa que leía sobre este centro de investigación y sobre la física de partículas. Ese **amor a primera vista** aún dura y ha marcado completamente mi vida profesional. Tan directo fue ese flechazo que poco después me estaba matriculando en ciencias físicas por la UNED y al acabar la ingeniería no lo dudé: tenía que licenciarme en físicas para algún día ser investigador del CERN.

Ese sueño se hizo realidad en 2008 cuando gané una beca predoctoral en el Centro de Investigaciones Energéticas Medioambientales y Tecnológicas (CIEMAT) en Madrid. Justo en esa época ya era físico y estaba estudiando un máster en física fundamental. Fueron cinco años de mucho trabajo, estudio y dedicación para obtener los dos títulos, ingeniero y físico, pero finalmente había llegado la **recompensa,** como investigador del CIEMAT iba a formar parte del experimento CMS (Compact Muon Solenoid) del LHC (Large Hadron Collider) que ese mismo año se iba a poner en marcha.

Lo que para un cinéfilo supone ir a Hollywood, para un futbolero Maracaná ⚽, para un ingeniero la NASA o para un cantante Eurovisión... bueno, esto último no, algo así es para un físico viajar al CERN, ese centro que sueñan visitar Sheldon Cooper y Leonard en la serie *The Big Bang Theory*.

Su nombre es francés y referencia al antiguo Conseil Europeen de Recherche Nucléaire (Consejo Europeo de Investigación Nuclear, literalmente), un consejo que se formó en los años cincuenta motivado por la Unesco y algunos científicos europeos muy influyentes para la creación de un laboratorio europeo de investigación básica (y sin fines militares) que pudiera evitar la salida masiva de científicos que en los últimos años estaban emigrando hacia Estados Unidos. La guerra en Europa había sido muy dura y había debilitado mucho a países como Francia, Inglaterra y Alemania, que habían sido siempre líderes mundiales en ciencia y la salida de científicos como Fermi o Einstein había posicionado a Estados Unidos por primera vez en la historia a la cabeza del mundo científico. El apoyo de grandes físicos como De Broglie o Bohr además del empeño de la Unesco finalmente tuvo recompensa, poniéndose la primera piedra del laboratorio en 1954. Aunque mantuvo el nombre de CERN tras la disolución del consejo, ya no se hace más referencia a él como un consejo de investigación nuclear, sino como un laboratorio de física de partículas. Desde su creación hasta nuestros días el CERN ha conseguido ser referente mundial en física de partículas y ha sido testigo de grandes logros, descubrimientos, inventos, ha sido punto de encuentro de grandes físicos, de interesantísimas discusiones y más de una anécdota. Por aquí han pasado ganadores del premio Nobel en física como Carlo Rubbia, Samuel Ting o Jack Steinberger, con quienes no es difícil coincidir en la cafetería o en los pasillos; se han hecho descubrimientos históricos como las corrientes neutras, los bosones electrodébiles o el bosón de Higgs; y se han llevado a cabo importantes desarrollos tecnológicos como las cámaras multihilo, el enfriamiento estocástico o la world wide web (www). Es a este lugar al que llego **como un recién graduado en física** en verano de 2008, poco tiempo antes de que se pusiera en marcha el colisionador de partículas más energético del mundo, el LHC.

Ginebra (Suiza) es una ciudad muy tranquila, muy "europea", bastante pequeña, con poco tráfico, muy limpia. Si así es el centro, imagínense el extrarradio. El CERN está a las afueras de la ciudad, a unos 7 kilómetros del centro. Su entrada principal está a unos 100 metros de la frontera con Francia, se encuentra literalmente en pleno campo, EN MEDIO DE LA NADA. De noche, en este entorno uno se siente totalmente aislado del mundo, especialmente en fin de semana. Recuerdo que llegué al CERN un sábado noche, muy tarde, sería sobre medianoche cuando me acerqué a su entrada principal. Por ser fin de semana habían retirado las banderas, en la oscuridad no se veía gran cosa y el lugar no contaba con el glamour que igual uno podría esperar de un centro histórico como éste. Quizá fuera que yo esperaba una entrada como la de **Disneyland**, o focos y alfombra roja como en Planet Hollywood y confeti. Lo que sí es cierto es que tras esa primera impresión, y nada más pasar el control de seguridad con la tarjeta de mi habitación del hotel en mano (sí, iba a dormir dentro del CERN) comencé a ser consciente de dónde estaba, un lugar muy diferente al resto en los que había estado, un lugar histórico. Las calles no tienen nombre de generales franquistas, como en España, sino de grandes científicos: Einstein, Bohr, Curie; los edificios no son una muestra de alarde de riqueza o poder, más bien al contrario, son muy humildes, viejos pero funcionales, sin ninguna ostentación, la verdadera riqueza se encuentra en su interior, en esas mentes brillantes y en esas máquinas, esto es algo muy propio de la naturaleza humilde de la ciencia y generalmente, los científicos; además los edificios guardan una numeración que parece extraña pero que inmediatamente te hace pensar que estás en una ciudad, una ciudad de frikis, una ciudad de la ciencia: el edificio 23, el 450, el 1092..., ¡el CERN es **ENORME!**; incluso en algunos casos uno puede intuir que algo grande se está llevando a cabo en su interior, como el edificio que muestra las siglas CLIC (el futuro acelerador lineal) o esas dos pequeñas colinas o remontes en medio de una carretera recta que no son capaces de disimular que debajo hay un acelerador circular histórico, el PS Booster. Caminar por el CERN es hacer un recorrido por la historia reciente de la física.

Esa naturaleza humilde uno la observa desde el primer día, pasar por el restaurante principal del CERN, el R1, directamente te lo demuestra. Es lo segundo que uno hace nada más llegar allí: después de dormir plácidamente (como digo, ni el más mínimo ruido en toda la noche) en uno de los tres hoteles que hay dentro del CERN uno baja a desayunar a la cafetería. De hecho, cuando le preguntas a mi amigo Mick Storr, una de las personas que mejor conoce el laboratorio y que fue durante mucho tiempo jefe del servicio de visitas del CERN, cuál es el lugar más especial del CERN, él te señala el R1. Es un punto de encuentro de científicos de todas las partes del planeta, entre ellos se encuentran algunos de los mejores especialistas en física de partículas del mundo. Allí se discuten teorías, se cuentan chismes, cada uno tiene una visión particular y especial sobre éste o aquel experimento y muchas de las grandes ideas han surgido de estas discusiones. Discusiones totalmente HORIZONTALES, allí todo el mundo habla y escucha, no importa si eres premio Nobel o un estudiante recién llegado, cada día tienes la posibilidad de acercarte a algunos de los mayores expertos del mundo en física de aceleradores, criogenia, física de partículas, cosmología... y compartir tus pensamientos o expresar tus dudas. Los científicos casi siempre están dispuestos a discutir, explicar y por supuesto también escuchar. Claro siempre que no los sorprendas con la *tartiflette* en la boca. Así que simplemente te acercas a Jack Steinberger, te presentas como estudiante y le pides permiso para sentarte en su mesa, tan fácil como eso. De esta manera he podido conocer en persona a científicos como Peter Higgs, Samuel Ting, John Ellis, Luis Álvarez-Gaumé... disfrutar de conferencias en el auditorio del CERN como la del descubrimiento del bosón de Higgs, o aquella jornada en que asistimos a presentaciones de 13 premios Nobel de física, en un sólo día, como Gerard N'thoof, Abdus Salam o Sheldom Glashow y un coctel final con todos ellos, o dialogar con grandes científicos que no tienen tanto reconocimiento pero que tanto admiraba y de quienes tanto aprendía cada día como mis compañeros (Óscar, Silvia, Dani, Carlo, María...) y mis tutores de tesis Juan Alcaraz, Begoña de la Cruz e Isabel Josa. Acercarte a un gran científico con tu duda estúpida de estudiante y ver cómo se toma el tiempo para ayudarte a resolver tu problema, de pensar cuál es la mejor forma de que lo entiendas y explicártelo con paciencia y sin hacerte sentir lo tonto que eres es de las cosas que recuerdo con más cariño de aquellos años. Fue maravilloso encontrarse día a día a gente con la puerta siempre abierta a tus dudas, dispuestos a escuchar nuevas ideas y con muchísima pasión por lo que hacen, una pasión muy contagiosa. Les hablo de personas que viven lo que hacen, gente que llora de emoción con un descubrimiento, que quiere a sus detectores como a un hijo y sin duda también de muchos despachos encendidos un sábado a las 11 de la noche.

Así que el CERN es una ciudad científica: restaurantes, guardería, banco, supermercado, médico, instalaciones deportivas y mucho más. En total unas diez mil personas trabajan de forma directa o indirecta para el CERN, desde personal de plantilla hasta científicos de otras universidades o laboratorios que van allí a pasar unos días, unas semanas o unos meses. Por esto el tráfico de personas (los frikis también somos personas) en el CERN es constante, llegan y se van continuamente de todos los rincones del planeta. El CERN es un centro internacional, está formado por 50 países (en dos categorías, miembros y no miembros) y participación de 250 institutos, universidades y laboratorios de los cinco continentes. Es por eso que el CERN es además un ejemplo de colaboración internacional y demuestra la utilidad de la **ciencia como lenguaje universal y para la paz**, siendo la cooperación internacional uno de los cuatro grandes pilares del CERN. Una "fiesta" organizada por científicos israelíes y palestinos en el CERN en el momento de mayor intensidad en el conflicto entre los dos países es una muestra del poder de integración de la ciencia.

Como investigador realicé mi labor en el CERN como estudiante de doctorado del CIEMAT (España) y miembro del experimento CMS, uno de los grandes detectores del LHC. Durante esos cuatro años mi humilde labor fue encaminada a la calibración y a realizar medidas de rendimiento en uno de los subdetectores de CMS, las cámaras de deriva y, en los dos últimos años, al estudio de la producción de bosones electrodébiles (W y Z, precisamente descubiertos en el CERN treinta años antes) en las colisiones de protones. Pero claramente mi paso por el CERN estuvo marcado por la puesta en funcionamiento del LHC y los detectores, el descubrimiento del bosón de Higgs y por los años que hice de guía voluntario en el servicio de visitas del CERN, que me permitió conocer a grandes científicos de todas las áreas y a descubrir otros grandes experimentos dentro de este histórico centro de física de partículas. Pero empecemos por la joya de la corona, la cereza del pastel, el mayor colisionador de partículas del mundo, el LHC.

El Gran Colisionador de Hadrones (LHC)

Aunque lo primero que le viene a la cabeza a uno cuando le hablan del colisionador de partículas de Ginebra es ese AGUJERO NEGRO que va a devorar primero Ginebra, luego Francia, el pilón de la plaza, la panadería de la Paqui, la casa de mi vecino que es del RAYO, mi perro, mi casa y posteriormente el resto del planeta Tierra, las intenciones de todos los físicos de partículas están muy lejos de ser ésas. Cuando en 2008 fue a ponerse en marcha el acelerador el mundo se AGITÓ como si fuera a acabarse. Todos los medios de comunicación hacían referencia a la posibilidad de que una colisión de alta energía pudiera producir un agujero negro que aniquilaría toda forma de vida en la Tierra. La noticia saltaba después de que un profesor de ciencias en Estados Unidos llevara al Tribunal de Derechos Humanos de La Haya una carta en la que pedía la detención urgente del experimento. La petición se desestimó y el LHC se puso en marcha sin ningún incidente.

¿Por qué no se detuvo?, ¿cómo permite la comunidad científica que se ponga en RIESGO a toda la humanidad?, ¿por qué nos atrevemos a jugar a ser Dios? Éstas son algunas de las preguntas que nos hicieron a los investigadores del LHC inmediatamente los días que siguieron a la noticia en los medios. A todas se responde de la misma manera: los motivos que se alegaban para parar el experimento no tenían ningún fundamento científico. Me explico. Una colisión de tan ALTA ENERGÍA como la que iba a producirse en el LHC es algo único en la historia de la humanidad, no por ser la primera vez que ocurre en la Tierra, sino por ser la primera que se hace de forma controlada, en un laboratorio. En estas condiciones los procesos que ocurren se pueden estudiar con mayor precisión lo que nos permite entenderlos mejor. Pero como digo, no es ni mucho menos la primera vez que suceden colisiones así en la Tierra, es más, suceden continuamente y a una energía muchísimo mayor que la que se da en el LHC. Son los RAYOS CÓSMICOS.

Como hemos visto ya varias veces en este libro, los rayos cósmicos son partículas de alta energía que vienen de diferentes partes del cosmos (no se sabe bien) y que impactan con la atmósfera terrestre. Se han detectado rayos cósmicos con miles y millones de veces más energía que la que llevan los protones en el LHC. En ese sentido las colisiones del LHC son un pequeño pellizco, una birria, comparado con lo que ocurre en el universo, e incluso en nuestra propia atmósfera. Y si las colisiones en la atmósfera no producen un agujero negro que engulla la Tierra... ¿cómo lo van a hacer nuestras raquíticas colisiones? Una vez más el ser humano se cree más grande y poderoso de lo que realmente es, una nimiedad en la inmensidad del cosmos.

Aun así podrían producirse lo que se llaman microagujeros negros, agujeros negros de tamaño microscópico, lo cual sería un **grandísimo** logro, aunque es improbable. Estos agujeros negros sólo son posibles si vivimos en un mundo de más de 4 dimensiones (3 del espacio y la del tiempo) cosa que está en duda. Además estos agujeros negros, como vimos en el capítulo dedicado a ellos, serían inestables, por radiación Hawking, y se desintegrarían en una fracción mínima de segundo, antes de que fueran capaces de incrementar su masa, engullendo materia alrededor suyo.

Así que los científicos del LHC no tienen intención de acabar con el mundo. Entonces, ¿para que sirve un colisionador de partículas? Cuando quieres ver el interior de algo para entender su funcionamiento, por ejemplo, lo puedes abrir, si eres paciente y hay forma de hacerlo. Digamos que quieres saber cómo funciona un reloj, o una calculadora, pues tomas un destornillador, lo abres y puedes estudiar lo que hay dentro.

Con un iPhone es más difícil, o si ya quieres saber lo que hay dentro de una alcancía en forma de cerdo puede ser imposible, no hay tornillos. En esos casos lo mejor es lanzarlos contra la pared, romperlos. Lo que estás haciendo técnicamente, aunque no lo pienses así, es dotar al bicho en cuestión (el cerdo o el iPhone) de mucha energía cinética, el CHOQUE que luego tiene contra la pared lo detiene bruscamente distribuyendo esa energía (conservación de energía) por su superficie, que es lo que produce que se rompa. Una vez roto ya podemos mirar que había en su interior. Te has quedado sin iPhone pero... ahora sabes un poco más, eres un gran científico.

Con la materia, como las células, los tejidos, las moléculas o los átomos pasa algo similar, por ejemplo si quieres saber las partes de un átomo lo mejor que puedes hacer es colisionarlo. De hecho es así como se estudian las partes del átomo, como hizo hace más de un siglo Ernest Rutherford, bombardeando una lámina de ORO con partículas alfa (núcleos de helio, es decir, dos protones y dos neutrones). También es así como se puede ver que un protón está compuesto en realidad de tres tipos de partículas, *quarks up* y *down* y gluones. Pero romper partículas es todavía mejor que romper iPhones, especialmente si éstos no están en garantía, gracias a los efectos cuánticos que se producen en la materia.

Ya saben lo especial que es la teoría cuántica: extraña, contraria a nuestra intuición... Muchas de estas propiedades vienen por uno de los principios más curiosos de esta teoría, el principio de incertidumbre. Según la teoría cuántica de un estado de energía cero (sin energía), lo que vendría a ser el vacío más absoluto, pueden surgir partículas de forma espontánea. ¡Pero una partícula tiene masa y por lo tanto energía, esto viola la conservación de energía! Cierto, pero como establece el principio de incertidumbre y hemos visto ya en este libro, esto se puede hacer, y de hecho se hace, siempre que esta situación sea muy rápida, durante un tiempo muy corto. Vamos, que durante ese tiempo el universo puede saltarse una de sus leyes fundamentales, la ley de la conservación de la energía, como haciendo la vista gorda, muy español todo esto. Ya saben ese "yo a ese concejal no lo conozco", "yo no sé que hacen esos Jaguars en mi garaje", "esos billetes de 500 no son míos, espera que voy a por la trituradora de papel". Algo así pasa con esta ley de conservación en el vacío. Las partículas se crean y se destruyen casi inmediatamente, como delfines que salen a la superficie a respirar y vuelven al mar rápidamente, por eso se las conoce como partículas virtuales, sabemos que están ahí, por medidas indirectas, pero no se pueden llegar a ver. Y sólo existen el justo tiempo que les permite el principio de incertidumbre, tras lo cual, como si no hubiera pasado nada, se vuelve a un estado de *VACÍO*. Así, en vez de imaginar el espacio vacío como algo inerte, aburrido, hay que imaginarlo como algo **FRENÉTICO:** pares de partículas y antipartículas que se crean y se destruyen continuamente, partículas de todo tipo, en todas las direcciones y en cada momento. No se ven, pero están ahí.

Estas partículas virtuales podrían escapar de este destino atroz, la aniquilación, de esta condena perpetua al vacío, si consiguen el aporte energético suficiente para no necesitar cumplir ese principio de incertidumbre y desaparecer. Esa energía de alguna forma rompe las cadenas que atan estas partículas al vacío cuántico, volviéndolas visibles, medibles. Lo más interesante de todo esto es que esas partículas que podemos liberar pueden ser cualesquiera, partículas incluso que nunca hemos visto y que nunca podremos ver en la Tierra. Y esto gracias a que en el vacío hay de **TODO.**

Imagínate que en nuestro pequeño huerto sólo tenemos lechugas, pepinos y tomates. Todos los días comiendo de esta ensalada, uno acaba hasta el gorro, se le queda cara de grillo. Pero por suerte con algo de dinero podemos ir al supermercado y comprar otros vegetales, cebolla, pimientos, puerros, zanahorias... muchos de ellos no están en nuestra huerta, incluso algunos de ellos nunca podrían crecer allí, por el tipo de clima por ejemplo. ¡Qué experiencia más deliciosa para el que está acostumbrado a alimentarse de esta ensalada tan aburrida durante todos los días de su vida poder probar algo distinto! ¿No creen? Algo similar pasa con las partículas del vacío cuántico. Nuestra huerta es la Tierra y el supermercado es el universo, donde están todos los tipos de PARTÍCULAS que pueden existir, pero escondidas para nosotros, están en el vacío. Dadas las condiciones especiales de la Tierra, sólo podemos ver unas pocas de ellas, protones, neutrones, electrones, fotones... si queremos ver otro tipo de partículas habrá que ir al supermercado y pagar por ellas, es decir, comprarlas con energía. De esta forma podemos crear partículas que de otro modo no podríamos ver, como kaones, taos, hiperones, bosones electrodébiles o el mismísimo bosón de Higgs. Frótate los ojos, léelo las veces que sea necesario, ésta es parte de la "magia" de la cuántica y de los colisionadores de partículas: colisionando protones se obtienen partículas que no son parte de los protones, las partículas que colisionan, lo cual es equivalente a que al destrozar tu iPhone contra la pared salga una goma, un peluche, o una taza de Kaleeshi. Esto, además de sorprendente, es muy interesante porque enriquece nuestra ensalada, nos permite entender mejor la naturaleza ya que tenemos acceso a partículas que de otra forma no podríamos estudiar. Son partículas muy importantes para comprender el universo, existieron muy al inicio, en el **Big Bang**, antes de que el universo se expandiera rápidamente y se enfriara, cuando el mecanismo de Higgs aún no estaba activo y las partículas no tenían masa. Era una gran fiesta, un auténtico carnaval, todas estas partículas estaban por doquier. Pero al enfriarse el universo con la expansión estas partículas comenzaron a desaparecer, primero las más masivas y finalmente las más ligeras hasta que todos los invitados de la fiesta se fueron. Como sucediera hace 60 millones de años con la desaparición de los dinosaurios, estas partículas también se extinguieron sin dejar rastro. ¿Te imaginas que pudiéramos crear un dinosaurio, un *Tiranosaurus rex* o un velocirraptor, como en **JURASSIC PARK?** Con los dinosaurios parece difícil, pero con las partículas sí se puede, lo hacemos continuamente. Así podemos acercarnos un poco más al universo primitivo para poder entenderlo y nos alejamos un poco de este universo de hoy frío y aburrido, de lechugas y tomates, nuestros protones, neutrones y electrones, que, junto con los fotones, son las únicas partículas que podemos hoy ver en la Tierra.

Para llevarte los pimientos del supermercado a casa hay que pagar por ellos. Nuestra forma de pagar es aportando energía, y con una relación muy sencilla. ¿Recuerdan que $E = mc^2$? Igual que en un supermercado, pagamos por peso, más masa tiene una partícula, más energía hay que aportar. Por eso las partículas más masivas son más difíciles de obtener, requieren más energía. Así que cargados de energía vamos a nuestro supermercado, el Carrefour de las partículas, y nos disponemos a hacer la compra del mes. Pero antes... ¿de donde sacamos el dinero **$$** para las compras, la energía extra que tenemos que aportar?

Cuando un objeto lleva mucha velocidad acumula energía, ya lo vimos antes en el caso del reloj, del iPhone y de la alcancía de cerdito. Esta energía es la que hace que se rompan los enlaces del sólido y se resquebrajen las cosas que tiras, incluso se partan en añicos. De nuevo la relación es simple, cuanta mayor velocidad, más energía lleva. Así que si queremos una colisión capaz de romper la materia, tendremos que hacer una colisión de muy alta energía para lo que necesitaremos acelerar partículas a **muy alta** velocidad antes de hacerlas chocas. Cuanta más energía lleven los protones seremos capaces de generar partículas con más masa, aquellas que sólo existieron cuando el universo era muy caliente, con lo cual nos estaremos acercando más y más al origen del Big Bang. Miren qué cosa más bonita: aumentando la energía de la colisión retrocedemos en el tiempo hacia un universo primitivo, cuanta mayor sea la energía de colisión estamos viajando a un universo más **CALIENTE**, lo cual es una nueva muestra de la maravillosa conexión entre física de partículas y cosmología.

Perfecto, entonces tenemos que acelerar partículas para hacerlas luego colisionar. Producto de esta colisión surgen otras partículas que son las que queremos estudiar, de ahí que un experimento de colisión de partículas requiera dos elementos: un acelerador que haga que las partículas acumulen **ENERGÍA**, y un (o normalmente varios) detector que estudie los productos de la colisión. Pues vamos a lanzar partículas unas contra otras para verlas colisionar... pero antes ¿qué partícula elegimos para colisionar?

Ha habido una gran evolución en los experimentos de colisión en los últimos cien años. Desde los primeros aceleradores de partículas (ciclotrones que caben en la palma de tu mano) hasta los más potentes que tenemos hoy en día (sincrotrones de unos 10 kilómetros de diámetro). El objetivo de todos ellos es que el proyectil que se lanza alcance la máxima velocidad posible (o energía, como saben, lo mismo es). ¿Cómo se acelera una partícula? Pues con un campo eléctrico, de una manera muy sencilla. Podemos usar "una pila": una partícula positiva se siente **atraída** por la carga negativa y viceversa, y va acelerándose en ese camino de un polo al otro. Ya tenemos una primera restricción: sólo podemos utilizar como proyectil partículas cargadas eléctricamente, *ciao* neutrones, ya les llamaremos, si acaso. Sigamos descartando. El LHC acelera protones hasta que cada uno de ellos tiene una energía de casi 7 TeV (se lee teraelectronvoltio), donde un eV es la energía de un electrón cuando lo aceleramos con una pila de 1 voltio. Es decir, necesitamos 7 billones de pilas de un voltio, una tras otra, para llegar a alcanzar esta energía de colisión. Si cada una de estas pilas mide 5 centímetros, haríamos un acelerador mayor que la distancia entre la Tierra y el Sol, lo cual no tiene mucho sentido, ni en la época de bonanza española, esa en la que se hacían megapuentes, megatúneles y megaglorietas y aún sobraba dinero para organizar un gran premio de **Fórmula 1**. Pero hay una alternativa, si obligamos a la partícula después de atravesar una pila a volver al principio, puede volver a acelerarse con la misma pila, y si lo repetimos 7 billones de veces, si la pila es la de los conejos Duracell que no se gasta habremos alcanzado la misma energía, pero usando esta vez una sola pila. Así tenemos un acelerador circular, en forma de anillo. ¡Conseguido! Bueno, no tan rápido porque esto presenta una limitación. Cuando una partícula cargada gira EMITE radiación, es lo que se conoce como radiación sincrotrón, son fotones de alta energía que las partículas lanzan cuando están dando vueltas. Y esto presenta un gran impedimento porque hay un momento en el que la energía que se le aporta a la partícula con la pila la pierde al emitir estos fotones y ya no se acelera más. Por eso cuanto menor es la pérdida de energía por radiación sincrotrón del proyectil **MAYOR** es la velocidad que puede alcanzar, y como la pérdida de energía por emisión es menor cuanto mayor es la masa de la partícula acelerada, habrá que buscar partículas con mucha masa. Un protón pesa unas 2,000 veces más que un electrón, y por lo tanto tiene menos pérdidas de energía. *Ciao* electrón.

Podrían pensar que hay muchas otras partículas para colisionar, de las 100 que ahora se conocen. En realidad no es así. Si primero descartamos todas las que no son **estables** (casi ninguna lo es) y las que no tienen carga, nos quedan sólo electrones, protones y sus antipartículas. Colisionar estas últimas presenta el inconveniente de que hay que producirlas aparte, con otro colisionador, lo cual dificulta aún más el experimento. Colisionar protones es la mejor solución para un experimento que pretende explorar los fenómenos que tuvieron lugar en el origen del universo. Es verdad que colisionar protones tiene también sus desventajas, ya que al estar formados de quarks y gluones una colisión de protones es algo muy "sucio" y difícil de estudiar. De ahí que existan como alternativa a estos colisionadores circulares los lineales, donde se aceleran electrones en lugar de protones, con la desventaja de que se alcanza menos energía de colisión.

Ya lo tenemos decidido, vamos a acelerar protones y lo vamos a hacer en un acelerador circular. Tendremos nuestras "pilas", unas pocas, en un tramo recto que cerraremos con un "tubo" que hará que las partículas giren y vuelvan a entrar en la "pila". Esta "pila", por cierto, son cavidades de radiofrecuencia, unos aparatos que crean un campo eléctrico, lo que se llama una onda estacionaria, que es alterna y síncrona con el paso del protón (de ahí que este tipo de aceleradores se llamen también *sincrotrón*). Su funcionamiento es similar a cómo una ola hace que un surfero gane velocidad. Los protones se sitúan en la cresta de la ola (la onda de radiofrecuencia) y van ganando energía según se desplazan junto con la ola por la cavidad. A la salida de la cavidad los protones van a mayor velocidad, han ganado energía, y sin mojarse. Además tienen la ventaja de que en las cavidades de radiofrecuencia no hay tiburones.

Ahora toca hacer a los protones girar, es el turno de esos "tubos" **U**.
Su objetivo por lo tanto no es acelerar los protones, sino simplemente que completen una vuelta para volver a entrar en las cavidades de radiofrecuencia. Como las partículas cargadas giran en presencia de un campo magnético lo tenemos fácil, necesitamos un imán. Aquí llega un punto muy importante. Es parte de nuestra experiencia cotidiana darnos cuenta de que cuando queremos tomar una curva hay que frenar el

coche, si no lo hacemos lo más seguro es que el coche se salga de la carretera y demos una cuantas vueltas: hay que adaptar la velocidad del coche a la curva que tenemos, o diseñar un coche que se agarre más a la carretera y no vuelque. De estas cosas saben mucho Carlos Sáinz y los ingenieros del LHC. Éste es el papel que juegan los imanes en el acelerador, cuanto mayor sea el campo magnético de los imanes más "agarre" tendrán y mejor podrán completar la curva, es decir, más rápido podrán ir. Esa es también la razón por la que se hacen aceleradores tan grandes, un acelerador muy grande presenta una curvatura muy ligera, forma curvas menos cerradas, y se puede alcanzar más velocidad. También tenemos un experto en curvas cerradas y velocidad, Fernando Alonso .

Necesitamos campos magnéticos gigantes, enormes, brutales. De hecho vamos a hacer un ejercicio científico, vamos a imaginar la situación en la que se encuentra un ingeniero del CERN, estamos en torno a 1980 y les llega un pobre físico ilusionado, un FRIKI, vamos. "Si consigo colisionar protones al 99.999999 por ciento de la velocidad de la luz igual encontramos algo nuevo, es fascinante", el ingeniero le diría "eso cuesta mucho dinero, amigo", y el físico le respondería "yo no soy tu amigo". Pero el ingeniero, que no tiene otra cosa que hacer porque no tiene ni amigos ni familia se pone a pensar en el problema. Tiene dos parámetros con los que puede jugar para que los protones alcancen esa velocidad, el tamaño del acelerador y la potencia de los imanes. Si hace un acelerador **chiquitito**, tendrá que hacer unos imanes muy potentes; si hace un acelerador enorme, no necesitará unos imanes tan potentes. Pero la solución parece fácil para él: el CERN ya tiene un gran túnel, donde se encuentra el Large Electron Positron Collider (LEP) que se había construido unos años atrás. LEP era un acelerador circular de 27 km a 100 metros bajo tierra, es perfecto, ¿para qué excavar más? Así que mantenemos el túnel, por lo que toda la atención del diseño se tiene que centrar en los imanes. En ese momento, tras pensar en esto por un rato, el ingeniero paró un segundo lo que estaba haciendo, miró al techo y suspiró, lo tenía claro "necesitamos imanes que generen un campo magnético de 8 Teslas", dijo con un fuerte acento alemán, y siguió jugando al *Minecraft*.

Un imán, eso se consigue fácil, dirás mirando el refrigerador de tu casa. Ésos que tienes colgando son lo que se llaman imanes permanentes, unas "piedras" que por sus propiedades naturales generan un campo magnético. El problema es que tendrías que arrasar con todas las tiendas de souvenirs del mundo, pizzerías, plomerías y demás establecimientos que llamamos en caso de emergencia que tienen esos imanes tan chulos o útiles que luego ponemos en el refrigerador, y con todo ni siquiera llegarías a lo que necesitas porque 8 Teslas es mucho más. Necesitamos crear un campo magnético que es algo así como 100 mil veces el de la Tierra, el que hace que la brújula funcione. Por suerte hay otro tipo de imanes que son perfectos para la ocasión, son los electroimanes.

Si tú tomas una espira (un cable formando un circuito) y haces pasar una corriente por ella se crea un campo magnético como el que queremos. Y esto tiene muchas ventajas, porque además puedes regular el campo magnético adaptando la corriente. Imagina, puedes tener un regulador, como el del volumen de la radio, y subir o bajarlo para ajustar el campo magnético a tu gusto, todo es cuestión de pasar **corriente** por una espira, un conductor. Para generar el campo magnético de 8 Teslas necesitamos producir una corriente de unos 11,800 amperios (una casa normal consume unos 100 amperios, la de Carlos Slim igual un poco más). Lo que pasa es que los conductores tienen una manía que no nos viene nada bien, especialmente dada la intensidad de la corriente que necesitamos crear, es lo que se conoce como resistencia. Hacer pasar una corriente por un cable es como pasar agua con una tubería. El problema es que los cables normales son como tuberías **AGUJEREADAS**, según pasas corriente por ellas, va cayendo agua por los agujeros y, además de poner todo perdido, acabas perdiendo todo el agua. Sí, en estos cables según pasa la corriente se va perdiendo energía, y lo que es peor, en forma de calor, que dada la corriente que tenemos que pasar por este electroimán hace que acabemos fundiendo el cable. La solución es: ¡la **superconductividad**! Ésta es una propiedad de ciertos conductores que en unas determinadas condiciones no ofrecen resistencia al paso de la corriente. ¡Esto es maravilloso, el sueño de cualquier ingeniero! "¡Para!", te podría decir, "no tan rápido vaquero. Para que un cable esté en condiciones de superconductividad tiene que estar muy frío".

—Lo ponemos en una hielera azul de éstas de playa.

—No, amigo, mucho más frío.

—Que yo no soy tu amigo... ¿en el congelador?

—No, mucho, mucho más frío.

Bastante más. En el LHC se usa como cable superconductor una aleación de niobio y titanio que es superconductor por debajo de los 8 grados por encima del cero absoluto, es decir, -265 grados centígrados. Esto es uno de los retos tecnológicos más grandes del LHC, mantener a esta temperatura los 27 kilómetros que tiene el acelerador, formando el sistema criogénico más grande del mundo. En realidad se enfría a 1.9 grados por encima del cero absoluto usando helio líquido para enfriar. Pero ¿no habíamos dicho que valía con 8 grados? ¿Por qué bajar a 1.9? No, hay otros motivos relacionados con la superconductividad que hacen que sea más eficiente hacerlo a esa temperatura. Y todo se enfría con helio. El helio *fluye* por cada uno de los imanes del LHC enfriando de una forma similar a como lo hace tu refrigerador o como se enfría el motor de tu coche. En total se utilizan unos 7 mil kilómetros de cable superconductor.

Ya tenemos un prototipo de imán U: un tubo de medio metro de diámetro y 15 metros de longitud, mayoritariamente de hierro (buen conductor magnético) y con dos tubos en el centro de unos 5 cm de diámetro cada uno. Rodeando cada tubo tenemos cables superconductores que se enfrían con el helio líquido hasta los -271 °C. Por estos dos tubitos circulan los protones en los dos sentidos opuestos mientras se aceleran antes de hacerse colisionar mutuamente. Y en el interior de estos tubitos... **espacio vacío**, unas diez veces mayor que el del espacio exterior, para evitar que nuestros protones choquen con cualquier partícula que pase por ahí. De hecho si algún día te preguntan por el lugar más frío y vacío del universo tendrás que señalar Ginebra, bajo tierra, en el LHC. Cada imán (técnicamente se les llama dipolos) pesa unas 35 toneladas y en total se necesitan 1,232 imanes como éste para completar los 27 kilómetros de circunferencia que conforman el acelerador.

Con pilas e imanes podemos montar un acelerador de partículas. De hecho, igual ahora mismo ya no tengas, pero seguro que tu padre o el padre de tu padre sí tuvo un acelerador de partículas en su casa. Los antiguos televisores, aquéllos tan grandes, los anteriores a los de pantalla plana, funcionan exactamente como un acelerador de partículas. Un campo eléctrico arranca y acelera unos electrones de un filamento (es lo que se conoce como tubo de rayos catódicos, es la razón de por qué estos televisores son tan largos), con campos magnéticos se desvía este haz justo antes de llegar a la pantalla, haciendo que impacten contra ésta. El impacto genera un punto de luz. Haciendo un barrido muy rápido por toda la pantalla con los electrones el espectador tiene la sensación de ver una imagen continua (gracias a lo que se conoce como persistencia de la retina). Claro que es un acelerador de baja energía. Para alcanzar las energías que se logran en el LHC habría que usar 350 millones de televisores, dando la vuelta completa a la Tierra.

Un acelerador de partículas como el LHC tiene un tercer elemento, son los cuadrupolos. Un cuadrupolo es en todo igual a un dipolo (los imanes) pero, como su nombre indica, esta formado por 4 polos en vez de 2. Por lo tanto ya no tenemos una sola espira, sino que tenemos dos espiras, creando dos campos magnéticos perpendiculares entre sí. El efecto de este elemento es muy interesante: en las partes más alejadas del tubito por donde pasan las partículas aparece una fuerza que las empuja hacia el interior; en la parte interna del tubito la fuerza es nula. Con los cuadrupolos lo que se consigue es evitar que los protones se alejen del centro del tubo, los **focaliza**. Cada vez que un protón se aleja del centro hacia las paredes aparece una fuerza que los devuelve a su camino, es como un pastor con sus ovejas o un profesor de excursión con sus alumnos.

Con unas pilas (cavidades de radiofrecuencia), imanes (dipolos superconductores) y unos cuantos de esos pastores (cuadrupolos) podemos acelerar protones hasta alcanzar casi la velocidad de la luz y hacerlos colisionar. Pero este particular viaje de los protones hasta su colisión en el LHC comienza mucho tiempo atrás, hay que remontarse a los **orígenes** del universo. Sí, todos los protones que hay en el universo, incluidos los de tu cuerpo, se crearon poco tiempo después del Big Bang. Miles de millones de años después estos protones están en todas partes, el núcleo de cualquiera de los átomos del universo está formado por protones. El aire tiene protones, el agua tiene protones, **TÚ** tienes miles de millones de protones... El problema es que estos protones están en el núcleo, junto con otros protones, muchos neutrones y están rodeados por otros tantos electrones. Extraer los protones uno a uno en estas circunstancias se hace complicado. Pero podemos recurrir al átomo más simple que existe, el átomo de hidrógeno. Este átomo está formado por un solo protón rodeado por un electrón. Como arrancar ese electrón es simple podemos conseguir protones a partir de átomos de hidrógeno, el elemento más abundante en el universo, de una forma muy sencilla.

Muy bien, pero hay un problema y es que ni con los mejores cuadrupolos del mundo podemos encarrilar suficientemente bien los protones para que colisionen uno a uno: los protones son tan pequeños que con la tecnología actual habría que lanzarlos a colisionar **10 mil millones de veces** para poder ver una única colisión. La solución es... a lo bruto, si con uno no se puede, pues lanzamos a miles de millones, los agrupamos en paquetes. En el LHC no se acelera un único protón sino que se crean 1,000 paquetes de protones que viajan en ambos sentidos con 100 mil millones de protones cada paquete. Un paquete tiene una longitud de pocos centímetros y un diámetro unas diez veces menor que el de un pelo. En conjunto es como un tren formado por mil vagones, donde en cada vagón hay 10 mil millones de pasajeros, los protones. Cuando se enciende el LHC se están lanzando en realidad dos trenes, en sentidos opuestos, hasta que alcanzan la velocidad máxima, el **99.999999** por ciento de la velocidad de la luz, con lo que dan la vuelta al acelerador completo 11 mil veces por segundo. Cada "vagón" de este tren está separado de los siguientes por unos 7 metros, alcanzando una longitud total de unos 7 kilómetros. Aunque cada protón tiene una energía muy pequeña (sus 7 TeV son una millonésima de julio, la energía que tiene un mosquito volando), un paquete de protones tiene la energía de una moto de 150 kg viajando a 150 km/h (más de lo que permite la DGT) y juntando todos los paquetes la energía total (365 MJ) es la equivalente a la de un AVE viajando a su máxima velocidad, capaz de fundir 5 toneladas de oro.

Los protones entonces giran en estos tubos mientras se van acelerando en dos haces que viajan en paralelo, sin contacto, como van los coches por la autopista, sin mezclarse los que van por los dos sentidos.

Cuando alcanzan la velocidad adecuada se cruzan los haces para que colisionen los protones. En cada colisión del orden de 20 protones de cada paquete de 100 mil millones produce una colisión. Se pueden imaginar este cruce como una de estas batallas épicas, las del *Señor de los Anillos*, o de la película de *Troya*, sólo que en vez de miles o cientos de miles hay miles de millones de guerreros (unas 15 veces la población mundial). Para decepción del espectador la mayor parte de los guerreros pasa como si nada y sólo unos 20 toman la espada. Igual habría que imaginarlo como un ejército de adolescentes que en vez de espada llevan un celular y en vez de flechazos lanzan tuits. Muy pocos muertos vería yo en esta lucha. Claro, una batalla así sería muy aburrida en el cine, pero no en el LHC, porque aunque sólo colisionan 20 protones por cruce, como dan 11 mil vueltas por segundo hay **sangre** para rato. De este modo se van perdiendo protones vuelta a vuelta, hasta que al cabo de unas horas el haz ha perdido tantos que ya no da para seguir colisionando. El haz se desecha y se comienza de nuevo. Hagan cuentas: mil paquetes de 100 mil millones de protones para formar cada uno de los dos haces que se colisiona, que se elimina a las pocas horas para volver a inyectarse nuevos haces, se necesitan miles y miles de millones de protones para poner el LHC en funcionamiento. ¿De dónde sacamos tantos protones? *Help!*

Tenemos un número de emergencia que nos puede sacar de este atolladero. No, no es el número de protección civil, ni el de los bomberos... es el número de Avogadro: $6{,}023 \times 10^{23}$ (no llamen, no contestará nadie). Este número nos dice cuántos átomos de hidrógeno hay en un gramo de esta sustancia. Y es miles de millones de veces mayor de lo que necesitamos en el LHC: ¡con una botella de hidrógeno tenemos para hacer **colisiones** de protones en el LHC unos cuantos miles de años! Obviamente no necesitamos tanto tiempo, pero es un alivio saber que con apenas un gramo de hidrógeno resolvemos nuestro problema. Se estima que en los 60 años de operación del CERN se ha utilizado un total de 9.8 gramos de hidrógeno, ¡suena a **TAN POCO!** Claro, esto es debido a que el número de Avogadro, el número de protones en un gramo de hidrógeno, sea tan grande. De hecho piensen que el LHC se llena con apenas un nanogramo de hidrógeno.

Algo así se diseñó en una tarde en torno a 1982, cuando en una conversación entre dos físicos de aceleradores muy reconocidos surgió esta idea de experimento que plasmaron en el reverso de una servilleta, como el fichaje de Messi por el Barça. La propuesta era clara: desarrollar un acelerador de protones, muy grande y con intensos campos magnéticos, para que la colisión sea de alta energía. Con tanta energía acumulada las colisiones recrearían el estado del universo cuando sólo tenía 10^{-21} segundos de vida, cuando tenía una temperatura 100 mil veces mayor que la del interior del **SOL**. Para alcanzar tales energías se pensó en un acelerador de 27 kilómetros de longitud y estaría formado por unas cavidades de radiofrecuencia para acelerar las partículas (las pilas), más de mil dipolos superconductores de 8 Teslas para hacerlas girar en un círculo de 27 km de longitud (los imanes) y unos 400 cuadrupolos para focalizar las partículas hacia el centro del tubo (los pastores). La partícula elegida sería el protón, una partícula estable, con carga y suficientemente masiva como para que la radiación sincrotrón no sea excesiva. Además es muy abundante y se consigue de forma muy sencilla a partir del átomo de hidrógeno. Se agrupan los protones en paquetes de 100 mil millones de protones formando dos trenes que viajan en sentidos opuestos en el anillo, como por la M-30 o la línea circular de metro, ocupando una longitud de 7 kilómetros cada uno.

El acelerador estaría en un túnel a 100 metros bajo tierra. El túnel ya existía, se había excavado para el LEP, lo cual abarataba el proyecto.

Tenerlo bajo tierra ofrece importantes ventajas: las capas de tierra que lo separan de la superficie sirven para bloquear la RADIACIÓN (por ejemplo, la radiación sincrotrón de la que hemos hablado) que resulta peligrosa para los humanos; también bloquea los rayos cósmicos e impide que muchos de ellos lleguen a interferir con los instrumentos de medida; es, además, más barato, puesto que no hay que tirar casas abajo, ni expropiar terrenos en esos 27 kilómetros de longitud que tiene; y finalmente el impacto medioambiental es mucho menor, tener un tubo azul gigantesco ahí en medio del campo... pues lo iban a confundir con una glorieta enorme, y luego en España se iban a picar para construir una aún más grande y ya tenemos lío.

Los protones se extraen de una botella de hidrógeno y se inyectan en varios preaceleradores que los impulsan antes de llegar al LHC. Allí finalmente los protones van dando vueltas y aumentando de velocidad, poco a poco, hasta alcanzar **99.999999** por ciento de la velocidad de la luz momento en el que están listos para colisionar, ha llegado el momento de recrear el origen del universo.

Los detectores

Una vez los protones tienen la energía suficiente se les hace colisionar. En todo momento han viajado los dos "trenes" en sentidos opuestos, sin ningún tipo de contacto por los dos tubos separados, pero ya es hora de chocar. En cuatro puntos de los 27 kilómetros del acelerador los haces se van a cruzar produciendo continuamente colisiones de protones. Esto ocurre en el interior de 4 grandes cavernas, la casa de 4 grandes máquinas, los detectores de partículas.

Sus nombres son ATLAS (A Toroidal LHC Apparatus), ALICE

(A LHC Ion Collider Experiment), LHCb y CMS (Compact Muon Solenoid) y son los "ojos" del LHC. Su misión es rastrear los restos de la colisión de protones, analizando todo lo que ocurre en este choque, tomando una "foto" de la colisión. Como ya vimos, al CHOCAR los protones parte de la energía cinética que estos llevan se transforma en materia, en partículas que no son parte de los protones que chocaron. Cada vez que se cruzan los haces, 40 millones de veces por segundo, de unos 20 puntos del haz (chocan en promedio 20 protones por cruce) empiezan a emerger partículas en todas las direcciones. Los detectores tienen que cazar todas las partículas que se producen en la colisión y medirlas para poder estudiar los procesos físicos que han tenido lugar. Como de una colisión pueden salir muchos tipos de partículas, un detector de este tipo tiene que ser sensible a todas ellas, por lo que tiene que estar formado por una combinación de muchas tecnologías. Así, un gran detector como los 4 del LHC es como una cebolla, pero una cebolla cilíndrica, ya que está formado por muchas capas, cada una diseñada para estudiar un tipo de partícula diferente, y en forma de cilindro. De esta manera tenemos detectores específicos para medir electrones y fotones, otros para estudiar protones y neutrones, un detector para muones... todos ellos se sitúan de forma concéntrica en torno al punto de colisión, para evitar que ninguna partícula escape a la detección. A cada colisión (recuerden, 40 millones de veces por segundo) el detector toma una foto de lo que "ve" permitiendo distinguir de dónde vienen todas las partículas que se crean, identificando de qué partícula se trata y determinando su trayectoria. Así un detector de partículas es equivalente a una gran cámara de fotos de unos cuantos megapíxeles.

El CORAZÓN de un detector como estos que hemos presentado es siempre un gran imán, algunas veces superconductor. Las partículas que surgen en la colisión salen despedidas en línea recta y a mucha velocidad. Un imán, como ya saben, hace que una partícula curve su trayectoria. La curva que dibuja la partícula será más pronunciada cuanto más lento vaya, así que midiendo el camino que toma podemos saber la velocidad que lleva o lo que es lo mismo, su energía, lo cual, como veremos más tarde, es sumamente importante.

Con todo, los detectores de partículas son máquinas **monstruosas**, como ATLAS, un cilindro de 22 metros de altura, 44 metros de longitud y 7 mil toneladas de masa; o CMS un cilindro también, más pequeño que ATLAS, de 21 metros de largo, 16 metros de altura, pero más pesado, de 12,500 toneladas. Yo he podido bajar a ver ambos detectores muchas veces, a 100 metros bajo tierra, con mi casco, uno se siente una hormiga a su lado. Se ven cables por todos los lados, computadoras, tarjetas electrónicas, es algo increíble de visitar. Alguna vez tuve que bajar de madrugada, en medio de la noche, a solas con el detector. Viendo todos esos cables y la cantidad de trabajo y esfuerzo que ha llevado hacerlo funcionar es imposible no quedar maravillado. Que tres mil personas (es el número de miembros que tiene la colaboración CMS, de la que fui parte) de diversas partes del mundo, con diferentes culturas y muchas veces con distintas ideas, se pongan de acuerdo y trabajen conjuntamente para poner a punto un detector como CMS es algo que sigue poniéndome la piel de gallina cada vez que me acerco al detector. No se entienden en sus lenguas maternas, seguramente sus países no cooperen, incluso algunos serán enemigos, pero la ciencia los une y les hace trabajar con un único fin. Ver cómo cuando dos protones colisionan CMS toma una preciosa foto de la colisión, identificando cada una de las partículas es algo asombroso. Es con cosas como éstas con las que uno se siente orgulloso de ser científico.

Por cada colisión el detector es capaz de generar una imagen de lo que ha ocurrido, identificando cada partícula: piones, muones, taos, electrones, fotones... no hay ninguna partícula que escape a la detección. Pero... pensándolo bien, ¿qué interés puede tener detectar un electrón, que se descubrió hace más de un siglo, o un muon, partículas que se conocen hoy muy bien? Y a la vez, ¿no sorprende que haya detectores para electrones y no haya ninguno para bosones de Higgs? Esto me lo han preguntado más de una vez los visitantes que se acercan a conocer el CERN y no puedo evitar sonreírles de vuelta, pensando... ¡ahí has dado en el clavo, amigo!

No hay detectores de bosones de Higgs, o de partículas supersimétricas, o de MATERIA OSCURA porque estas partículas, por diferentes motivos, no se pueden detectar. Como hemos visto anteriormente muchas de las partículas que existen en el universo son inestables, algunas son "extremadamente" inestables, como el bosón de Higgs. Esta partícula apenas "vive" una mínima fracción de segundo, en torno a los 10^{-25} segundos, antes de desaparecer completamente. En ese tiempo, y dado también que se genera en las colisiones en reposo normalmente, no le da para alcanzar ningún detector por lo que su detección directa es imposible. Otras partículas, como las de materia oscura, si existiera, no dejan rastro porque no interaccionan con nada, son invisibles, imposibles de observar. Y sin embargo... se ha podido descubrir el bosón de Higgs, y se busca intensamente la materia oscura y otras partículas "fantasma" en los detectores, ¿acaso nos engañan los científicos? O... ¿cómo puede ser esto?

La colisión de protones en el LHC es perfectamente simétrica: a la izquierda y a la derecha de la colisión tenemos lo mismo, dos protones con idéntica energía. Una de las herramientas más importantes de la física son las leyes de conservación, como la conservación de energía, que ya conocen, o la conservación de cantidad de MOVIMIENTO, lo que viene a ser el producto de la masa de una partícula por su velocidad. Lo interesante de todo esto es que como partimos de una situación perfectamente simétrica, el producto, es decir, la situación después de la colisión, tiene que ser también simétrico: la energía resultante tiene que estar repartida por igual en **DIRECCIONES CONTRARIAS** del espacio. Es decir si tengo una partícula muy energética que sale en dirección este, tendremos otra partícula con energía equivalente que sale hacia el oeste; si hay otra que va hacia el norte, habrá otra similar viajando al sur... Si no la hay, bien puede ser que se están rompiendo todas las reglas de la física conocida, las sagradas (para los físicos) leyes de conservación del movimiento, o bien hay una partícula que no podemos ver, que no hemos detectado, pero que está ahí. Quizá les sorprenda esta forma de proceder, dirán "ya se están inventando excusas para salvar las leyes de conservación...". Vale, es justo que piensen así, y estaría de acuerdo si fuera algo puntual, pero esto es algo que si se repite continuamente, si se observa muchas veces y apoyado en otras medidas, puede servir para confirmar que la ausencia de algo también es una forma de "ver" ese algo. Así se dedujo la existencia por ejemplo del neutrino, predicha por Wolfang Pauli en 1930 para "salvar" la ley de conservación de energía 25 años antes de que se detectara directamente; o Neptuno, cuya existencia se intuyó por alteraciones en la órbita de Urano antes de poder ser observado; como ocurrió con las ondas gravitacionales antes de que se midieran en 2016, o como ocurre con la materia oscura, que se sabe que existe aunque nunca se ha "visto". Hay muchas forma de "ver" en ciencia, y cuando se tiene mucha confianza en una ley, como ocurre con las leyes de conservación, aparecen nuevos sentidos con los que podemos explorar la naturaleza.

Con esto justificamos la detección de partículas "fantasma" como los neutrinos, la materia oscura y otras partículas "fantasma" que podrían existir, como algunas partículas supersimétricas. Pero ¿y qué me dicen de la detección de partículas inestables, como el bosón de Higgs? La importancia de este punto requiere mención aparte. Todas las partículas inestables cuando se desintegran dejan en su lugar diferentes partículas. Del mismo modo que cuando una granada estalla en pedazos, de la explosión aparecen en todas las direcciones trozos de la granada, cuando una partícula "estalla" surgen a partir de ella otras partículas que se dispersan en todas las direcciones. El espectáculo es muy parecido al de los fuegos artificiales, con muchos brazos que surgen después de la explosión del cohete. Estos brazos son partículas conocidas, como fotones, electrones, piones, neutrinos... Así un bosón de Higgs es como uno de esos cohetes, al poco tiempo de volar ya está explotando dando lugar a muchas partículas. Por ejemplo, podría producir 4 electrones, o 4 muones, o dos electrones y dos muones... Es lo que se conoce como canal de desintegración (el canal electrónico, el canal muónico...). La principal diferencia entre los FUEGOS ARTIFICIALES y el bosón de Higgs (o cualquier otra partícula inestable) es que mientras en los fuegos artificiales un mismo cohete siempre produce el mismo resultado de luces y colores, la desintegración del bosón de Higgs produce diferentes partículas, nunca las mismas, son los efectos cuánticos, la mecánica cuántica, esa teoría de probabilidades. Imagínense la situación, lanzas un cohete y sale una palmera roja, aplaudimos. Lanzamos el mismo cohete... ¡y sale una palmera azul! O peor, unas CHISPITAS AMARILLAS... ¡O nada en absoluto! Cada vez se obtiene algo diferente... así es la mecánica cuántica.

Pero no es todo tan caótico, aunque lo parezca. Si es cierto que nunca podemos saber el resultado preciso de una desintegración, estadísticamente la situación es mejor. En conjunto podemos saber el porcentaje de veces que se va a dar cada uno de los tipos: si lanzamos un cohete cuántico no sabremos si el resultado será una palmera roja o azul, pero sí sabemos que igual la roja se produce 20 por ciento de las veces y la azul 10 por ciento. Esta información es muy útil y la conocemos gracias a que tenemos una teoría que explica con mucha precisión el mundo cuántico. Genial. Entonces si sabemos que un bosón de Higgs se DESINTEGRA un 20 por ciento de las veces dando lugar a 4 electrones habrá que buscar entre los productos de la colisión 4 electrones. Es por esto por lo que tenemos un precioso detector de electrones en todos los experimentos, para cazar los electrones que se producen en la desintegración de partículas inestables, como el bosón de Higgs.

Vamos por buen camino, tenemos un detector de electrones que identifica cada electrón que se produce en la colisión y cuando se detecten 4 electrones que vienen del mismo punto... **¡zas!** Lo hemos cazado. No es tan fácil porque hay muchos procesos que producen 4 electrones, podríamos caer en lo que se conoce como la falacia del consecuente: si llueve, el suelo se moja; el suelo está mojado luego... ¿ha llovido? No necesariamente. Esto hace que la situación sea muy compleja puesto que hay muchos procesos que producen electrones. Y la vida no puede ser más dura para un pobre FRIKI científico... porque los procesos que producen 4 electrones que no vienen de un bosón de Higgs son muchísimo más frecuentes que los producidos por éste. Esto es debido a que se generan muy pocos bosones de Higgs, algo así como uno por segundo, que no es nada en colisiones que se repiten 40 millones de veces por segundo. Tenemos un mar de impostores, procesos que parecen ser bosones de Higgs pero que no lo son, es como hacer una rueda de reconocimiento policial con mil chinos, o como encontrar a Wally en el Vicente Calderón, hablamos de algo muy difícil. Sin más que medir el volumen de una aguja y el de un pajar, y compararlo con el número de veces que tenemos sucesos impostores frente a las veces que tenemos el suceso buscado, podemos concluir que buscar un bosón de Higgs en las colisiones del LHC es como buscar una aguja en un millón de pajares.

Pero no todo está perdido porque los científicos somos incansables y ningún pajar va a detenernos. Además no todo está perdido porque hay una forma de filtrar, de ir descartando impostores poco a poco hasta acorralar al bosón de Higgs. Y es que esos electrones que vienen de la desintegración del bosón de Higgs guardan en sus propiedades características que indican que vienen indudablemente de esta desintegración, no pueden ocultar su pasado. Por ejemplo, como la energía se conserva y **LA MASA ES ENERGÍA**, los 4 electrones que vienen de la desintegración de un bosón de Higgs tendrán tal energía que sumada será igual a la masa del bosón. Es por esto por lo que medir la energía de las partículas es tan importante, nos da muchísima información sobre los procesos que tienen lugar en la propia colisión.

Gracias a técnicas como ésta y alguna más complicada es como el 4 de julio de 2012, tres años después de la puesta en marcha del acelerador, los representantes de los experimentos CMS y ATLAS anunciaron el descubrimiento del bosón de Higgs. Se tardó tres años en analizar todos los datos de millones y millones de colisiones, tuvieron que acumularse miles de bosones de Higgs para estar seguros de que detrás de esos 4 electrones, esos 4 muones y con cada canal de desintegración, había un bosón de Higgs. Y fue gracias al trabajo de más de tres mil personas (esto sólo en los experimentos CMS y ATLAS, sin contar todos los ingenieros, físicos y técnicos del LHC), al talento y dedicación de tantos científicos, que finalmente se pudo dar caza a una partícula que se resistía a ser descubierta durante más de cuarenta años.

Y es así como se descubren nuevas partículas hoy en día, no sólo el bosón de Higgs sino otras partículas esquivas como podrían ser las partículas supersimétricas, los **microagujeros negros**, las dimensiones extra, la materia oscura y otras tantas partículas que podrían estar ahí y que ni siquiera imaginamos. Descubrir partículas en el siglo XXI es un proceso muy lento, meticuloso, que requiere mucho trabajo y repetición, máquinas muy precisas, mentes muy creativas y un toque de suerte que siempre está detrás de todo proceso científico.

Otros experimentos del CERN

Como ya vimos el CERN es mucho más que el LHC, es una ciudad de la ciencia, una metrópolis de frikis, y con muchos experimentos en física de partículas. Es verdad que el LHC es el más importante y el que concentra más cantidad de recursos, económicos y humanos, pero hay otros experimentos en el CERN que merecen la atención.

De la fábrica de antimateria, el AD, ya hablamos en el capítulo sobre la antimateria, al igual que sobre AMS, el módulo de la Estación Espacial Internacional que estuvo un tiempo instalada en el CERN. Menos se ha hablado de CAST, un experimento que busca axiones, un candidato a MATERIA OSCURA, producidos en el Sol. Con un dipolo del LHC se apunta al Sol, una supuesta fuente de axiones. Los axiones al llegar al dipolo, donde se encuentran un potente campo magnético, se desintegrarían en fotones, que pueden ser medidos con unos detectores.

También se investiga en neutrinos, esas partículas que atraviesan toda la materia sin apenas dejar rastro. El experimento se llama CNGS (CERN Neutrinos to Gran Sasso) donde se producen neutrines gracias a colisiones de protones contra un blanco. Mientras que las demás partículas son absorbidas tarde o temprano por la tierra, los neutrinos atraviesan todo lo que ven hasta llegar a un detector a más de 700 kilómetros de distancia, en el laboratorio de Gran Sasso, en Italia. Si los protones antes de chocar van a mucha velocidad y apuntan en la dirección correcta, los neutrinos saldrán enfocados hacia el laboratorio italiano, donde algunos de ellos, muy pocos, dejarán su huella en el detector.

Otro de mis favoritos es ISOLDE (Isotope mass Separator On-Line facility), una colaboración internacional que estudia isótopos radiactivos que son creados en este experimento. Con ISOLDE se logra el antiguo sueño de los alquimistas, el de la transmutación de elementos, con lo que se puede estudiar **átomos exóticos**, algunos que sólo existen en las condiciones más extremas, como en el interior de las estrellas.

Éstos son algunos de los experimentos que se llevan a cabo en este gran laboratorio. Aunque no todo en el CERN es investigación fundamental (no aplicada), también hay lugar para la innovación y la tecnología. Muchos de los avances tecnológicos que tienen lugar en los experimentos pueden aplicarse en distintas industrias que se benefician directamente de las investigaciones que tienen lugar en los laboratorios de física. Cuando se habla de aplicación, transferencia tecnológica o retorno industrial de la investigación básica en muchos lugares del mundo se pone como ejemplo lo que ocurrió en 1990 en el CERN. En aquel entonces acababa de ponerse en marcha el Large Electron Positron Collider (LEP) que era en ese momento el acelerador de partículas más potente del mundo. Y nuevos experimentos traen nuevos retos, en este en particular se trataba de una gran colaboración internacional de científicos, de muchos rincones del mundo trabajando en un experimento localizado en Suiza . Los científicos llegaban, hacían su trabajo como mejoras en los detectores, ajustes en el acelerador, o simples pruebas y volvían a sus laboratorios o universidades nacionales. En estas condiciones la colaboración entre científicos era muy complicada y era quizá la primera ocasión en que esta situación era tan evidente. Un ingeniero del CERN, Tim Berners-Lee, se percató de esta situación: los libros no resultaban adecuados para llevar un registro preciso de estas operaciones, mucha información se perdía en el camino y no era fácil encontrar la información que cada uno buscaba. Por suerte en aquella época ya existían las primeras computadoras personales, el mundo se estaba informatizando e incluso ya se había desarrollado en Estados Unidos un nuevo método de comunicación entre computadoras, lo que conocemos como **internet**. Siendo consciente de esta situación, Tim desarrolla un nuevo protocolo para el intercambio de información, un servicio de ventanas donde la información estaría alojada en un servidor central que sería accesible desde otras computadoras. Esta propuesta la recibió su supervisor que la marcó como "*vague but exciting*" (incompleto pero excitante) iniciando una nueva era en la historia del hombre, la de la información y la comunicación, había nacido la World Wide Web. Poco después crearía el primer navegador, la primera página web (info.cern.ch), el primer servidor (una computadora NEXT). El resto es una historia que ya conocen, la multiplicación de servidores, aparecen múltiples servicios web, buscadores, navegadores, gifs de gatitos, mails que venden viagra... Sería muy difícil imaginar un desarrollo tecnológico que haya tenido el efecto que tuvo la creación de las WWW en nuestra vida cotidiana, y más difícil imaginar aún que venga motivada por un experimento en física de partículas. Cada vez que ponen "www" en su navegador den gracias a que fue un desarrollo del CERN, un centro público y sin ánimo de lucro, donde todas las investigaciones son abiertas y las aplicaciones que surgen gratuitas para el uso ciudadano. **Gracias,** CERN.

Y esto es sólo un ejemplo, como las pantallas táctiles (también desarrolladas en el CERN) o las múltiples aplicaciones que tiene la investigación en aceleradores en la medicina, especialmente en los tratamientos contra el cáncer. O en computación. La cantidad de información que se genera en las colisiones del LHC es tal que se requieren nuevos sistemas de tratamiento de datos. Por segundo se generan 40 TB de datos (una colisión ocupa algo así como 4 MB). Por suerte muchos de estos datos no requieren ser almacenados y pueden ser eliminados, dejando sólo aquellos que dieron resultados más interesantes. Aun así, tras este filtrado, se producen unos 15 Pb (Petabytes) de datos en un año de colisiones, lo mismo que ocupan todos los videos de YouTube que se suben en un año, se necesitarían unos 20 millones de CDs para almacenar esta información, formando una columna de 20 kilómetros de alto. Para los datos que se producen en las colisiones se usa lo que se conoce como GRID, un sistema de computación distribuida. Es una red mundial de centros de computación, que comparten tanto capacidad de procesamiento como cinta para almacenar información. En GRID hay 160 centros conectados de 35 países distintos formando una red jerarquizada donde el CERN está en la punta de la pirámide. Uno de los 9 centros en el segundo nivel de esta pirámide está en Barcelona. En total se cuenta con más de 250 mil *cores*, que ejecutan unos 2 millones de códigos al día, incluso el día 31 de diciembre a las 23.59 hay gente mandando "scripts" al GRID. Eso lo he visto yo con mis propios ojos.

Todos estos datos sobre el impacto de la investigación básica en la ciudadanía y el desarrollo invita a reflexionar. Hace unos años, en 2012 concretamente, se propuso a nivel político un importante recorte en investigación y desarrollo (I+D). Entre las medidas que estudiaba la Secretaría de Estado de Investigación, Desarrollo e Innovación (lo que queda como máximo organismo en ciencia ahora que no hay ministerio) se encontraba la salida de España de grandes centros de investigación internacionales, como el CERN, al considerarla una inversión, literalmente, "de dudoso retorno". Con estas declaraciones tan intencionadas se ponía contra las cuerdas a la física de partículas en España, un campo de investigación que ha estado creciendo y consolidándose continuamente en estos más de 50 años de existencia, donde España siempre ha aportado grandes investigadores y científicos además de ser un elemento fundamental en el desarrollo de detectores y sistemas de medida en la mayoría de colaboraciones internacionales en física de altas energías. Con la retirada de España del CERN sería muy difícil la supervivencia de los pocos grupos de física de partículas que existen en nuestro país, produciendo una retirada masiva de científicos de este campo o lo que ya se lleva viendo unos cuantos años, el éxodo a otros países. **LA SITUACIÓN ES GRAVE**, España no sólo es el único país moroso del CERN (paga su cuota con un año de retraso) sino que con estas declaraciones se pone en duda algo que es indiscutible en todos los países de mayor desarrollo económico del mundo: los países que más invierten en investigación son los que más prosperan. No hay más que ver los datos, el CERN produce una rentabilidad de en torno a un **300 por ciento**: patentes, retornos industriales...; los países que más apuestan por la ciencia son los que se muestran más resistentes a la crisis económica, y los que antes salen de ella; al final los países más ricos son los países que invierten más y de forma más continuada en ciencia.

La ciencia y el conocimiento no se detienen, cientos de experimentos aguardan un golpe de suerte, o una idea brillante para volver a deslumbrarnos con un nuevo descubrimiento. Vamos respondiendo preguntas, resolviendo ENIGMAS, dando pasitos hacia delante, abriendo nuestra mente, derrumbando barreras y descifrando los grandes misterios que esconde la naturaleza, mientras otros nuevos van apareciendo. Mientras grandes noticias como la detección de las ondas gravitacionales o el descubrimiento del bosón de Higgs siguen deslumbrándonos yo me pregunto... **¿qué será lo próximo que descubriremos?** ¿Quién será el nuevo Einstein?

¿Y ahora qué?

Es una de las preguntas que más me repiten en las entrevistas: ahora que se ha descubierto el bosón de Higgs... **¿qué hace un físico de partículas?** Pues además de responder a preguntas como ésta, la labor de un físico de partículas no se detiene con el descubrimiento del bosón de Higgs.

Descubrir algo en física es siempre el primer paso dentro de una labor de investigación apasionante. Cuando se descubrió el bosón de Higgs surgieron muchas preguntas de forma inmediata: ¿es el bosón de Higgs que se predijo hace 50 años o tiene propiedades diferentes?, ¿se comporta como esperábamos?, ¿habrá más bosones como éste? Esto hace que tras el descubrimiento de una partícula siga una fase intensa de estudio de esta partícula, caracterización y análisis de sus propiedades. Esta fase puede durar varios años, hasta que se han podido estudiar en detalle estos aspectos, y es muy importante porque de no ser exactamente igual de lo que se había predicho podría abrir nuevas vías de investigación: en las anomalías podría haber pistas sobre nuevos fenómenos físicos que nunca se han observado.

Además de esto, como hemos visto anteriormente, cada vez que se responde una pregunta que antes estaba abierta normalmente surgen otras nuevas, muchas veces aún más difíciles de responder que la anterior. Es éste el modo en el que avanza la ciencia. El descubrimiento del bosón de Higgs confirma la validez del **MODELO ESTÁNDAR,** pero nos hace preguntarnos ¿qué habrá más allá del Modelo Estándar? Sabemos que el Modelo Estándar es incompleto y es por esto por lo que se buscan extensiones de este modelo que lleven a una comprensión mayor del universo. Algunas de estas extensiones predicen que el bosón de Higgs encontrado no es sino el más ligero de toda una familia de bosones similares al bosón de Higgs. ¿Existirán otros bosones de Higgs con más masa? No lo sabemos, pero merece la pena buscarlos.

Junto a las nuevas preguntas que surgen queda también el reto de responder las que ya existían. Preguntas que ya hemos analizado profundamente en este libro como: ¿qué ocurrió con la ANTIMATERIA al inicio del universo, dónde está?, ¿qué es la **MATERIA OSCURA,** podemos producirla en el laboratorio?, ¿qué ocurrió en las primeras fracciones de segundo después del origen del universo?, ¿cómo se expande el universo y cuál es su futuro?, son algunas de ellas. Para responder a estas preguntas surgen teorías, como la teoría de cuerdas, o la supersimetría, que aguardan por experimentos que puedan confirmar su validez.

Ojalá en una colisión del CERN se pueda ver una partícula de antimateria, o una partícula supersimétrica. Igual algún día se puedan ver los efectos de las cuerdas o se cree un microagujero NEGRO que nos abra las puertas a una futura teoría de la gravedad cuántica. En el CERN y en otros laboratorios en todo el mundo se sigue buscando e investigando, seguimos guiándonos por la curiosidad y el deseo de saber y se siguen superando retos y alcanzando nuevas metas. Laboratorios que necesitan nuevas ideas, nuevas mentes creativas, nuevos científicos y científicas que nos permitan avanzar y seguir resolviendo los misterios del universo.

El día en que uno de estos grandes ENIGMAS sea finalmente resuelto puede estar cerca, o puede ser lejano, pero seguramente acabará llegando, un día en el que demos un pasito más en la comprensión de nuestro mundo, nuestro universo, un pasito que puedes ser **TÚ** quien lo dé por todos nosotros.

BIBLIOGRAFÍA

ALBERDI, Antxon, *Agujeros negros, las fuerzas extremas de la gravedad*, RBA, Barcelona, 2015.

BOJOWALD, Martin, *Antes del Big Bang*, Debolsillo, Barcelona, 2009.

CASAS, Alberto, *El lado oscuro del universo*, Los Libros de la Catarata, Madrid, 2010.

— y RODRIGO, Teresa, *El bosón de Higgs*, Los Libros de la Catarata, Madrid, 2012.

COX, Brian y FORSHAW, Jeff, *El Universo cuántico*, Debate, Barcelona, 2014.

FERGUSON, Kitty, *La medida del Universo*, Ma Non Troppo, Barcelona, 1999.

FORWARD, Robert L. y Davis, Joel, *Explorando el mundo de la antimateria, su poder energético y el futuro de los viajes interplanetarios*, Gedisa Editorial, Barcelona, 1988.

GREENE, Brian, *El universo elegante, supercuerdas, dimensiones ocultas y la búsqueda de una teoría final*, Planeta, Barcelona, 2001.

KAKU, Michio, *El universo de Einstein*, Antoni Bosch, Barcelona, 2005.

LEDERMAN, Leon y TERESI, Dick, *La partícula divina*, Booket, Barcelona, 2013.

LOZANO LEYVA, Manuel, *El cosmos en la palma de la mano*, Debolsillo, Barcelona, 2010.

LUMINET, Jean-Pierre, *La invención del Big Bang*, RBA, Barcelona, 2012.

WEINBERG, Steven, *Los tres primeros minutos del universo*, Alianza Editorial, Madrid, 1977.

—, *El sueño de una teoría final*, Drakontos, Barcelona, 2003.

YNDURÁIN, Francisco, *Electrones, neutrinos y quarks. La física de partículas del siglo XXI*, Drakontos, Barcelona, 2001.

Esta obra se imprimió y encuadernó
en el mes de Octubre de 2022,
en los talleres de LIVRIZ,
Garín, Buenos Aires, Argentina.